Klaus Eckert (Hg.)

DIE LEGENDE LEBT

GESCHICHTE | MENSCHEN | MODELLE

Sonderausgabe des Buches „Die Legende lebt. Geschichte – Menschen – Modelle. 150 Jahre Märklin"

Impressum

Bibliografische Information der Deutschen Bibliothek
Die Deutsche Bibliothek verzeichnet diese Publikation in der Deutschen Nationalbibliografie;
detaillierte bibliografische Daten sind im Internet über http://dnb.ddb.de abrufbar.

2. Auflage Oktober 2011
1. Auflage September 2009
Druckvorstufe: Fotolito Varesco, Auer/Südtirol
Druck: Himmer, Augsburg
Projektleitung im Hause Märklin: Dietmar Kötzle
Redaktion: Ilona Eckert
Fotografie: Jörg Chocholaty, Klaus Eckert, Dietmar Kötzle, Andreas Stirl
Bildbeiträge: Archiv Märklin, Thomas Rietig, Dr. Christian Väterlein, Sammlung Zschaler
Konzeption und Gestaltung: Klaus Eckert

Wir danken:
Kleinkunst-Werkstätten Paul M. Preiser GmbH
Hans-Peter Saller
Bodo Schenk
Hartmut Schröder
Rolf Schultze-Görlitz
Auktionshaus Selzer

ISBN 978-3-8375-0653-2

www.klartext-verlag.de

Inhaltsverzeichnis

Märklin: Die Legende lebt

Es gibt viele Gründe, warum die Produkte aus dem Hause Märklin ein so hervorragendes Renommee besitzen. Von Lars Schilling

Nennt man die Marke Märklin, so löst sie in den meisten Menschen die verschiedenartigsten Assoziationen aus. Dem einen fällt seine Kindheit ein, als zu Weihnachten gemeinsam mit dem Vater die Eisenbahn aufgebaut wurde, dem anderen fällt ein, wie er seine ersten Versuche als Mechaniker mit dem legendären Metallbaukasten unternommen hat, und viele Frauen denken noch heute gern an das Puppenküchenzubehör zurück, das von der Großmutter über die Mutter an die Enkelin weitergegeben wurde und stets etwas Besonderes darstellte. Allen Menschen, die ihre Kindheit mit Produkten aus dem Hause Märklin verbrachten, ist jedoch eines gemeinsam: die Geschichten und Anekdoten, die im Gedächtnis haften geblieben sind und das wohlige Gefühl an eine Zeit, die unbeschwert und sorgenfrei war.

Diese Erinnerung ist oftmals der Auslöser, warum sich so viele Menschen im Erwachsenenalter wieder ihrer Liebe aus Kindheitstagen zuwenden. Märklin ist eben mehr als nur Spielzeug. Märklin ist ein Stück Lebenseinstellung oder auch eine Lebensphilosophie, die viele Menschen mit unterschiedlichem Hintergrund zu einer Fangemeinde verbindet, die sich nicht ohne Stolz als „Märklinisten" bezeichnen.

Eintauchen in die wunderbare Märklin-Welt

In der heutigen Zeit, die geprägt ist von Stress, Hektik und ständiger Reizüberflutung stehen die Produkte aus dem Hause Märklin für einen positiven Gegenpol. Das Zauberwort hierzu heißt Entschleunigung. Abschalten vom Alltag und eintauchen in die wunderbare Produktwelt von Märklin. Zunehmend mehr Eltern und Großeltern nehmen sich die Zeit, um mit ihren Kindern und Enkelkindern Mußestunden zu verbringen und ihnen wertvolle Stunden zu widmen, in denen gemeinsam Großes erschaffen wird: eine eigene kleine Welt.

All dies war im Jahre 1859 noch weit entfernt, zu einer Zeit, als Göppingen noch im Herzen des Königreichs Württemberg lag und der dort seit 1840 ansässige Flaschnermeister Theodor Friedrich Wilhelm Märklin mit dem Bau von Zubehör für Puppenküchen begann. Nur weni-

Links: *So genannte Botanisiertrommeln, mit denen Kinder draußen allerlei sammeln konnten, gehörten zu den früh hergestellten Blechspielwaren.*

Mitte: *In der Blechspielzeug-Ära der Firma Märklin entstanden auch zahlreiche Bahnhofsgebäude wie dieser Central-Bahnhof.*

Rechts: *Zum pädagogisch ausgerichteten Spielzeugsortiment Märklins gehörten auch voll funktionsfähige Dampfmaschinen.*

Oben: *Diese Lithographie zeigt eine Ansicht der Stadt Göppingen um 1850.*

ge Jahre später, als aus der Flaschnerei eine kleine Spielwarenmanufaktur entstanden war, traf ein Schicksalsschlag das noch junge Unternehmen und hätte beinahe das Aus für Märklin bedeutet, als nämlich der Firmengründer 1866 infolge eines tragischen Unfalls sein Leben verlor. Doch anstatt sich mit dem Unausweichlichen abzufinden, geschah in Göppingen etwas für diese Zeit Revolutionäres. Die Witwe Caroline Märklin machte sich zum Ziel, das Unternehmen für ihre beiden Söhne Eugen und Karl zu erhalten und führte als erste weibliche Handlungsreisende vor weit mehr als hundert Jahren das Unternehmen fort.

1888 übernahmen dann die beiden Söhne die Firma und führten diese fortan als Gebrüder Märklin.

Ein weiterer Meilenstein der Firmengeschichte war das Jahr 1891. Zum einen übernahm man den Blechspielzeughersteller Lutz in Ellwangen und zum anderen präsentierte man erstmals auf der Leipziger Frühjahrsmesse eine durch ein Uhrwerk angetriebene Eisenbahn inklusive einer Schienenanlage. Mit diesem Produkt legten die beiden Brüder den Grundstein für den kommenden Erfolg des Unternehmens.

In dieser Zeit wurden im Schwabenland noch weitere wichtige Weichen gestellt. Dank Märklin erfolgte bereits damals eine Vereinheitlichung der Spurweiten, was als Vorläufer späterer Normierungen wie beispielsweise der DIN-Normung gesehen werden kann. Bis dato war es nämlich so, dass es Größenunterschiede bei Modelleisenbahnen gab, die es verhinderten, einzelne Teile der Bahn untereinander zu kombinieren, selbst wenn diese vom selben Hersteller stammten. Ein halbes Jahrhundert nach Gründung umfasste die Produktpalette nebst

Unten links: *Modell einer Krokodil-Lokomotive in der Baugröße H0 von 1947.*

Unten rechts: *Zwei 00/H0-Modelle nach dem Vorbild der E 18 in einer Ausführung von 1939/40.*

Oben: *Das neu konstruierte H0-Modell der Baureihe 23 erschien als Neuheit im Jubiläumsjahr 2009.*

Puppenstuben und Küchenzubehör, Karussells, Autos, Flugzeugen, Schiffen und Kreiseln sowie dem sehr populären Metallbaukasten auch bereits 90 verschiedene Modelle von Dampfmaschinen.

Märklin H0 – die populärste Spurweite

Später wurde die Eisenbahn dann elektrisch. Zunächst besaßen die entsprechenden Anlagen noch eine Glühlampe als Vorwiderstand. Doch anders als mit den bis dato eingesetzten Uhrwerk- oder auch Spiritusantrieben rollte die Eisenbahn nun ohne Laufzeitbeschränkung.
Nach und nach entwickelte sich der Bereich Modelleisenbahnen immer mehr zum Hauptgeschäftsfeld und als dann auf der Herbstmesse 1935 die Spurweite 00 in Form der ersten Tischeisenbahn im Maßstab 1 : 87 vorgestellt wurde, begann die bis heute dauernde Ära der populärsten Spurweite der Welt: der Märklin H0.

Der rasante Anstieg der Produktionszahlen in der Wirtschaftswunderzeit war Basis dafür, dass Märklin bis zum heutigen Tage neben der höchsten Markenbekanntheit auch mit weitem Abstand Marktführer ist.
Dass die Faszination Märklin ein bis heute andauerndes Phänomen ist, zeigt sich insbesondere beim Besuch einer der vielen Modelleisenbahn-Ausstellungen. Dort findet man Erwachsene und auch Kinder, die sich von der detaillierten Miniaturisierung der echten Eisenbahn begeistern lassen. Wie ist es sonst zu erklären, dass das Miniatur-Wunderland der Gebrüder Braun in Hamburg einen seit Jahren andauernden Besucherboom erlebt.
Dies ist insbesondere auch der Pionierleistung Märklins zu verdanken, denn durch die Einführung des Märklin-Digitalsystems im Jahre 1984 war es fortan möglich, den echten Eisenbahnbetrieb mittels vielfacher Sound- und mechanischer Funktionen nahezu realistisch zu imitie-

Unten (v.l.n.r.): *Klassische H0-Modelle aus dem jüngeren Märklin-Sortiment: eine E 18 und 141 nach Vorbildern der DB sowie eine 1216 der ÖBB.*

ren. Bis zum heutigen Tage, nach nunmehr 25 Jahren Digitalsystem, ist Märklin in diesem Bereich einzigartig. Lokomotiven mit bis zu 16 schaltbaren Funktionen und eine, auf modernster Linuxtechnologie basierende Digitalsteuerzentrale sind Garanten für die Innovationsführerschaft Märklins.

Langlebige Märklin-Produkte

Aber Märklin steht noch für weitaus mehr. „Märklin ist Metall", hört man sehr oft von eingefleischten Märklinisten. Und in der Tat sind Märklin-Produkte auch in diesem Belang einmalig. Die Robustheit der fein detaillierten Märklin-Lokomotiven und die damit verbundene Langlebigkeit der Märklin-Produkte sind einzigartig. Diese Eigenschaft, verbunden mit höchstdetaillierter Bedruckungstechnik, macht insbesondere in Sammlerkreisen die begehrten Einmalserien zu einer in allen Belangen wertvollen Anschaffung. – Auch in einem zunehmend schwieriger werdenden Marktumfeld gelingt es uns immer wieder, die Weichen stets richtig zu stellen. Als zu Beginn des Jahres 2009 eine Insolvenz unabwendbar war, gelang es uns trotzdem in der Folge – durch Zusammenhalt, Fleiß und Überzeugung in die eigenen Stärken, unser Unternehmen in kürzester Zeit zu stabilisieren.

Märklin ist einzigartig. Dasselbe gilt für die Marke, die Produkte und die Menschen, die für Märklin stehen.

Und sei es nun der Modellbahner, der fasziniert ist von den Produkten, sei es der Mitarbeiter, der Stolz darauf ist, Teil dieses Unternehmens zu sein, oder der Handelspartner, der mit viel Know-how unsere Produkte an den Mann bringt – uns alle verbindet eines: Liebe zur Marke, Liebe zum Produkt und vor allem Liebe zum Detail. Dies macht uns alle gemeinsam zu Teilen einer lebenden Legende.

Oben: *H0-Modell der Badischen IV h, welches in einmaliger Serie 2008 angeboten wurde und inzwischen zu den gesuchten Märklin-Loks zählt.*

Unten links und rechts: *Modell der V 300 von 2008 und der E 10 (Handmuster) aus dem Jahr 2009 – beide in der Baugröße H0.*

Ein feines Spielzeug aus der Anfangszeit des Göppinger Unternehmens. Nachdem Theodor Friedrich Wilhelm Märklin im Jahr 1859 seinen Betrieb zur Herstellung von Haushaltsgerätschaften für Groß und Klein gegründet hatte, fertigte er unter anderem kunstvoll gestaltete Miniatur-Kochherde für Mädchen. Und damit die Eltern ihren Töchtern immer wieder etwas hinzuschenken konnten, führte Märklin auch stets ein großes Sortiment an passendem Zubehör für die Puppenküche, so auch kleine Töpfe, Pfannen, Suppenkellen, sogar Backformen und Reibeisen.

Zucker

Flying Scotsman

Links: *In den 1930er Jahren bestellte ein Märklin-Händler aus New York bei Richard Märklin, der seinerzeit für den Export zuständig war, verschiedene Spur-0-Loks in Sonderlackierung für seine Kundschaft. Getreu dem damaligen Geschmack US-amerikanischer Käufer (so bot beispielsweise auch der US-Hersteller Lionel sehr farbenfrohe Lokomotiven an) fertigten die Göppinger Mustermacher insgesamt 14 Exemplare in jeweils außergewöhnlicher Lackierung wie diese beiden Einzelstücke.*

Seite 12/13: *Im Jahr 2006 erschien nach langer Zeit wieder ein H0-Schienenbus im Märklin-Sortiment. Das exquisit gestaltete mfx-Modell (hier nachträglich gealtert und mit Figuren bestückt) war wahlweise mit oder ohne Geräuschelektronik erhältlich. Ein separat angebotener Beiwagen ergänzte den Zug zur dreiteiligen Garnitur.*

Seite 14/15: *Das äußerst realistisch wirkende, 75 cm lange, komplett neu konstruierte Digital-Modell der Spur-1-Lok 01 067 erschien 2003 in Epoche-III-Ausführung mit Altbaukessel, Frontschürze, kleinen Witte-Windleitblechen und Sound.*

01 067

DB
01 067

Rechts: *Zu den Loks mit unverwechselbarem Charakter gehören die so genannten „Ludmillas". Märklin positionierte die beliebte Loktype im Hobby-Programm. Das Bild zeigt das 2008 vorgestellte Modell einer 232 im DB-Cargo-Outfit. Sie schleppt einen gemischten Güterzug, der u. a. aus Rungenwagen der Gattungen Snps und Roos besteht. Letztere haben jeweils eine selbst gebastelte Holzladung erhalten. Lok und Wagen wurden vorbildgerecht gealtert.*

Seite 18/19: *Das Modell der 01 150 in H0 wurde 2008 aus zweierlei Gründen von Märklin aufgelegt: Zum einen passte die Loknummer gut zum 150-jährigen Firmenjubiläum, zum anderen gab das Modell ein besonderes Vorbild wieder: die beim Brand einer Außenstelle des Verkehrsmuseums Nürnberg stark beschädigte Vorbild-Lok 01 150. Das in einer Holzkassette nur für Insider-Club-Mitglieder angebotene mfx-Modell besitzt einen Sound-Generator. Eine verstellbare Kurzkupplung zwischen Lok und Tender und zahlreiche andere Details machen die Museumslok zum Schmuckstück jeder Anlage. Einen Teil des Verkaufserlöses spendete Märklin für den Wiederaufbau der Lokomotive.*

DB Cargo

2
DB
01 150

PROVIA

Die ersten Jahre: Tatkraft und Talent

Von den Anfängen der Firma Märklin. Von Josef Roland

Der Gründer und Namensgeber der Firma, Theodor Friedrich Wilhelm Märklin, wurde im Jahr 1817 geboren. Seine Kindheit und Jugend waren entbehrungsreich, so kam er bereits mit drei Jahren in ein Waisenhaus. Trotzdem absolvierte der junge Märklin später eine Klempnerlehre und machte sich im Jahr 1849, nach dem Erhalt des Meisterbriefes, in Göppingen selbstständig. Dort heiratete er 1853 die Göppingerin Rosine Geiger. Das Paar bekam zwei Töchter. Im Jahr 1856 erhielt Theodor Friedrich Wilhelm Märklin die Bürgerrechte der Stadt. Ein Jahr später verstarb jedoch seine Gattin. Nun war er gezwungen, allein für die Kinder zu sorgen und auch noch sein Geschäft am Laufen zu halten.
Die Umstände änderten sich jedoch erheblich, als eine andere Frau in sein Leben trat: Caroline Hettich aus Ludwigsburg, eine Verwandte des Nationalökonomen Friedrich List. Im Jahr 1859 wurde sie Märklins Ehefrau und wirkte in der Folge tatkräftig am weiteren Aufbau des Geschäftes mit. Noch im selben Jahr begann die Firma mit der Herstellung von Mädchenspielzeug. Das Sortiment umfasste allerlei Miniatur-Hausrat für die Puppenküche.

Die beiden Bilder zeigen ein Mädchen -und Jungenspielzeug. Oben ist ein komfortabel eingerichtetes Miniatur-Badezimmer für die Puppen-Pflege abgebildet, unten eine Ritterburg mit Ziehbrücke, mehreren Türmen, vielen Zinnen und Fahnenschmuck. Langeweile kam bei diesem Spielzeug sicher nie auf, insbesondere dann nicht, wenn noch passende Figuren die Burg „bevölkern" durften.

Mit dieser Geschäftsausrichtung beginnt die eigentliche Geschichte der Firma Märklin.

Erfolgreiche Arbeitsteilung zwischen den Eheleuten

Über drei Jahrzehnte lang stand der Name Märklin ausschließlich für Mädchenspielzeug – und Haushaltsgegenstände. Denn die Firma war mit den „Saisonartikeln" für die Puppenküche, also den Produkten, die hauptsächlich in der Weihnachtszeit als Geschenke für Kinder gefragt waren, nicht das ganze Jahr über auszulasten. Daher wurden auch Artikel für den Normalhaushalt hergestellt und angeboten: Bestecke, Töpfe, Besen, Eimer und vieles mehr. Von 1859 bis 1888 firmierte der Betrieb unter dem Namen „W. Märklin". Das Ehepaar Märklin hatte sich die Arbeit geschickt aufgeteilt. Jeder machte das, was er am besten konnte: Theodor Friedrich Wilhelm Märklin war für die Produktion zuständig, Caroline Märklin für den Verkauf. Sie durchreiste zu diesem Zweck nicht nur Süddeutschland, sondern auch die Schweiz. Eine Frau in dieser Funktion war damals höchst ungewöhnlich, sie dürfte eine der ersten, wenn nicht die erste, weibliche Handelsreisende überhaupt gewesen sein. Dank ihrer Tatkraft und ihres verkäuferischen Talents wuchs die Firma, sodass sich die Märklins schon bald nach neuen Räumlichkeiten umsehen mussten. Die erste Werkstatt in der Göppinger Kirchstraße – in dem Gebäude befindet sich heute die Gaststätte „Apotheke"– musste zugunsten eines größeren Platz-

Rechts: *Die erste Märklin-Werkstatt befand sich in der Göppinger Kirchstraße. In dem Gebäude befindet sich heute die Gaststätte „Apotheke".*

Rechte Seite oben links: *Eugen Märklin übernahm 1891 das Eisenbahn-Sortiment der Firma Lutz aus Ellwangen und ebnete damit den Weg zum Erfolg des elterlichen Unternehmens.*

Rechte Seite oben rechts: *Caroline Märklin führte das Unternehmen durch eine harte Zeit.*

Rechte Seite unten: *Blechdose für Kinder zum Aufbewahren von Gesammeltem.*

angebots im neu erworbenen Haus am Schillerplatz aufgegeben werden. Zwischen ihren Verkaufsreisen brachte Caroline Märklin drei Söhne auf die Welt, Wilhelm der 1859 auf die Welt kam, Eugen im Jahr 1861 und Karl im Jahr 1866. Mitten in der Expansion starb der Firmengründer. Durch seinen frühen Tod im Jahr 1866 war der Fortbestand der jungen Firma sehr gefährdet. Er verletzte sich bei einem Sturz auf der Kellertreppe so schwer, dass er an dessen Folgen starb. Er war erst 49 Jahre alt und für die Familie und die Firma unverzichtbar. Wie sollte es nun weitergehen?

Schwere Zeiten

Caroline Märklin gab nicht auf, sie war entschlossen, die Firma ihren Söhnen zu erhalten. Mit Elan führte sie weiterhin ihre Verkaufsreisen durch – und hatte Erfolg. Die Werkstatt im Haus in der Schillerstraße platzte bald schon aus allen Nähten und so stand eine erneute Erweiterung der Werkstatträume an. Größere Räumlichkeiten bot das Haus in der Grabenstrasse 56. Neben einer größeren Werkstatt und einem Lagerraum war auch eine geräumige Wohnung vorhanden, in welche die ganze Familie, samt den beiden Töchtern aus der ersten Ehe Theodor Friedrich Wilhelm Märklins und seinen drei Söhnen aus der Verbindung mit Caroline, einziehen konnte.

Das Haus am Schillerplatz steht heute noch und gehört einem Lebensmittelhändler, das Haus in der Grabenstraße ist längst abgerissen. 1868 heiratete Caroline ein zweites Mal. Sie erhoffte sich von ihrem neuen Ehemann eine Entlastung bei der Arbeit für die Firma. Diese Hoffnung wurde jedoch bitter enttäuscht. Schlimmer noch, die Verhältnisse verschlechterten sich, sodass die Söhne von Theodor Friedrich Wilhelm Märklin außerhalb der Familie aufgezogen werden mussten. Sie kehrten erst wieder nach dem Tod des Stiefvaters im Jahr 1886 nach Hause zurück, hatten mittlerweile gut bezahlte Arbeitsstellen und somit ihr eigenes Auskommen.

> Hier fing es an

Die erste Werkstatt des Flaschner-Betriebes Märklin befand sich in der Göppinger Kirchstraße. Hier entstanden die ersten Artikel für den Haushalt und das Puppenküchenzubehör. Heute beherbergt das Gebäude (das Bild zeigt die hofseitige Ansicht) eine Gaststätte.

Die Absicht von Caroline Märklin, ihren Kindern ein solides und gesichertes Geschäft zu hinterlassen, drohte an den sich gewandelten Interessen der Kinder zu scheitern. Gerade Eugen Märklin erfreute sich einer gut dotierten Stellung und wollte demnächst seine Verlobte Bertha Christianus heiraten. Nun stand er vor einer schwierigen Entscheidung: Sollte er seine gesicherte Arbeitsstelle aufgeben und einen Betrieb mit ungesicherter Zukunft übernehmen? Oder sollte er Mutter und Firma dem Schicksal überlassen? Er entschied sich schließlich für Mutter und Firma und gründete am 1. März 1888 zusammen mit seinem Bruder Karl das Unternehmen „Gebrüder Märklin",

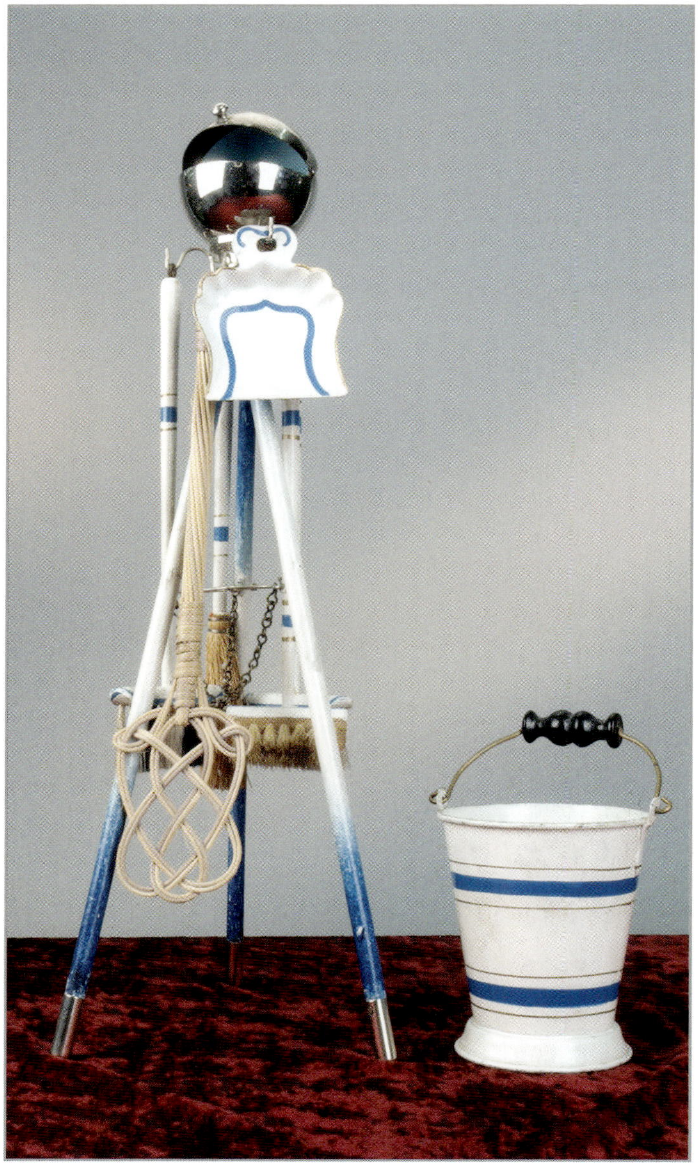

in welchem die Firma der Eltern aufging. Auch der Schwager Gottfried Britsch, ein Produktionsfachmann, siedelte von Stuttgart nach Göppingen um. So konnte der Betrieb unter neuer Firmierung einen vielversprechenden Start hinlegen. Doch letztlich verlief das erste Jahr enttäuschend. Die Zusammenarbeit mit Schwager Gottfried Britsch hatte nicht zum geplanten Ergebnis geführt, das Resultat war negativ. Daher schied dieser nach nur einem Jahr wieder aus der Firma aus. Die Sorgen blieben aber und Eugen Märklin, fortan die Seele des Unternehmens, hatte bei einem Umsatz von 10.000 Mark einen Verlust von 3.000 Mark hinnehmen müssen. Nun war er kurz davor, alles hinzuschmeißen. Doch eine weitere Hypothek auf das Grundstück ermöglichte vorerst die Fortführung der Geschäftstätigkeit.

Ein Jahr später, 1889, heiratete Eugen Märklin seine Verlobte Bertha Christianus, die anschließend ein ähnlich großes Engagement für die Firma entwickelte, wie seinerzeit seine Mutter Caroline. Die beiden tatkräftigen und entscheidungsfreudigen Frauen hielten ihm in der Firma den Rücken frei, sodass sich Eugen Märklin verstärkt den Kunden zuwenden und seine Verkaufstätigkeit forcieren konnte.

Doch das Spielzeuggeschäft besitzt nur eine Saisonspitze: das Vorweihnachtsgeschäft. Über das Jahr hinweg war dagegen wenig abzusetzen und der Finanzbedarf in der absatzschwachen Zeit drückte schließlich sehr stark auf das Ergebnis. Die Tage vor den Lohnauszahlungen waren oft sorgenvoll und nicht nur einmal hatte es wieder einmal gerade noch so gereicht. Das Saisongeschäft war eine unveränderbare Tatsache. Daran konnten weder die Kreativität noch der große Einsatz in Produktion und Vertrieb

Linke Seite oben: *Auch stattliche Pferdewagen samt elegantem Zugtier und einem Kutscher fanden sich im frühen Märklin-Sortiment.*

Linke Seite unten: *Zierlicher Ständer für Haushaltsgegenstände en miniature.*

Links: *Kunstvoll gestaltete Puppenwagen.*

Unten: *Funktionsfähiger kleiner Waschtisch. Füllte man den Tank in der Rückwand mit Wasser, ließ sich dieses an der filigranen Armatur ablassen.*

etwas ändern. Andere Artikel mussten her, wie schon zu Zeiten Theodor Friedrich Wilhelm Märklins, um den flauen Spielzeugabsatz während des Jahres zu überbrücken. Eugen Märklin übernahm daher verstärkt Vertretungen für Hausrat und weitere Spielzeugsortimente.

Der Weg in eine erfolgreiche Zukunft

Der entscheidende Schritt für den späteren großen Erfolg der Firma, mit dem Eugen Märklin auch die Basis für den legendären Ruf legte, welche die Marke Märklin noch heute genießt, erfolgte im Sommer 1891 mit der Übernahme des Vertriebs von Produkten der renommierten Firma Lutz aus Ellwangen.

Die Lutz´schen Erzeugnisse waren speziell im Norden Deutschlands besonders beliebt. So erhielten auch die Verkaufsreisen von Eugen Märklin in diese Region einen deutlichen Auftrieb. Neben den Lutz´schen Produkten umfasste sein erweitertes Angebot auch das hauseigene Mädchenspielzeug und die Haushaltsartikel, die nun von den Händlern ebenfalls wahrgenommen wurden. Durch die vergrößerte Warenpalette ergaben sich neue und bessere Absatzchancen.

Doch worin bestand der Reiz der Lutz-Erzeugnisse? Die Firma Lutz wurde um 1846 von Ludwig Lutz in Ellwangen gegründet. Zweck der Firma war die Herstellung von hochwertigen Blecherzeugnissen. Als Spezialist in der Blechverformung und -bearbeitung hatte sich die Firma großes Ansehen erworben. Das Sortiment der Anfangszeit umfasste Blechartikel aller Art. Blech war damals der moderne und zuverlässige Werkstoff für viele Artikel des täglichen Bedarfs. Im Angebot fanden sich auch hoch-

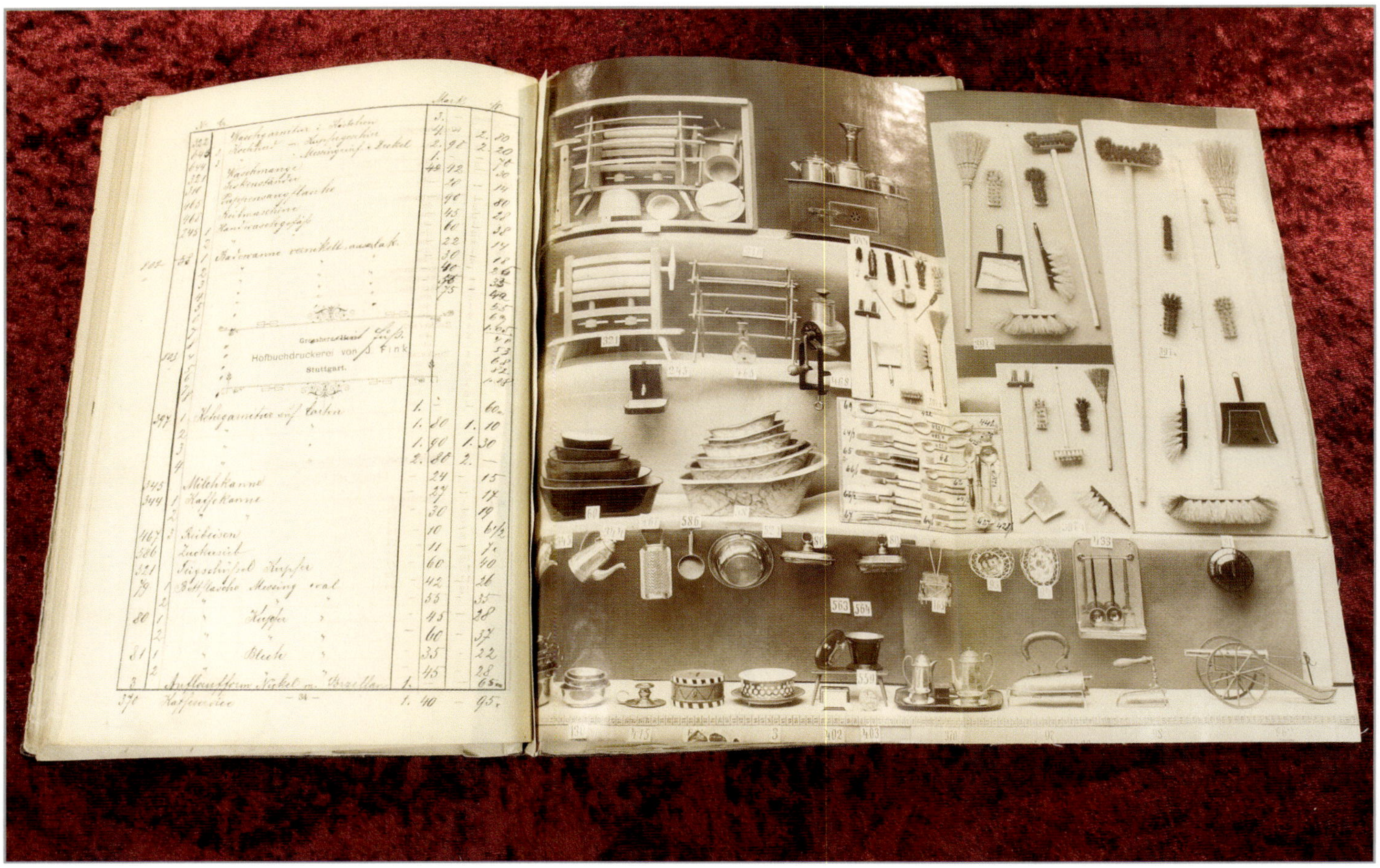

wertige Spielsachen, wie zum Beispiel Burgen, Pferdekutschen, Schiffe und Puppenstubenmöbel. Dieser Sortimentsteil erfuhr zunehmend größeren Zuspruch, sodass die Firma Lutz ihr Sortiment immer mehr auf Spielwaren konzentrierte. Als der Sohn des Firmengründers, August Lutz, im Jahr 1883 die Firma übernahm, war sie ein auf Spielzeug spezialisiertes Unternehmen. Der neue Firmenchef erweiterte das Sortiment um Artikel mit modernen Antriebsarten, wie zum Beispiel spiritusbeheizte Dampfmaschinen. Eine besondere Beliebtheit erfuhren die Lutz´schen Artikel vor allem im Ausland. Es wird berichtet, dass der Vertrieb, bis zur Übernahme durch Eugen Märklin, über die Nürnberger Firma Bing erfolgte. Allerdings lässt sich nicht ganz ausschließen, dass einige der von der Firma Lutz hergestellten Artikel schon vor diesem Zeitpunkt unter der Firmierung „W. Märklin" vertrieben wurden. Für die Firma Bing dürfte es auch keinen Exklusiv-Vertrag über den ausschließlichen Vertrieb aller Lutz-Erzeugnisse gegeben haben.

Die traditionellen Zentren der deutschen Spielzeugindustrie lagen in Nürnberg und Württemberg. Während jedoch in Nürnberg viele der traditionellen Spielzeugfirmen ansässig waren, gab es in Württemberg keine vergleichbaren Anhäufungen in einer bestimmten Stadt oder Region. Die Hersteller waren über das Land verteilt. So fanden sich beispielsweise in Ellwangen, Biberach und Göppingen namhafte Blechspielzeugproduzenten. Das kam der Profilierung einzelner Hersteller zugute. Man sprach damals nicht von den „Göppinger Spielwaren", sondern von „Märklin". Im Gegensatz dazu wurden die fränkischen Unternehmen meist nur unter dem Sammelbegriff „Nürnberger Spielzeughersteller" aufgeführt. Die einzelnen Firmen blieben meist im Hintergrund.

Große Vielfalt – präsentiert in Musterbüchern

Bei Märklin war die Artikelvielfalt während der ersten drei Jahrzehnte enorm, trotz der Beschränkung auf Mädchenspielzeug und Hausrat. Die große Tiefe des Angebots drückte sich allein schon durch die verschiedenen Größen der Ausstattungsgegenstände für Puppenküchen aus. Waschbecken gab es in zehn Varianten, in ovaler und runder Ausführung. Allein die runde Ausführung erschien in vier Größen und in verschiedensten Farben, die im Katalog von 1890 nicht einzeln aufgeführt wurden, hier fand man lediglich den Hinweis „lackiert". Viele Artikel des damaligen Angebots muten heute exotisch an. Wer weiß heutzutage schon, was ein „Waschständer" ist? In Ermangelung von fließendem Wasser in den meisten Haushalten, musste die morgendliche Toilette mit Wasser aus einem Wasserkrug erledigt werden. Der Waschständer bestand daher aus einem solchen Krug nebst „Seifennapf" und „Becken" und war für die Puppenküche 12 cm hoch. Die unterschiedlichen Herdgrößen erforderten ebenfalls entsprechend ausgeführte Töpfe, Pfannen und Kessel. Dieselbe Vielfalt gab es bei den Puppenstuben-Bestecken und den Tischen, Stühlen und Bänken. Wer damals einen Puppenherd mit echter Funktion haben wollte, konnte ei-

Linke Seite oben: *Früher Katalog aus der Zeit um 1890 für das Märklin-Puppenküchen-Sortiment mit einer ausklappbaren Fotografie, die verschiedenstes Puppenküchenzubehör im Überblick zeigt.*

Links: *Kunstvoll mutet dieser Puppenherd mit seinen filigranen Beschlägen und dem feinen Kochgeschirr an. Sicher hat er einst Mädchenherzen höher schlagen lassen.*

> Musterblätter

Ab 1895 tauchen die ersten farbigen Musterblätter für Märklin-Artikel auf, mit detaillierten Zeichnungen, die jeweils mit den Original-Produktfarben koloriert wurden.

nen mit Spiritusbrenner erwerben, mit dem man richtig kochen und backen konnte. Passend dazu gab es natürlich auch ein Kochbuch und winzige „Portionierer", mit denen sich die „Miniaturspeisen" schön servieren ließen.
Auch das Sortiment für die Küche und den Haushalt „der Großen" umfasste so gut wie alle Hilfsmittel, die täglich im Gebrauch waren: Besen, Kehrrichtschaufeln, Handfeger, Eimer, Kannen, Töpfe, Geschirr aus Blech und vieles mehr. Die Kennzeichnung der einzelnen Produkte mit dem Herstellernamen oder der Firmenmarke war im 19. Jahrhundert noch nicht üblich. Sie kam erst in der Übergangszeit vom 19. zum 20. Jahrhundert auf, da die Hersteller nun vermehrt darauf Wert legten, dass der Kunde ihre Qualitätsprodukte eindeutig von anderen unterscheiden konnte. Daher ist heute eine Identifizierung von Erzeugnissen aus dem 19. Jahrhundert nur von Kennern möglich. Jede Firma hatte ihre eigene „Handschrift". Sie zu „lesen", erfordert eine Menge Erfahrung.
Caroline Märklin und später auch Eugen Märklin konnten angesichts des umfangreichen Produktangebots keine Muster mit auf die Reise nehmen. Die Transportmöglichkeiten beschränkten sich damals auf die Postkutsche und Eisenbahn. Oder man ging zu Fuß. Da blieb nur die Möglichkeit, dem Kunden das Angebot anhand von Musterbüchern, einer frühen Form der Kataloge, zu präsentieren. Allerdings hatten die Musterbücher der damaligen Zeit mit den Katalogen, wie wir sie heute kennen, wenig gemein. Es gab kaum Fotos, sondern handkolorierte Zeichnungen. Je kunstvoller und detaillierter die Abbildung, desto größer war die Chance auf einen Verkaufsabschluss. Die Musterbücher von Märklin und Lutz waren überaus aufwändig gestaltet. Die Kolorierung erfolgte unter Verwendung der Original-Produktfarben, die jeweils mehrschichtig aufgetragen wurden. Durch die sorgfältige Lagerung der großformatigen und schweren Musterbücher unter Ausschluss von Licht sind die Abbildungen heute noch so frisch und leuchtend, als wären sie erst soeben aufgemalt worden.

DURCHGANG
DURCHGANG
Fahrkarten bereit halten!
Fahrkarten bereit halten!
Fahrkarten bereit halten!
Wartesaal

Die ersten Märklin-Bahnen

Von der ersten Systemeisenbahn im Jahr 1891 zur klassischen Spur I. Von Josef Roland

Nachdem Märklin die Vertretung der Firma Lutz aus Ellwangen übernommen hatte, gelangte das Göppinger Unternehmen auf eine neue, viel versprechende Spur. Eugen Märklin hatte mit diesem Schritt den Grundstein für eine Entwicklung gelegt, deren Dimension er zum damaligen Zeitpunkt noch gar nicht absehen konnte. Die plötzliche Vielfalt des Produktangebots erschloss neue Märkte und eine Käuferschicht, die finanziell größere Spielräume hatte. Die große Resonanz auf das umfangreiche, vielfältige Angebot dank der „Lutz-Vertretung" brachte Eugen Märklin schließlich auch dazu, noch im selben Jahr die Chance zu nutzen und die gesamte Firma Lutz zu übernehmen. August Lutz hatte, so wird berichtet, gesundheitliche Probleme, die ihn dazu bewogen, an den Verkauf seiner vom Vater Ludwig Lutz übernommenen Firma zu denken. Eugen Märklin schien ihm der geeignete Partner, der zudem bereit war, die insgesamt 25 Arbeiter der Firma Lutz mit zu übernehmen. Das Ungewöhnliche an dem Kauf war der Umstand, dass der Verkäufer dem Käufer einen Kredit gab. Eugen Märklin erhielt von August Lutz die für damalige Verhältnisse beeindruckende Summe von 5000 Reichsmark. Eine der Bedingungen für den Kredit war die Forderung, einen finanzkräftigen Compagnon mit in die Firma aufzunehmen. Als solcher trat Emil Fritz (1858 - 1922) aus Plochingen im Jahr 1892 in die Firma ein. In ihm hatte Eugen Märklin einen Partner gefunden, der nicht nur das dringend nötige Kapital, sondern auch größtes Engagement für die Weiterentwicklung der Firma einbrachte. Eugen Märklin berichtete damals über seinen Partner, dass dieser den Ehrgeiz habe, aus dem seit seinem Eintritt als „Gebrüder Märklin & Co." firmierenden Unternehmen die größte und beste Spielzeugfirma der Welt zu machen. Im Jahr 1893 starb Caroline Märklin, sie hatte die Firma mit hohem persönlichen Einsatz gehalten und damit ihren Söhnen die Basis für den späteren Erfolg geschaffen. Ihr Tod traf die aufstrebende Firma hart. Im selbstlosen Einsatz der Caroline Märklin sah die nächste Generation nun ein Vorbild und die Verpflichtung, in ihrem Sinne fortzufahren.

Zwei Zeugnisse handwerklicher Fertigungskunst: oben eine Dampflok mit Uhrwerksantrieb und einstellbarer Stützachse, die bei entsprechender Stellung dafür sorgte, dass die Lok nach dem Aufziehen des Uhrwerks brav im Kreis herumlief. Darunter einer der vielen „Central-Bahnhöfe", der wie alle Gebäude der Blechspielzeug-Ära bei Märklin durch eine aufwändige, farbenfrohe Bemalung besticht.

Vereinheitlichungen statt „Insel-Lösungen"

Doch wer hätte gedacht, dass aus der Entscheidung, die Blecheisenbahn zu normen, einmal eine ganze Branche werden würde? Gleich nach der Übernahme des Lutz´schen Sortiments beschlossen die Gebrüder Märklin, die Spielzeugeisenbahn zu vereinheitlichen. Zuvor hatte es nur „Insel-Lösungen" gegeben, also jede neue Spielzeugeisenbahn wurde ohne Rücksicht auf bestehende

Rechts: *Diese Spur-II-Lok machte einst sicher einen gewaltigen Eindruck. Das stattliche Bahnhofsgebäude neben ihr mit orientalisch anmutendem Zwiebelturm ist im Vergleich zur Lok etwas klein. Doch in der Zeit der Blechspielzeugbahnen spielten vorbildgerechte Proportionen noch eine untergeordnete Rolle. In der Hauptsache sollten die Gebäude und Fahrzeuge eine gewisse Ästhetik besitzen.*

Rechte Seite oben: *Schlepptender-Dampflok mit der Katalog-Nummer E 66/12921 in der Spur I und passende Reisezugwagen.*

Bahnen neu konstruiert, wodurch inkompatible einzelne Bahnen entstanden. Dieses Prinzip wurde von der Firma Märklin nicht wiederholt. Vielmehr legte man mit der als Spur I bezeichneten neuen Bahn bereits den Grundstein für die später entwickelte Modelleisenbahn.

Nicht nur die Gleisstücke wurden untereinander kompatibel und kombinierbar gestaltet, man vereinheitlichte auch die Größen der Fahrzeuge und vor allem die Kupplungen. Alle von Märklin in der Spur I hergestellten Fahrzeuge und Gleisstücke ließen sich fortan ergänzen beziehungsweise erweitern. Die Ära der Modelleisenbahn nahm nun ihren Anfang.

Ein Systemspielzeug war geboren. Aus einer Schienen-Acht mit dem „Storchenbein“ und zwei Wagen entwickelte sich nach der Leipziger Ostermesse von 1891 bald schon ein breites Sortiment an Schienen, Fahrzeugen und Zubehör. Andere Hersteller zogen nach und übernahmen die Norm. Alle nachfolgenden Baugrößen leiteten sich davon ab. Schon bald nach der Spur I folgten die Spuren 0, II, III, IV und sogar V. Doch je größer die Bahnen wurden, umso mehr verkleinerte sich das Potential der Kundschaft. Der Preis und vor allem auch die nötige Fläche für einen vernünftigen Fahrbetrieb schränkten den Kundenkreis massiv ein. Trotzdem entstanden neue Fahrzeuge und attraktives Zubehör in allen Baugrößen. Exakte Nachbildungen waren technisch nicht möglich. Der geeignete Werkstoff war Blech. Dieses Material konnte zwar gebogen, gestanzt und verformt werden, aber die viel später so selbstverständlichen Details ließen sich nur in stark abstrahierter Form nachbilden. Die Käufer beurteilten die Artikel auch nicht „mit Meterstab und Schieblehre“, sondern bewerteten lediglich die Optik. Für den Verkaufserfolg war es maßgeblich, dass das Vorbild trotz aller Vereinfachung im Modell erkennbar war. Märklin bewies gerade in diesen Dingen eine glückliche Hand. Hinzu kam, dass diejenigen, die mit der Fertigung betraut waren, nicht nur über handwerkliches Geschick, sondern auch künstlerisches Talent verfügten.

Der Ausbau des Fahrzeug-, Schienen- und Zubehör-Sortiments in der Spur I schritt rasch voran. Die anfangs wenig vorbildgetreu, dafür aber sehr kunstvoll gestalteten Fahrzeuge näherten sich später immer mehr der großen Eisenbahn an. War das „Storchenbein“ nur ungefähr als Nachbau einer Lokomotive der Bauart „Crampton“ zu erkennen, konnte die E 1021 mit der Achsfolge 2´B´ in der

> Der Uhrwerksantrieb

Die ersten Märklin-Loks wurden durch ein Uhrwerk angetrieben. Zog man dieses mit einem Schlüssel auf, spannte sich die Antriebsfeder der Lok. Wurde sie aufgegleist, fuhr sie schnell ein paar Runden und blieb dann abrupt stehen.

Spur I von 1909 zweifelsfrei als Lok vom Typ „Atlantic Coupe-Vent" der Eisenbahngesellschaft PLM (Paris-Lyon-Marseille) identifiziert werden.
Was in Spur I erfolgreich war bzw. bei den Käufern ankam, wurde auch in der kleineren Spur 0 nachgebaut. Schließlich entwickelte sich die Spur 0 zum Umsatzbringer und löste daraufhin die anderen Spurweiten ab, darunter auch die erste System-Baugröße, die Spur I.
Die Spur II wurde bereits 1920 wieder eingestellt, die Spur III zwei Jahre später. Die Spur IV stellte Märklin nur in kleiner Auflage her, vermutlich in Form von Einzelstücken. Eine Datierung, wann die letzten Teile in dieser Baugröße entstanden, ist nur schwer möglich. Von der Spur V, die um 1910 gefertigt wurde, sind nur fünf Züge (jeweils eine Lok mit Tender und drei Personenwagen) bekannt. Ein Zug befindet sich im Firmenarchiv, jedoch ohne Lokomotive, dafür sind zwei Tender vorhanden. Die Lokomotive kam auf dem Weg nach Paris abhanden. Der Zug, der die Modelle nach Frankreich befördern sollte, verunglückte, dabei verschwand die Lokomotive. Über Kanada soll sie in die Schweiz gelangt sein. Mitte des vorigen Jahrhunderts wurde sie Märklin angeboten, doch der Preis war den damaligen Verantwortlichen zu hoch, weshalb ein Rückkauf unterblieb. Die Spur I verblieb bis 1939 im Angebot, wobei nach dem Krieg die noch vorhandenen Einzelteile aufgearbeitet wurden. Ende der 1940er Jahre bis in die 70er setzte dann ein bis dahin nicht gekannter „Run" auf die seit 1935 angebotene Tischeisenbahn der Spur 00/H0 ein. Die große Nachfrage nach der H0 (ab 1950 wurde die 00 in H0 also „Halbnull" umbenannt) beanspruchte die ganze Kapazität der Firma und führte schließlich zur Aufgabe der Spur 0 im Jahr 1954.

Je kleiner die „Spielzeugeisenbahn" wurde, desto mehr Leute konnten sie nicht nur kaufen, sondern auch in den eigenen vier Wänden aufbauen. Damit wuchs auch der Kreis der potentiellen Anwender. Denn das, was bei den großen Spuren meist unmöglich gewesen war, wurde bei der 00/H0 Wirklichkeit: Die Eisenbahn konnte wegen ihrer geringen Baugröße das ganze Jahr über aufgebaut bleiben. Die starre Fixierung auf die Zeit um Weihnachten, wie sie bei den großen Spuren vorherrschte, löste sich auf. Ein Ganzjahreshobby entstand.

Lokomotiven und ihre Antriebsarten

Die erste Spielzeug-Lokomotive, das „Storchenbein" in Spur I, fuhr mit einem Uhrwerksantrieb. Dabei wurde ein Federwerk mit einem Schlüssel aufgezogen, wodurch sich die Feder spannte. Setzte man die Lok nun auf die Schiene, begann sie ihre Fahrt mit großem Elan, wurde dann aber nach wenigen Runden immer langsamer und hielt schließlich abrupt an. Der Spielwert erlahmte so schnell wie die Lokomotive stehen blieb. Deshalb gab es schon wenige Jahre nach der Vorstellung der ersten Systemeisenbahn ausdauerndere Antriebsarten. Die Elektrizität hatte noch nicht alle Städte und Dörfer in Mitteleuropa erreicht (Göppingen besaß erst ab 1900 ein Elektrizitätswerk), da bot Märklin schon eine elektrische Straßenbahn an. Man schrieb das Jahr 1895. Etwa zur gleichen Zeit brachte das Göppinger Unternehmen auch Echtdampflokomotiven heraus, die mit Spiritus beheizt wurden und – je nach Geschick des Spielers – minutenlang ihre Runden drehten. Die Geschwindigkeit war während der Fahrt nicht regelbar. Die heiße Lokomotive musste also angehalten werden,

Das Spur-I-Krokodil CCS 66/12921 blieb seinerzeit für viele nur Wunschtraum. Sammler zahlen heute viel für ein solches Prachtexemplar.

um mit viel Fingerspitzengefühl die Dampfzufuhr zum Zylinder neu justieren zu können. Eine zu schnell fahrende Lokomotive drohte stets umzustürzen, was eine besondere Gefahr bedeutete, da der möglicherweise auslaufende Spiritus sich entzünden konnte. Nicht ganz ungefährlich war in der Anfangszeit auch die Elektrizität. Es wurde mit der vollen Netzspannung gefahren. Das waren je nach Region 110 oder 220 Volt, die nur durch Vorlampenwiderstände abgesichert waren. Erst ab 1926 wurde auf die volle Netzspannung verzichtet, da nun der Gebrauch von Transformatoren, welche die Spannung auf ungefährliche 24 Volt reduzierten, vorgeschrieben war.

Die Firma wuchs weiter und so musste man schon im Jahr 1895 von der Werkstatt in der Göppinger Grabenstraße auf ein größeres Gelände in der Marktstraße 21 umziehen. Doch diese Lösung war auch nicht von langer Dauer. Bereits 1900 stand ein erneuter Umzug an. Diesmal an den Rand der Stadt in die Stuttgarter Straße. Der dort errichtete Neubau wies eine Fläche von 6000 m² auf und bot somit genügend Potential für eine weitergehende Expansion.

Im Jahr 1904, so wird berichtet, sollen Werkzeuge und Maschinen der Biberacher Firma „Rock und Graner Nachfolger" übernommen worden sein. Der letzte Eigentümer dieses traditionsreichen Unternehmens mit dem Markenzeichen „R&GN", Oskar Egelhaaf, liquidierte in jenem Jahr die Firma, weil er sich einem anderen Geschäftsfeld zugewandt hatte. Nachweisen lässt sich die Übernahme jedoch nicht. Sie wird in der Literatur auch kontrovers beschrieben. Die Annahme stützt sich auf die großen Ähnlichkeiten im Produktangebot beider Firmen.

Am 1. Mai 1907 trat Richard Safft (1879 - 1945) als weiterer Teilhaber in die Firma ein. Er war gleichzeitig Teilhaber der Württembergischen Metallwarenfabrik, der WMF in Geislingen. Sein Kapital erschloss der Firma einen größeren Handlungsspielraum und sein sprachliches Talent neue Auslandsmärkte. Durch seinen Eintritt firmierte die Firma im Jahr 1908 in „Gebr. Märklin & Cie." um.

Die Expansion ging weiter. So wurde 1910 ein Neubau in Shedbauweise mit 110 m Länge vor die Fabrikationshallen gesetzt. Dieser repräsentative Bau prägt seither, quasi als „Tor zur Stadt" den westlichen Zugang nach Göppingen. Er ist auch, dank zahlreicher Abbildungen, eines der Erkennungsmerkmale der Firma.

Doch zurück zu den Märklin-Lokomotiven. Das Modell mit der Nummer E 3021 war eine typische „Starkstrom-Dampflok". Sie wies die Achsfolge 2'B' und eine Länge von 54,5 cm auf. Von 1906 bis 1912 angeboten, gehörte sie zu den häufiger produzierten Spur-I-Lokomotiven. Die U-Bahnlok, auch „Tunnellokomotive" genannt, gab es von 1914 bis 1921 in einer Uhrwerk- wie auch „Starkstromausführung". Im Märklin-Katalog wurde sie als „VVE 1021" bzw. mit „VVE 3021" bezeichnet. Sie war nach dem Vorbild einer Lokomotive der amerikanischen Bahngesellschaft „New York Central Lines" (N.Y.C.&R.R.) gestaltet.

Das Krokodil wird zum Wappentier

Mit dem „Krokodil" in der Spur I begann im Jahr 1933 eine besondere Ära. Die Schweizer Gebirgslokomotive, von den SBB für den Einsatz vor schweren Güterzügen am Gotthard beschafft, wurde im Lauf der Jahrzehnte quasi zum „Wappentier" der Firma Märklin. Den Namen „Krokodil" verdankte das Fahrzeug seiner grünen Farbe und den gelenkig gelagerten Vorbauten, die bei der Fahrt durch Weichenstraßen an ein Reptil erinnerten. Die Spur-I-Lokomotive wurde von 1933 bis 1937 unter der Artikel-

Die H 1081 in Spur I gab die Württemberger C recht gut wieder. Dieses Modell ist heute eher selten auf Auktionen zu finden.

Nummer CCS 66/12921 angeboten und gehörte, wie alle Märklin-Krokodile in den anderen Spurweiten, zum Spitzenangebot des Sortiments. Es darf sogar angenommen werden, dass die Vorbild-Lokomotive durch ihre Nachbildung als Märklin-Modell an Popularität hinzugewonnen hat. Für viele Märklin-Freunde blieb sie aus Preisgründen ein unerfüllter Traum. Die wenigen hundert Exemplare des Spur-I-Krokodils sind heutzutage begehrte Sammlerstücke, die nur selten angeboten werden.

Lange Zeit galt in Sammlerkreisen der motorlose Straßenbahnwagen der „Third Avenue" als Einzelstück. In der Literatur wurde nur vom antriebslosen Wagen gesprochen. Doch die Ausstellung „Modelleisenbahnen" im Jahr 2002 im Historischen Museum der Pfalz in Speyer brachte eine kleine Sensation. Zum ersten Mal wurde aus dem Fundus des Märklin-Turmzimmers die komplette Einheit, ein Motorwagen mit Anhänger, der Öffentlichkeit gezeigt. Die Prototypen waren 1909 für den Export nach Amerika gefertigt worden.

Dank der Nachbildung im Modell konnte die Erinnerung an ein besonderes Vorbildfahrzeug wach gehalten werden. Die Rede ist vom „Schienenzeppelin". Er verdankt diesen Namen seiner Ähnlichkeit mit den Luftschiffen des Grafen Zeppelin. Der Kruckenberg´sche „Flugbahn-Wagen", wie er offiziell genannt wurde, fuhr am 21. Juni 1931 im Bahnhof Hamburg-Bergedorf in Richtung Berlin ab. An Bord war der Ingenieur Kruckenberg mit seiner Frau und einigen seiner engsten Mitarbeiter. Sie fuhren einem erfolgreichen Rekordversuch entgegen. Ganze 230 Stundenkilometer wurden erreicht. So schnell war davor noch kein Fahrzeug auf Schienen unterwegs gewesen. Dem in Spantenbauweise mit feuerfestem Segeltuch bespannten, ungewöhnlichen Gefährt gelang ein Rekord, der erst 23 Jahre später durch eine französische Elektrolokomotive übertroffen wurde. Der Antrieb des „Zepps", wie er auch genannt wurde, war ebenso ungewöhnlich wie sein Aussehen. Ein 600 PS starker Flugzeugmotor trieb die Konstruktion über einen Heckpropeller an. Sie war das erste kompromisslos stromlinienförmig gestaltete Triebfahrzeug auf Schienen. Die nicht unbegründete Furcht der Bahnverantwortlichen, Personenschäden auf Bahnhöfen durch den vorbeirasenden Schienenzeppelin zu riskieren, führte schließlich zur Ablehnung des Fahrzeugkonzepts und der Verschrottung des Prototyps. Schon im Jahr des Weltrekords bot Märklin in Spur 0 und im Jahr darauf in Spur I einen Modell-Schienenzeppelin an. Die Spur-I-Ausführung ist vorbildnäher und gefälliger.

Das Umfeld der Bahn

Die Eisenbahn war im 19. und bis Mitte des 20. Jahrhunderts die Art der modernen Fortbewegung. Ob geschäftlich oder privat, der Beginn einer jeden Reise war der Bahnhof. Dort kulminierte sich das Fernweh. Er war Dreh- und Angelpunkt der modernen Gesellschaft. Also durfte ein Bahnhof auch nicht bei der Miniatur der großen Bahn fehlen.

Die großartigen Bauwerke wie der „Leipziger Bahnhof" oder der „Stuttgarter Bahnhof" sind deshalb auch schon sehr früh in den Märklin-Katalogen vertreten. Aber auch Bahnhöfe, die kein Vorbild hatten, aber den Geschmack breiter Kundenschichten trafen, waren vertreten. Ein typische Vertreter dieser Gattung ist der „Central-Bahnhof". Ihn hätte man in seiner Ausführung in ganz Europa antreffen können. Seine Bezeichnung machte ihn auch international und er hatte einen entscheidenden, produktions-

Oben: *Hübsches Bahnhofsgebäude nebst einer Anzeigetafel mit angeschriebenen Zielorten und Uhr für den französischen Markt.*
Rechte Seite oben: *Solches Funktionszubehör für die Eisenbahn (Signal und Richtungsanzeiger) gab es in den Spuren 0 und I.*

technischen Vorteil: bei ihm konnten vorgefertigte Blechteile, die auch bei anderen Artikeln Verwendung fanden, verbaut werden. Das waren wichtige Ansätze für eine rationelle Fertigung und entscheidende Kosteneinsparungen im internationalen Wettbewerb.
Es gab nicht nur einen Bahnhof, sondern mehrere im Märklin-Angebot, die „Central-Bahnhof“ genannt wurden. Einer davon hob sich jedoch durch eine Besonderheit von den anderen ab: die Form seines Turmdaches. Unter Sammlern wird er deshalb auch „Zwiebelturm-Bahnhof“ genannt. Unter der Artikel-Nummer 2004/1 fand er sich von 1896 bis 1914 im Katalog. Durch die feine Bemalung, das geprägte Dach, die Glasfenster und die Glocke wirkt dieser Bahnhof besonders hochwertig. Er lässt sich sogar mit Kerzen beleuchten.

US-amerikanischer Markt als wichtiges Absatzgebiet

Das zweistöckige Gebäude mit Steinbemalung wurde von Märklin unter der Artikel-Nummer 2913 in den Jahren 1912 bis 1914 angeboten. Es war für den amerikanischen Markt bestimmt. Dieser stellte in der Zeit vor dem ersten Weltkrieg ein äußerst wichtiges Absatzgebiet dar. Allein in New York gab es laut Märklin-Kundenbuch 17 Händler. Deren Umsatz betrug im Jahr 1909 rund 60.000 Goldmark, im Jahr darauf waren es schon 90.000 Goldmark. Der sehr seltene Spur-III-Bahnhof war unter der Artikelnummer 1043 lediglich im Katalog von 1895 enthalten. Er war „extra“ groß und besaß die beeindruckenden Maße von 87 cm in der Länge, 71 cm in der Breite und ganze 70 cm in der Höhe. Bei der Höhenangabe war noch speziell vermerkt worden: „ohne Fahne“. Das sehr reichhaltig ausgestattete Gebäudemodell war in drei Teile zerlegbar und mit einem Bufettschrank, Lüstern, zwei Glocken und farbigen, geätzten Glasscheiben ausgestattet. Mit Kerzen konnte es stimmungsvoll illuminiert werden.
Von 1919 bis 1931 führte Märklin den Leipziger Bahnhof mit der Artikel-Nummer 2037 als Spitzenangebot im Bahnhofs-Sortiment. Die Maße von 94 cm in der Länge, 46 cm in der Breite und 46 cm in der Höhe begrenzten allein schon platzmäßig den potenziellen Abnehmerkreis. Zusammen mit den beiden Einsteighallen benötigte das fein detaillierte Bahnhofsmodell 94 cm in der Länge, 118 cm in der Breite und 53 cm in der Höhe. Im Katalog von 1919 fand sich folgende Produktbeschreibung: „Monumentalbau in moderner stilvoller Ausführung, plastische Steinprägung, hohe Fenster mit Zelluloidscheiben. Vorplatz mit Zufahrt und Treppenaufgang. Eingangsportal mit Schutzdach, imitierte Uhr mit verstellbaren Zeigern ...“.

Signale, Schranken und weiteres Zubehör

Ein Bahnhof besteht nicht nur aus dem Empfangsgebäude, sondern auch aus seinem Umfeld. Dessen Gestaltung bestimmt auch den Spielwert des gesamten Modells. Märklin fertigte hierzu ein vielfältiges Zubehör, durch welches die Abläufe des Zugbetriebs wie auf einem großen Bahnhof nachvollziehbar wurden. Zu den wichtigsten Elementen zählten zum einen die Weichen und Drehscheiben und zum anderen die Signale für einen gefahrlosen Betrieb. Schon recht früh wurde der Wunsch nach einer „ferngesteuerten“ Betätigung von Weichen und Signalen von Märklin umgesetzt. Dabei entstanden verschiedene Möglichkeiten der Steuerung wie die mechanische „Schaltung“ mit Seilen, die vom Stellwerk aus zu den Weichen und Signalen führten. Sie waren zwar sehr vorbildgerecht,

aber für Anlagen, die nur vorübergehend den Fußboden belegten, zu aufwändig im Aufbau. Schneller und auch für den kurzzeitigen Aufbau geeigneter war die elektrische Variante. Die betreffenden Kabel waren leicht zu verlegen, das Spielen komfortabel und die Illusion des Bahnbetriebs dem Vorbild näher. Zu den Nachteilen gehörten jedoch die relativ teuren Elektromagnete und die hohe Stromspannung in der Anfangszeit der „Modelleisenbahn".

Mit Druckluft betriebenes Funktionszubehör

Gefahrlos und so einfach zu verlegen wie Kabel waren die Luftschläuche für das mit Druckluft betriebene Funktionszubehör. Vom Stellwerk führte dabei ein kleiner Druckluftschlauch zu einem Signal oder eine Weiche. Der Schlauch war auf ein sich stufenförmig verjüngendes Endstück eines kleinen Rohres aufgesteckt. Die luftdichte Verbindung und die sehr präzise gearbeiteten Zylinder ermöglichten nun vom Stellhebel des Stellwerks aus erstaunlich exakte Bewegungen. Der Zylinder im Stellwerk schob über den Zylinder des Verbrauchers das Signal oder die Weichenzunge in die gewünschte Position. Es gab einflügelige und mehrflügelige Signale, Signalbrücken, Hauptsignale, Vorsignale und natürlich Weichen in verschiedenen Ausführungen. Das Druckluftstellwerk mit einem Stellhebel und einem Zylinder sah aus wie ein Läutewerk, die zwei- und vierzylindrigen Stellwerke glichen eher einer der damals üblichen Registrierkassen.
Zu den wichtigen Elementen des Zubehörs gehörten zudem ein Restaurationswagen, eine Gepäckkarre, ein Bahnhofskiosk und natürlich Reisende und Bahnpersonal. Einen dank elektrischem Antrieb sich drehenden und den Arm hebenden Fahrdienstleiter neben einem elektrisch beleuchteten kleinen Dienstgebäude gab es schon 1929. Die Figuren waren entweder aus Zinn oder Pappmaché gefertigt. Ab Mitte der 30er Jahre gab es Elastolin-Figuren.

Reizvoll und die Fantasie anregend waren die Richtungsanzeiger mit den Namen großer europäischer Städte, die Fahrkartenschränke und besonders der Fahrkartenautomat samt Stempelapparat 2091 aus dem Jahr 1900. Heutzutage überrascht auch die Vielzahl der Formen und Ausführungen bei den Toilettenhäuschen, die damals auch Bedürfnisanstalten genannt wurden. Dies unterstreicht die Wichtigkeit dieser Einrichtungen auf den Bahnhöfen der damaligen Zeit. Es gab sogar Toilettenhäuschen mit einer Inneneinrichtung, unterteilt in eigene Bereiche für Frauen und Männer.
Zu den weiteren bemerkenswerten Zubehörteilen der alten Märklin-Bahnen gehört auch der Bahnsteig-Zeitungswagen. Und zwar deshalb, weil die einfache Verkleinerung per Kopierer wie wir es heutzutage kennen, damals nicht möglich war. Die Miniatur-Tageszeitungen mit den Titeln großer Zeitungsverlage mussten extra gedruckt werden. Eine besondere Leistung von Märklin war dabei die Bestückung der in den Export gehenden Zeitungswagen mit Titeln des jeweiligen Landes. Diese marktkonforme Ausrichtung des Angebots, die sich nicht nur auf das Lok- und Wagensortiment, sondern auch auf das Zubehör erstreckte, war einer der Gründe für den weltweiten Erfolg der Märklin-Artikel.

Wichtig waren die Ästhetik und ein hoher Spielwert

Die Notwendigkeit, alle aufgebauten Eisenbahn-Anlagen der großen Spurweiten wenige Wochen nach Weihnachten wieder abzubauen, brachte dem Zubehör damals besondere Beachtung. Es musste im ästhetischen Sinne schön sein und einen hohen Spielwert besitzen. Ein detaillierter Landschaftsbau schied aus Zeitgründen aus und war auf dem Fußboden eines anschließend wieder anderweitig gebrauchten Zimmers einfach nicht möglich. Dadurch entstanden Tunnels aus Blech und Holz, die in kompakter Bauweise perspektivisch ganze Bergmassive andeuteten, oder Lade- und Bockkräne, mit denen Ladeszenen wirklichkeitsgetreu nachgespielt werden konnten. Bahnübergänge mit Schranken, die sich durch das Gewicht der Lokomotiven und Wagen schlossen, vermittelten schon früh den Reiz automatisierter und wie von Geisterhand gelenkter Abläufe. Die Bahnen der großen Spuren zeigten zunehmend Ansätze einer Modelleisenbahn und gewannen zunehmend Freunde. Den Durchbruch als Spielzeug oder Freizeitbeschäftigung für breite Bevölkerungsschichten vermochten die Spuren I und größer, allein schon aus Platzgründen, jedoch nie zu schaffen.
Bis eine dieser großen Spurweiten, die 1939 eingestellte Baugröße I, eine Renaissance im Märklin-Sortiment erleben durfte, vergingen viele Jahre. Die „neue Spur 1" wurde auf der Nürnberger Spielwarenmesse vorgestellt. Nach drei Jahrzehnten der Abstinenz fand sich die fortan als „Königsspur" bezeichnete Baugröße wieder im Märklin-Programm.

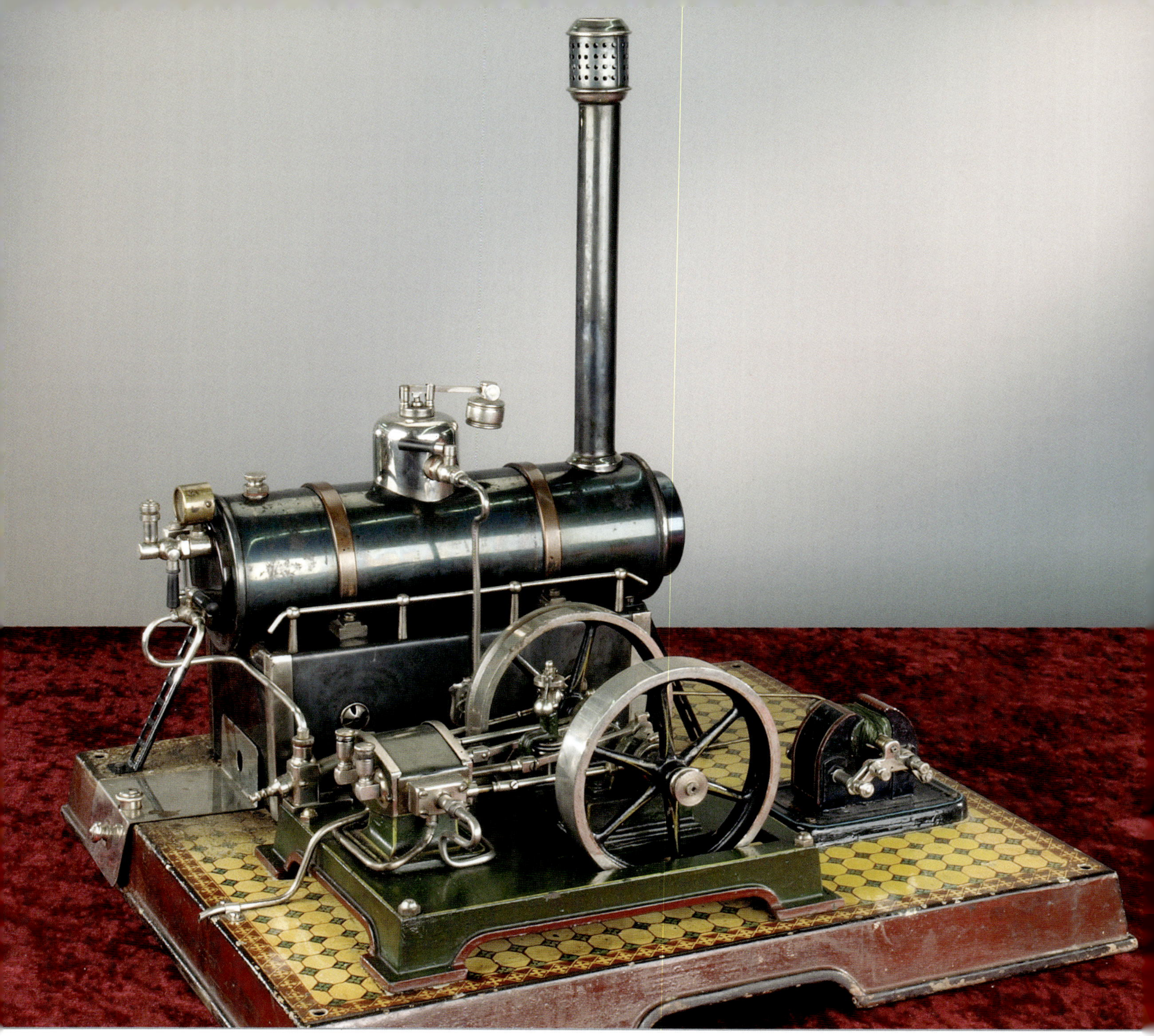

AUGUSTA VICTORIA

Technisches Spielzeug für Buben

Neue Produkte finden Eingang in das Sortiment. Von Josef Roland

Die Ausweitung des Märklin-Programms mit der Übernahme der Firma Lutz aus Ellwangen brachte eine deutliche Verlagerung des Programmschwerpunktes. Nicht mehr Mädchenspielzeug war Hauptbestandteil, sondern ab 1891 technisches Spielzeug. Damit wurden neue Zielgruppen angesprochen. Das war ein Schritt für die junge Firma, der nicht ohne Risiko war. Zwar wurde das technische Know-how, die Blechbearbeitung, nicht verlassen, aber der Kreis der Abnehmer verschob sich gewaltig. Sicherheit bot für den Bereich die kurze Erfahrung von Eugen Märklin mit der Handelsvertretung des Lutz´schen Sortiments. Außer der Eisenbahn-Miniatur, die in den Anfangsjahren ein Angebot unter vielen war, gab es Kutschen aller Art, mit und ohne Pferde, teilweise aus Blech, mit echtem Fell bespannt, Karussells, Laufräder, Schiffe, Festungen, Karren, Feuerwehren, pferdegezogene Spritzen- und Leiterwagen mit Gerätehäusern, Kreisel (Farb-, Flug-, Musik- und Choralkreisel), Kegelbahnen, Brunnen, Badeanstalten und Sandspiele.

Autos und Autobahn

In der Zeit von 1933 bis 1940 wurden von Märklin verschiedene Auto-Baukästen produziert. Aus einem Chassis-Bausatz konnten bis zu sechs verschiedene Karosserien vom Lastwagen über die Limousine bis zum Rennwagen durch Schraubverbindungen selbst zusammengebaut werden. In das Chassis, das eine einheitliche Länge von 36 cm hatte, ließ sich auch ein separat angebotener Federwerkantrieb einbauen. Für die batteriebetriebene Beleuchtunganlage galt das Gleiche. Der Karosserie-Baukasten enthielt eine Pullman-Limousine, die 1998 unter der Artikel-Nummer 19032 in anderer Farbe und als Fertigmodell von Märklin neu aufgelegt wurde. Der Original-Karosserie-Baukasten wurde von 1933 bis 1939 angeboten. Ein Rennwagen mit der Nummer 1107 R und der Aufschrift „7" war von 1934 bis 1953 im Katalog.

Hochwertiges, technisches Spielzeug: Sehr gut erhaltene Dampfmaschine mit Grundplatte (oben) und der große Ozeandampfer „Augusta Victoria" (unten).

Bereits im Jahr 1934 präsentierte Märklin erstmals eine elektrisch angetriebene Autobahn. Die Steuerung erfolgte über zwei in den Fahrbahnen liegende Kontaktstreifen, die den Strom über Schleifer an die Motoren der Rennautos weitergaben. Die Fahrbahnstücke bestanden aus zwei getrennten, lithografierten Blechteilen die auf einer Platte aus Isoliermaterial befestigt waren. Die Kurvenstücke der Fahrbahn gab es in zwei verschiedenen Radien. Außer einer Brücke und einem Rundenzähler wurde kein weiteres Zubehör angeboten. Das Rennauto wurde unter derselben Artikel-Nummer (13301) in Rot oder Weiß geliefert. Das rote Auto trug die Nummer 5, das weiße die Nummer 7. Trafos, Regler und Umformer der Eisenbahn konnten auch hier eingesetzt werden. Schon 1938 wurde die Autorennbahn aus dem Sortiment genommen. Der Boom der Autorennbahnen setzte erst 30 Jahre später ein.

Große Schiffe im Stil der Zeit

Das Originalschiff „Auguste Victoria" wurde 1898 gebaut und war ein Riese unter den Ozeandampfern. Gleich nach Indienststellung wurde auch das Modell von Märklin verwirklicht. Ein Beleg dafür ist der falsch geschriebene Name der Kaiserin. Sie hieß Auguste Victoria, das Schiff wurde aber auf „Augusta Victoria" getauft, die lateinische Version des Namens. Märklin hat diese Version auch auf sein Modell übertragen. Später wurde der Name des Originalschiffes in „Auguste Victoria" geändert. Nach seiner ersten Atlantiküberquerung in New York erwarteten 30.000 Menschen das Wunderschiff. Als es dann 1904 an Russland verkauft wurde, musste die Erlaubnis des Kaiserhauses eingeholt werden. Schließlich trug das Schiff ja den Namen der Kaiserin. Das um 1900 nur in wenigen Exemplaren gebaute Modell mit der Artikel-Nummer 5050/11/D ist in einem höchst bemerkenswerten Erhaltungszustand.
Von der „Brunsvik", dem größten Märklin-Schiff aller Zeiten – es maß 1,2 m in der Länge – wurden kurz nach 1900 nur drei Exemplare gebaut. Eines, das zeigen die Archiv-Aufzeichnungen des Modellbahn-Weltmarktführers, überbrachte der deutsche Kaiser Wilhelm II. bei seinem Besuch in China dem dortigen Kaiser. Das zweite Exemplar soll sich bei einem Sammler, vermutlich dem Medienmacher Steve Forbes, in Übersee befinden. Den Namen solcher Schiffe der „Wittelsbach-Klasse" konnte der Käufer bestimmen. Er wurde von Hand auf den Rumpf gemalt, eine Praxis, die nach 1902 gebräuchlich war. Was Größe,

> Das Flugzeug „Rumpler-Taube"

Im Jahr 1910 entstand ein Flugzeug nach Vorbild eines Vogels und des Zanonia-Flugsamens. Die Berliner Rumpler-Luftfahrzeugbau GmbH baute es anschließend in Serie. Mit einer Spannweite von 14 m und einer Flügelfläche von ca. 30 qm konnte es bei einem Abfluggewicht von 600 kg ein Tempo von ca. 80 km/h erreichen. Das Modell ist erstaunlich exakt nachgebildet, besteht aus Metall mit feinen Prägungen und ist vermutlich die einzige, erhaltene Modellnachbildung des bemerkenswerten „Flugapparates".

Unten: *Von der wunderschönen „Columbus" existiert nur ein bekanntes Exemplar.*

Ausstattung und Alter anbelangt, ist die „Brunsvik", auch wegen der geringen Anzahl der produzierten Stücke, ein besonderes Exemplar, dessen Sammlerwert nur schwer schätzbar ist.

Klassiker für die Ewigkeit: die Märklin-Dampfmaschinen

Die erste Märklin-Dampfmaschine ist im Katalog von 1895 abgebildet. Die Ausführung dieser Dampfmaschine war relativ einfach. Bei dem so genannten „Dreibeiner" war am senkrecht stehenden Kessel ein oszillierender Zylinder mit Schwungrad angebracht. Bei genügendem Dampfdruck musste das Schwungrad angestoßen werden. Von selbst, das heißt auch bei nicht genügendem Druck, gerieten die oszillierenden Zylinder in Bewegung.
Durch den großen Erfolg waren Dampfmaschinen ein sehr stark expandierender Sortimentsteil. Schon über zehn Jahre später gab es fast 80 unterschiedliche Dampfmaschinen-Modelle im Märklin-Programm.
Unter der Artikel-Nummer 4126/25/3392 bot Märklin von 1907 bis 1909 eine Dampfmaschine in Compound-Anordnung an. Die extra große Dampfmaschine gilt als die Schönste ihrer Art, die Märklin je gebaut hat. Die Kombination besteht aus einem Hoch- und Niederdruckzylinder. Der Kesselinhalt beträgt beachtliche neun Liter.

Oben: *Märklins größtes Schiff ist die „Brunsvik", entstanden in drei Exemplaren kurz nach 1900.*

Mitte: *Aus dem Jahr 1934 stammt die elektrisch betriebene Autobahn. Die Steuerung erfolgte über zwei in den Fahrbahnen liegende Kontaktstreifen.*

Unten: *Kinder erfreuten sich am bunten Drehkreisel.*

Rechts: *Eine „Schiffsdampfmaschine". Sie besitzt einen liegenden Kessel und einen stehenden, doppelt wirkenden Zylinder.*

Die Brennerflamme ist mittels einer Zugstange veränderbar. Mit Kesselspeisewasserbehälter und Dynamo wurde sie unter der Artikel-Nummer 4126/25/3392/3 geführt. Sie war im Katalog von 1909 mit 340 Goldmark das mit Abstand teuerste Produkt des gesamten Märklin-Angebots. Auch die Maße beeindrucken. Die Grundplatte der Maschine misst 68 cm x 71 cm. Die Antriebsmodelle dieser Plattform waren für Holzarbeiten ausgelegt. Im Katalog von 1909 heißt es: „Die schwere, extra solide und durchaus präzise gearbeitete Anlage bildet ein unersetzliches, praktisches Hilfsmittel für Dilettanten-Arbeiten." Das Wort „Dilettanten-Arbeit" stand seinerzeit für „Liebhaberei" bzw. die heutige Bezeichnung „Hobby".
Die Dampfmaschine 4158/14 wurde von Märklin 1906 gebaut. Sie ist der Nachbau der Originalmaschine, die im Berliner Schloss von Kaiser Wilhelm II. in Betrieb war.
Nur zwei Exemplare sind bekannt. Ein Modell wurde ins Schloss nach Berlin geliefert, das andere Exemplar ist in Privatbesitz. Das für Märklin-Maschinen typische Kachelmuster der Fundamentplatte wurde dem vor über 100 Jahren eingebauten Fußboden im Göppinger Stammwerk nachempfunden. Teile dieses Belages sind heute noch erhalten. Man sieht dem Fußboden die über 100 Jahre währende harte Beanspruchung nicht an.
Besonders beliebt waren Modell-Dampfmaschinen mit liegendem Kessel und stehendem, doppelt wirkendem Zylinder mit Flachschiebersteuerung. Das im Katalog von 1919 als „Hervorragendes Modell, elegante Konstruktion, vorzügliche Leistung. Höchste Präzision" gepriesene Stück hat die beeindruckenden Maße von 52,5 x 46 cm und eine Kaminhöhe von 57 cm. Der Kesseldurchmesser beträgt 110 mm und die Zylinderbohrung 30 mm. Sie wird auch als „Schiffsdampfmaschine" bezeichnet.

Ein legendäres Spielzeug: der Metallbaukasten

Die Geschichte des Metallbaukastens geht zurück bis zu dem Patent der Gebrüder Lilienthal von 1887. In jenem Jahr erteilte das Deutsche Reichspatentamt den später als Flugpionieren bekannt gewordenen Brüdern die Urkunde für ein Baukastensystem, das Holzleisten mit Rundlöchern in festgelegten Abständen und Splinte umfasste. Das war das Vorgänger-System des später sehr populär werdenden Märklin-Metallbaukastens mit Verbindungsschrauben, der folgenden Ursprung hatte: Der englische Industrielle Hornby hatte vom englischen Patentamt die Urkunde für ein System erhalten, das er unter der Bezeichnung „Meccano" vertrieb. Um 1913 lieferte Märklin an Hornby rund 10.000 Uhrwerkmotoren für den „Meccano"-Baukasten und übernahm im Gegenzug den Vertrieb für Deutschland. Im Jahr 2000 wurde bei Märklin die Herstellung und der Vertrieb dieses beliebten Systems eingestellt.

Oben: *„Lokomobil" mit Dampfantrieb.*

Mitte: *Einfacher Metallbaukasten MARBI (=„Märklin Billig").*

Linke Seite unten: *Das „Engine House" – ein Export-Artikel.*

Links: *Funktionsfähige Werkzeugmaschinen, mit denen sich Technik spielerisch erfahren ließ.*

Unten links: *Aufwändig bemalte Windmühle.*

Unten rechts: *Metallbaukasten in hochwertiger Ausstattung. Die zahlreichen Bauteile wurden in einer stabilen Holzkiste angeboten.*

Die Kleinste unter den Großen

Die Spur 0: ihre Geschichte und kurzzeitige Wiederkehr als Minex-Bahn. Von Hans Zschaler

Um 1896 nahm Märklin erstmals auch eine Bahn in der kleinen Größe 0 in das Sortiment auf, nachdem die Firma bereits 1891 mit der Produktion der ersten Spielbahn begonnen hatte. Es war die Zeit, als man sich mit anderen Herstellern über eine einheitliche Bezeichnung für die verschiedenen Baugrößen abgestimmt hatte. Neben den Größen III, II und I war demzufolge die 0 die damals kleinste Bahn. Während die beiden großen Bahnen nach einer gewissen Zeit jedoch wieder vom Markt verschwanden, wahrscheinlich weil sie zuviel Platz in Anspruch nahmen, konnten sich die Baugrößen I und 0 weiterhin recht gut behaupten.

Die Breite für die Spur 0 wurde ursprünglich noch mit 35 mm angegeben, weil damals von Mitte zu Mitte der Schienenprofile gemessen wurde. Erst später führte man, entsprechend den Gepflogenheiten des Eisenbahnwesens, die Abmessung von Innenkante zu Innenkante ein, was in diesem Fall eine Spurweite von 32 mm ergab.

Auch die über viele Jahre übliche Bezeichnung Spur 0 wurde erst Jahrzehnte später, gemäß den Empfehlungen des MOROP-Normenverbandes, in „Nenn- bzw. Baugröße 0“ korrigiert, bei einer Spurweite von 32 mm für Normalspur und einem Maßstab von 1 : 45.

Im Spur-0-Sortiment fanden sich ab den 1920er Jahren vermehrt Fahrzeuge, die realen Vorbildern ähnelten. Das obere Bild zeigt eine einfache Schlepptender-Dampflok (Achsfolge 2'B) mit der Katalog-Nummer E 12920, das untere zwei reich detaillierte Spur-0-Elektroloks nach Vorbild des Schweizer Gotthard-Krokodils.

Auch bei der Größe 0 begann die Produktion bei Märklin zuerst mit Federwerkantrieben (Uhrwerkantriebe zum Aufziehen), die später elektrischen Stark- und Schwachstromantrieben sowie den spiritusgefeuerten Echtdampfantrieben wichen.

Wie sich in der darauf folgenden Zeit herausstellte, kamen die Bahnen in Größe 0 beim Käufer besser an als die der größeren Spur 1. Hier war sicher der geringere Platzbedarf und der niedrigere Kaufpreis der kleineren Bahn ausschlaggebend. Das Sortiment wuchs nun beständig und die Auswahl war bald riesengroß, da natürlich auch das Ausland mit Modellen nach nationalen Vorbildern bedacht werden musste.

Was an Modellen produziert wurde, wirkt unter heutigen Gesichtspunkten oftmals recht verspielt, doch schließlich war es ja auch reines Spielzeug. Im Gegensatz zu anderen Herstellern führte Märklin seine Modell-Lokomotiven jedoch sehr solide aus, sodass sie auch einem dauerhaften Gebrauch standhielten.

Für den vollendeten Spielbetrieb fehlte nichts

Das reichhaltige Sortiment richtete sich praktisch an alle Käufergruppen. Hier war vom einfachen und preiswerten Artikel bis hin zu aufwändigen, höherwertigen Produkten für jeden Geldbeutel etwas zu finden. Neben den reinen Eisenbahnartikeln wie Züge und Gleisanlagen hatte man bei Märklin auch den Zubehörsektor sehr vielfältig bestückt. Für den vollendeten Spielbetrieb fehlte also nichts, denn in gewohnt solider Märklin-Qualität war vom Toilettenhäuschen bis hin zum reich verzierten Bahnhofsgebäude fast alles zu bekommen. Viele seltene und dadurch oftmals wertvolle Stücke aus jener Zeit werden heute von Sammlern hochgeschätzt und hin und wieder auch für teures Geld verkauft. Man darf auch nicht vergessen, dass es sich damals in der Regel um individuelle Handarbeit handelte. Damals wurde noch gestanzt, gebogen, gebördelt, gefalzt, geprägt, gesickt und gelötet und danach gespritzt und bemalt. Vorausgegangen war dem aber immer die meist recht mühselige, händische Anfertigung von Musterstücken, mit denen später die endgültige Version für die Produktion festgelegt wurde.

Anfang der 1920er Jahre begann Märklin Schritt für Schritt mit der Neuausrichtung des Sortiments in Bezug auf Detailtreue gegenüber dem Original, jedoch ohne dass den einzelnen Objekten der Charme ihres ursprünglichen Spielzeugcharakters verloren ging. Im Jahr 1926 wurde beim elektrischen Betrieb auf Anweisung der VDE (Verband Deutscher Elektrotechniker) von Starkstrom auf den ungefährlicheren Schwachstrom umgestellt. Von Märklin wurde diese Entscheidung durch einen eigenen Sachverständigen der Firma im Gremium mitgetragen.

Rechts: *Ein verspielt wirkender Zug mit der Dampflok R 66/ 12910 an der Spitze, einem Gepäck- und drei Plattformwagen.*

Unten: *Viele E-Loks in Spur 0 entstanden nach Schweizer Vorbildern, so auch die RS 66/12910, hier mit passenden Wagen.*

Rationelle Fertigung

Bereits in der zweiten Hälfte der 1920er Jahre begann die Ausrichtung des Fahrzeugsortiments auf die Deutsche Reichsbahn, wobei zusätzlich auch an Nachbildungen ausländischer Vorbilder speziell für Exportzwecke gedacht wurde. Um die anstehenden Aufgaben besser koordinieren zu können, wurde im Jahr 1929 eine Entwicklungsabteilung gegründet, an welche die schon vorhandene Mustermacherei angegliedert war. Die dort Beschäftigten zeichneten sich durch viel Geschick und Einfallsreichtum aus. So gab es nun von den Konstrukteuren und den Leitern der neuen Abteilung genaue Vorgaben für die Anfertigung der Musterstücke. Nach einer Machbarkeitsprüfung erfolgte anschließend die endgültige Konstruktion, an die sich auch die Betriebsmittelkonstruktion und der Werkzeugbau anschlossen, bis das Produkt schließlich zur Serienfertigung freigegeben werden konnte.
Für die neuen Produkte dachte man vordergründig an eine rationellere Fertigung. So wurde beispielsweise oft auf Lötarbeiten verzichtet und die Verbingung einzelner Baugruppen nicht mehr durch Löten, sondern durch Falzen gelöst. Anstelle von Lackieren und Beschriften von Hand ging man besonders bei der Wagenfertigung dazu über, Blechtafeln mit farbigem Lackauftrag einschießlich

Beschriftung bei Spezialfirmen bedrucken zu lassen. Danach wurde nur noch ausgestanzt, profiliert, gebogen oder gefalzt, je nach dem, was noch erforderlich war. Diese neue Form der Fertigung ließ sich natürlich nicht überall anwenden und so musste zumindest bei Kesselnachbildungen weiterhin gelötet und lackiert werden. Letzteres traf auch auf die Wagendächer zu, besonders wenn diese mit seperaten Dachlüftern bestückt waren. Wenn möglich, erfolgte der Auftrag von Werbelogos mit Hilfe von Schiebebildern. Lötarbeiten waren größtenteils auch noch bei der Lokgehäusefertigung erforderlich.
Was die Dampflokomotiven anbelangt, so konzentrierte man sich fast ausschließlich auf die Nachbildung der DRG-Einheitsbauarten, wobei es hier von einfachen zweiachsigen bis zu mehrachsigen Modellen mit Laufgestellen die verschiedensten Achsfolgen im Sortiment gab. Eine Ausnahme bildeten nur die großen mehrachsigen Modelle, die überwiegend für Exportzwecke gedacht waren. Diese waren nach französischen, englischen und nordamerikanischen Vorbildern entwickelt worden.
Den Sektor der Elektrolokomotiven dominierten fast ausnahmslos Modelle nach Schweizer Vorbildern in verschiedenen Ausführungen. Triebwagen wurden wiederum nach den neuesten Schnelltriebwagen der Reichsbahn konstruiert, zu einem geringen Anteil auch nach den Farbschemata holländischer und Schweizer Originale.
Das Sortiment an Güter-, Personen- und Schnellzugwagen war unterteilt in einfache preiswerte Modelle und solche mit der Bezeichnung „Modellform“. In der letztgenannten Sparte stachen besonders die ab 1934 neu geschaffenen Modell-Schnellzugwagen nach Vorbildern der Reichsbahn von 1928 hervor, die mit ihrer stolzen Länge von 40 cm zwar nur für den „großen Kreis“ in Frage kamen, aber allgemein Bewunderung erfuhren.

Zwei verschiedene Gleissysteme

Im Prinzip gab es zwei verschiedenartige Gleissysteme. Für den Federwerk- und Echtdampfbetrieb benötigte man zwei auf Schwellen gesetzte Fahrschienen aus Hohlprofil, beim elektrischen Betrieb kam noch eine isoliert zwischen den Fahrschienen angeordnete Mittelschiene hinzu. Hatte

Oben: *Die hier zu sehenden Spur-0-Reisezugwagen wirkten bereits sehr vorbildgetreu. Als Zuglok passte die 2'C1'-Schlepptenderlok mit der Katalog-Nummer HR 70/12920 mit ihrem eleganten langen Kessel ausgezeichnet dazu.*

Mitte: *Diese drei Wagen machen dagegen einen recht spielzeughaften Eindruck. Zu sehen sind ein Postwagen und zwei Personenwagen, von denen der linke die Aufschrift „Rheingold" trägt.*

Unten links: *„Red-Cab"-Lok („Red Cab" = rotes Führerhaus) nebst Wagen nach US-amerikanischem Vorbild.*

Unten rechts: *Kühlwagen und geschlossener Güterwagen.*

jemand mit „Uhrwerk"-Gleisen den Spielbetrieb begonnen und wollte im Nachhinein auf elektrischen Betrieb umstellen, so war der Bezug von Mittelleiterschienen zum Nachrüsten ebenfalls möglich. Die Schienen und Schwellen wurden jeweils aus Weißblech gefertigt. Die so genannten „ganzen Schienen" besaßen drei Schwellen, kürzere mussten mit zwei Schwellen auskommen. Wen die geringe Anzahl der Schwellen störte, dem bot man später im Katalog auch so genannte „Progress-Schienen" an. Hier waren nun auch die Zwischenräume mit zusätzlichen Schwellen bestückt, was dem Gleis mehr Stabilität verlieh. Etwas ganz Besonderes war das ab 1933 verfügbare „Modellgleis" für den elektrischen Betrieb, dessen drei Profilstränge aus gezogenem Vollprofil bestanden. Die Schwellen wurden hier aus farbig behandeltem Stahlblech geprägt. Optisch machten diese Gleise auch schon etwas mehr her, zumal Weichen und Kreuzungen verschlankt worden waren. Als ein weiterer großer Vorteil erwies sich die Stabiliät und Trittfestigkeit der Gleise; die meisten Gleisanlagen mussten ja aus Platzgründen auf dem Fußboden aufgebaut werden.

Verzicht auf Gleichstromsystem und Ende der Spur 0

Das 1935 hoffnungsvoll eingeführte Gleichstromsystem für den Fahrbetrieb und Fahrtrichtungswechsel der Spur-0-Loks hatte nur bis 1939/40 Bestand. Aufgrund der schlechten Erfahrungen mit den damaligen Gleichrichtern der Zulieferfirmen hatte man wie bei der 00-Tischbahn vorerst auf eine weitere Verwendung verzichtet. Manch schönes Modell, von dem gegen Ende der 30er Jahre noch Entwicklungsmuster angefertigt wurden,

Linke Seite oben: *Ein Schotterwagen und ein Flachwagen mit aufgeladenem Möbelanhänger.*

Rechts: *Drei bunte Wagen für den abwechslungsreichen Güterverkehr: (v.l.n.r.) Mineralwasser-, Kühl- und Kleintierwagen. Letzterer dient offensichtlich dem Transport von Hühnern.*

Unten: *Dieser schnittig geformte Triebwagen fand sich unter der Katalog-Nummer TWE 930 im Spur-0-Sortiment.*

musste zugunsten der 00-Bahn erst einmal zurückstehen, der Ausbruch des Zweiten Weltkriegs verhinderte dann vollends die angedachte Serienproduktion.
Im ersten Nachkriegskatalog von 1947 – nur für Händler bestimmt – hatte die 00-Bahn (ab 1950 H0) nun absolute Priorität, was deutlich an den interessanten Neuentwicklungen abzulesen war. Für die Spur-0-Bahn gab es dagegen keinerlei Neuheiten. Im Gegenteil, das Katalog-Sortiment war auf ganze zwölf Seiten zusammengeschrumpft. Viele aus den 30er Jahren bekannte und begehrte Modelle, Fahrzeuge wie Zubehör, gab es nicht mehr. Auch das Modellgleis wurde ab 1945 nicht mehr weitergefertigt. Mit dem noch lieferbaren Sortiment an elektrischen oder federwerkgetriebenen Lokomotiven konnte man zwar einen einfachen Spielbetrieb durchführen, aber der eigentliche Reiz war dahin. Mancher, der seine Bahn aus Kindheitstagen sicher durch die zerstörenden Kriegswirren hatte retten können, nutzte das angebotene Restsortiment nur noch zur Komplettierung seines Bestandes.
In der ersten Hälfte der 50er Jahre schrumpfte das Angebot dann nach und nach immer mehr zusammen. Bis auf die federwerkgetriebenen Bahnen war nichts mehr im Hauptkatalog enthalten und der Rest des Sortiments wurde in einem Extrakatalog unter dem Slogan „Die große Spurweite“ angeboten. 1955 war die einst so erfolgreiche 0-Bahn endgültig vom Markt verschwunden.

Linke Seite oben: *Krokodil-Lok mit der Aufschrift „New York Central" für den US-amerikanischen Markt.*

Linke Seite unten: *Zwei Spur-0-Dampfloks nach Reichsbahn-Vorbildern.*

Oben: *Stadtbahnhof „Der kleine Leipziger" (1925 - 1934).*

Mitte: *Fein detaillierte Kesselwagen mit Bremserhaus.*

> Schmalspurbahn „Märklin-Minex"

In den Jahren 1970 bis 1972 bot Märklin unter dem Namen „Minex" eine Schmalspurbahn im 0-Maßstab 1 : 45 an, welche auf den Märklin-H0-Gleisen mit der Spurweite 16,5 mm fuhr. Das Sortiment umfasste zwei verschiedene Lokomotiv-Typen und acht Personen- und Güterwagen. Obwohl von den Modellen ein gewisser Flair ausging, kamen sie beim Modellbahn-Publikum nicht besonders gut an. Dies wäre sicher anders gewesen, hätte sich Märklin im Jahr 1969 nicht für die Nenngröße I sondern für eine neue Bahn in der Nenngröße 0 mit Normalspurweite 32 mm entschieden. In diesem Fall wäre die Anbindung der Schmalspurbahn an eine Vollspurbahn sinnvoll gewesen. So blieb sie nur ein unvollendetes Einzelprodukt.

Heute beschäftigen sich überwiegend nur noch Sammler mit der Spur-0-Bahn, die ihre Züge oft erst auf Auktionen erworben haben. Sie finden sich mit Modellen in bunter Zusammensetzung bei „Spielertreffen" ein und so mancher erfüllt sich dabei einen früher unrealisierbaren Kindheitstraum.

Exoten bei Märklin

Mit der „Liliput-Bahn" und Modellen im Maßstab 1 : 70 ging man bei Märklin auch andere Wege. Autos bereicherten das Sortiment. Von Hans Zschaler

Unten links und Mitte: *Kompakte Anlagen mit einem Fertiggelände gab es schon ab 1929. Mit der „Liliput-Bahn" wollte Märklin auch Kundenkreise erreichen, die nicht über ein üppiges Platzangebot verfügten. Leider war diesem an sich guten Konzept nicht der entscheidende Erfolg beschieden. Weichen gab es keine, lediglich eine einfache Kreuzung wurde angeboten.*

Unten rechts: *Bis in die 1970er Jahre gab es feine Straßen-Fahrzeuge von Märklin, wie diesen Aral-Tankwagen.*

Ab 1929 fertigte Märklin unter der Bezeichnung „Liliput-Eisenbahn Spur 00" eine recht einfache Spielzeugeisenbahn mit Uhrwerkantrieb, die in erster Linie für einkommensschwache Käufer gedacht war, die in beengten Wohnverhältnissen lebten. Diese Bahn, deren Triebfahrzeuge im Gegensatz zu denen der anderen Spuren nur vorwärts fahren konnten, besaß gemäß Katalogangabe eine Spurweite von 26 mm (von Innenkante zu Innenkante der Schienenprofile gemessen: 24 mm; Schienenkopfbreite, gemessen am geraden Gleisstück: 2,5 mm). Für die Gleise wurden Hohlprofilschienen mit 7,5 mm Profilhöhe der Spur 0 verwendet. Das Gleissortiment bestand aus geraden und gebogenen Stücken sowie einer 90°-Kreuzung. Weichen gab es nicht, was den Spielwert natürlich minderte. Der Fahrzeugpark in Blech mit Chromlackierung bestand aus einer zweiachsigen Schlepptenderlok, beschriftet mit „Raylo" oder der Katalog-Nummer 930, zweiachsigen Personenwagen in zwei Farbvarianten und einem Packwagen. Ab 1914 wurden, mit Unterbrechungen, auch vier verschiedene Güterwagen (Lang- und Stammholzwagen, offener Güter- und Gaskesselwagen) angeboten. Im selben Jahr wurde das Sortiment der Liliput-Eisenbahn auf den elektrischen Betrieb ausgedehnt, mit einer Stromzuführung über die isoliert eingesetzte Mittelschiene und einer Stromrückleitung über die beiden Außenschienen. Der Kunde konnte zwischen Schwachstrombetrieb mit Vier-Volt-Akku und Starkstrom aus dem Haushaltsnetz mit zwischengeschaltetem Lampenwiderstand wählen. Während die Schwachstrombahn 1919 entfiel, wurde die Starkstrombahn mit Unterbrechung bis 1926 angeboten.

Reizvolle „Landschaftsanlagen"

Aufgrund von Bestimmungen des Verbandes Deutscher Elektrotechniker (VDE) wurden Starkstrombahnen ab 1927 generell verboten. Märklin lieferte die elektrische Version der Liliput-Eisenbahn ab 1927 nur noch für den gefahrlosen 20-Volt-Betrieb aus. Ein ganz besonderer Reiz ging von den „Landschaftsanlagen" und ihrem eigens geschaffenen Zubehör aus. Zwischen

den zierlichen Telegrafenmasten waren sogar Drähte gespannt. Im Katalog 1928/29 wurde die Liliput-Eisenbahn letztmalig angeboten. Einzelne Restbestände, angeboten in Sonderlisten, wurden noch bis 1934 abverkauft.

Neue Eisenbahn in 1 : 70

Märklin begann Anfang der 1930er Jahre, seine Eisenbahn-Kollektion umzugestalten. Zu diesem Zeitpunkt kam im Haus der Gedanke auf, eine neue kleine Eisenbahn zu entwickeln und auf den Markt zu bringen. Unter der Leitung von Chefkonstrukteur Otto Bang-Kaup schuf Mustermacher Friedrich Rieker um 1932/33 eine kleine Auswahl an Loks sowie Personen- und Güterwagen. Mit dieser neuen Bahn wollte man damals in puncto Maßstäblichkeit alles bis dahin Machbare weit übertreffen. Dies galt insbesondere für die Fahrzeuglängen. Bei der Auswahl der Typen orientierten sich die Märklin-Konstrukteure an den damals neuesten Modellen des eigenen Sortiments der Spur 0.

Mustermacher Friedrich Rieker und seine Mannschaft brachten ihr ganzes Können ein. Erstaunlicherweise besaßen die Modelle – für die damalige Zeit ungewöhnlich – Puffer in maßstäblicher Länge, die Personenwagen hatten sogar Bremsklotzattrappen. Insgesamt entstanden nur zwei Dampfloks, fünf Personen- und drei Güterwagen. Für eine Messepräsentation wurde gleichzeitig aus Holz und Gips ein Diorama mit Gleisen, deren Profile von den Spur-0-Modellschienen stammten, angefertigt. Alle Modelle haben die Wirren der Kriegs- und Nachkriegszeit wohlbehalten überstanden und werden im Märklin-Archiv aufbewahrt. Anlässlich einer Ausleihung der kostbaren Unikate an das Württembergische Landesmuseum in Stuttgart wurden sie von dem renommierten Fachmann für historische Modelleisenbahnen, Dr. Christian Väterlein, genau vermessen. Hierbei ergab sich ein Verkleinerungsmaßstab von 1 : 70 bei einer Spurweite von 21 mm.

Märklin-Automodelle aus Zinkdruckguss

Im Jahre 1935 begann Märklin mit der Entwicklung und Produktion von Miniatur-Automodellen aus Zinkspritzguss. Während die Gehäuse ausnahmslos aus diesem Material bestanden, waren die Achsen mit gummibereiften Rädern in einer Blechbodenplatte gelagert. Gute Rollfähigkeit und eine solide Ausführung machten diese Autos im Maßstab 1 : 45 zu einem beliebten und bezahlbaren Spielobjekt. Nachgebildet wurden Fahrzeuge des damaligen Straßenverkehrs vom PKW bis zum LKW, auch Omnibusse und Rennwagen. Eine weitere Serie starteten die Göppinger 1940 mit den „PICO"-Autos im Maßstab 1 : 73, die aber infolge des Krieges nicht über zwei verschiedenfarbige Grundmodelle hinauskamen. Nach der Währungsreform 1948 wurde bei Märklin mit der Neuentwicklung von Automodellen im Maßstab 1 : 45 begonnen. In den Folgejahren kamen sukzessive immer mehr neue Modelle hinzu, die den Straßenverkehr in der Bundesrepublik Deutschland der 1950er Jahre widerspiegelten. Ab 1968 folgte eine neue Serie von Automodellen mit beweglichen Türen, Deckeln und Klappen nach dem Vorbild des aktuellen Straßenverkehrs. Diese Fahrzeuge hießen „RAK-Automodelle" („RAK" = „Richtige Auto Klasse"). Mitte der 1970er Jahre ließ man diese Autoserie auslaufen, um sich verstärkt dem Hauptprodukt Modelleisenbahn zu widmen.

Ab 1988 kamen Automodelle im Maßstab 1 : 87 aus Zinkdruckguss ins Sortiment, passend zur H0-Modellbahn. Für die Baugröße Z (1 : 220) und die neue Spur 1 (1 : 32) entstanden ebenfalls Automodelle. Seit 2007 wird jährlich ein Modell für die Insider-Club-Mitglieder aus alten noch vorhandenen Druckguss-Formen gefertigt. Diese Serie unfasst insgesamt fünf Modelle.

Unten links und rechts: *Mustermacher Friedrich Rieker schuf Anfang der 1930er Jahre einige hervorragende Fahrzeuge im Maßstab 1 : 70. Sie waren fein detailliert, wurden aber leider nie in Serie gebaut. Heute hätte dieser Maßstab wohl ganz andere Marktchancen.*

Eine Marke als Lebensbegleiter

Begegnungen mit Märklin und dem „Erfinder" des Märklin-Krokodils. Von Hagen von Ortloff

Unten (v.l.n.r.): *Der ehemalige Chef der Märklin-Musterabteilung Friedrich Rieker, damals 87 Jahre alt, plauderte bei den Dreharbeiten zum Film „Krokodil, Adler, Storchenbein" mit Hagen von Ortloff. Dieser hatte 1984 den Auftrag, anlässlich des 125-jährigen Märklin-Jubiläums den genannten Film für den SDR zu produzieren. Im Interview mit Hagen von Ortloff erzählte der rüstige alte Herr, das Handmuster des Spur-0-Krokodils in den Händen, aus der Zeit, als dieses legendäre Märklin-Modell entwickelt wurde. Die Konstruktion war nicht ohne Schwierigkeiten verlaufen …*

Märklin, die Fabrik ungezählter Kinderträume, ist über 150 Jahre alt geworden und ich darf ganz herzlich gratulieren. Keine Marke hat mich solange und so intensiv durch das Leben begleitet wie das Göppinger Unternehmen.

Es war Weihnachten 1954, als unter dem Weihnachtsbaum im Wohnzimmer eine Platte mit einigen Häuschen aus Pappe und ein Trafo mit Schienenkreis und Mittelleiter aufgebaut war. Darauf drehten eine kleine dreiachsige Lokomotive, eine TM 800, wie ich später erfahren habe, ein Niederbordwagen, eine Kipplore, ein Kessel- und ein Kranwagen ihre Runden. Ich weiß noch wie heute, welches Herzklopfen ich hatte, als ich das vorher abgeschlossene Zimmer betreten durfte. Auch höre ich noch ganz deutlich das malende Geräusch des fahrenden Zuges.

Da war ein Oval, ein Schienenkreis mit zwei Geraden, sonst nichts, aber der kleine Hagen, fünf Jahre alt, war rundherum begeistert und konnte nicht aufhören, den Zug im Kreis fahren zu lassen. Abends wollte ich die Lokomotive mit ins Bett nehmen, was mir aber nicht erlaubt wurde, weil meine Eltern Angst hatten, der Schleifer könnte abgerissen werden. Am nächsten Abend habe ich die Lok heimlich unter mein Kopfkissen gelegt …

Von Eisenbahnen war ich immer begeistert, sogar länger, als ich denken kann. Meine Mutter erzählt noch heute gern die Geschichte, dass ich mir als Zweijähriger in einem Spielzeuggeschäft aussuchen konnte, was ich haben wollte. Es war das Geschenk meiner Patentante. Ich habe mir den kleinsten Holzzug ausgesucht, den ich finden konnte, hielt ihn fest umschlungen in meiner kleinen Hand und gab ihn nicht mehr her.

Kindheitstraum: Ich will Lokführer werden

Klar war auch, dass ich Lokführer werden wollte, schließlich war ich mit meiner Oma sehr viel unterwegs und alles, was mit Eisenbahn, Straßenbahn oder Dampfschiff zu tun hatte, begeisterte mich.

Die Märklin-Eisenbahn, so hieß damals eine elektrische Eisenbahn, war mein Traum. Ein Traum, den sich meine Eltern vom Mund abge-

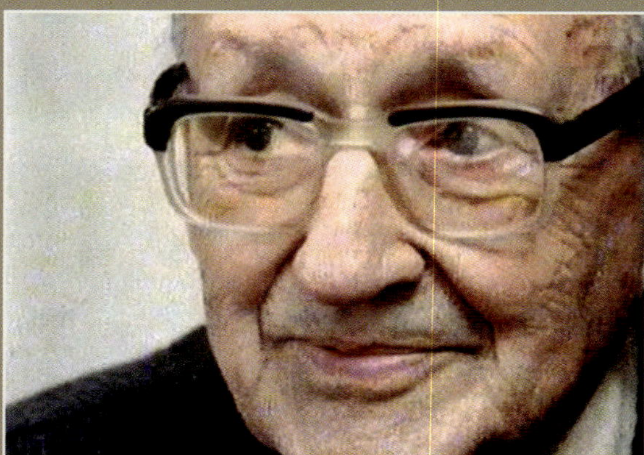

spart hatten. Später wurde meine Eisenbahn um einen Schlusslichtwagen und um ein Abstellgleis ergänzt. Mehr gab es nicht.

Immer wieder habe ich den Katalog von 1954 durchgeblättert, oder den von 1955, dabei lachten mich stets tolle Modelle an. Mein Vater hatte mir versprochen, dass ich zum nächsten Weihnachtsfest eine Schweizer E-Lok geschenkt bekomme, die Re 4/4 I. Leider starb er wenige Monate später. Die Lok habe ich 25 Jahre später erworben. Das Modellbahngeschäft Bender in Weinsberg hat seinerzeit Märklin-Loks verkauft, die schon lange aus dem Katalog verschwunden waren. In einer schlichten Pappschachtel waren sämtliche Teile einzeln zusammengepackt. So kam ich zu meiner Re 4/4 I.

Am intensivsten jedoch war der Wunsch des kleinen Jungen nach dem Zug, der von einer Stromlinienlok gezogen wurde und aus vier Wagen bestand: einem grünen Schnellzugwagen, einem blauen Schlafwagen, einem Speisewagen in der gleichen Farbe und einem Gepäckwagen. Der Zug kam im Katalog sehr dynamisch auf einen zugefahren, mit leuchtenden Lampen, und er kostete die unvorstellbare Summe von 140 DM. Dieser Zug war so unerreichbar, wie der Mond, oder noch weiter weg. Es war ausgeschlossen, diesen Traum-Zug jemals zu besitzen. Schlimmer noch: Da wir in einer kleinen Zweizimmerwohnung lebten, war irgendwann das Ende der Modelleisenbahn programmiert. Wegen der angespannten wirtschaftlichen Situation zu Hause musste die Eisenbahn verkauft werden, als ich 12 Jahre alt war. Ein Verlust, der mich tief traf, den ich aber mit Fassung zu tragen hatte, schließlich war ich doch „ein großer Junge, der nicht mehr mit Eisenbahnen spielt“ .

Als der Bub von damals im Herbst 1977 seinen ersten Beitrag für den Süddeutschen Rundfunk gefertigt hatte, legte er das Honorar von 200 DM in zwei Dampfloks an: eine Baureihe 01 mit einem kaputten Gestänge rechts und eine 81 mit Telex-Kupplung. Das war der Beginn, nein, der zweite Anfang meiner Modellbahnliebe. Und die Begeisterung ist bis heute ungebrochen, wobei ich ehrlicherweise gestehen muss, dass mir die Modelle der 50er Jahre auch heute noch emotional am nächsten sind.

Die große Liebe zur Märklin-Bahn ist vom Opa (links) auf den Enkel Louis (rechts) übergegangen. Das linke Bild zeigt Hagen von Ortloff mit seiner Re 4/4 I auf einer Drehscheibe. Schon als Kind hatte er sich dieses Modell gewünscht, doch erst 25 Jahre später durfte er die Lok sein Eigen nennen. Sein modellbahnbegeisterter Enkel darf die Re 4/4 I und auch die guten alten Dampfloks ab und an in die Hände nehmen.

Im Laufe der Zeit wuchs die Sammlung. Auf Auktionen habe ich mir ein paar Jahre später meinen Traum erfüllt und die Stromlinienlok SK 800 erworben. Mit acht Schürzenwagen, darunter zwei Schlaf- und zwei Speisewagen, jeweils in Rot und Blau, und einem Schlusslichtwagen. Ich habe das Zehnfache des damaligen Katalogpreises bezahlt, mein Traum war erfüllt. Dachte ich. Nun hatte ich den tollen langen Zug, aber keinen Traum mehr. Eine ganz neue Erfahrung.

Die Eisenbahn hat mich längst auch beruflich gefangen genommen, schließlich war ich „der Mann für die Bahn- und Modellbahnfilmthemen" im SDR. 1984 durfte ich meinen ersten 45-Minuten-Film produzieren. Er sollte den Titel „Krokodil, Adler, Storchenbein" erhalten und die 125-jährige Geschichte der Firma Märklin zum Thema haben.

Ich habe mich in der Firma aufhalten dürfen, habe mit vielen Mitarbeitern gesprochen und zahllose Modelle bestaunt. Das legendäre Turmzimmer öffnete sich für mich. Ich glaube, ich war der erste Journalist, der dort Zutritt erhalten hat. Allerdings war der Inhalt auf den ersten Blick ziemlich unspektakulär, da sich fast alle Schätze dort eingepackt im Regal befanden und nicht wie Pretiosen präsentiert wurden.

„Das Köpfchen hat da mittun müssen ..."

Unglaublich beeindruckt hat mich die Begegnung mit dem „Erfinder" des Märklin-Krokodils, Friedrich Rieker. Der alte Herr war damals 87 Jahre alt und er plauderte ein wenig „aus dem Nähkästchen". Er konnte auch eine Menge erzählen, schließlich hatte er über ein halbes Jahrhundert lang bei Märklin gearbeitet. Wir hatten damals das Urmodell des Märklin-Krokodils aus dem Turmzimmer geholt und es dem alten Herrn auf den Tisch gestellt. Friedrich Rieker griff sofort danach, bewegte die beiden Motorkästen und begann zu erzählen: „Alles von A bis Z ist hier neu gmacht worden. Was Flaschnerarbeit war, hat der Flaschner gmacht, das Gehäuse zum Beispiel, die mechanische Arbeit hab ich gmacht und die Entwicklung dabei – das Denken. Das Köpfchen hat da mittun müssen, nicht bloß die Fertigkeit war gfragt. – Wir haben eins ums andre gmacht. Man hat mal des gmacht und dann jenes. Erst mal ein Blech abgebogen, damit man überhaupt die Achsabstände festlegen konnte. Und dann ist es gekuppelt worden, irgendwie, damit das Fahrzeug gelenkig wurde. Man hat mit dem Motor angfangen, dann aber nicht gewusst, wie man den macht, die ganzen Anker zum Beispiel. Alles ist ganz neu konstruiert worden. Es war ja auch nichts vorrätig. – Also, es hat schon Schwierigkeiten gegeben bei der Entwicklung. Man hat genau berechnen müssen, wie lang man die Lok macht und wie hoch, damit sie überall durchkommt. Wie lange wir daran gearbeitet haben, weiß ich heute nicht mehr. Jedenfalls so lange, bis es fertig war ...," sagte der alte Herr schmunzelnd und fuhr dann fort: „Das hat im ersten Jahr fertig werden müssen. Es hat nicht genau aufs Zehntel gestimmt – Hauptsache, die Lok hat ein gutes Bild abgegeben und auch funktioniert. Das war das Wichtigste. Anschließend ist noch Verschiedenes verbessert worden. Durch die Werkzeuge isch des Ding säuberer gworde." Dann fragte ich Herrn Rieker: „Wissen Sie, dass das alte Krokodil jetzt viel wert ist bei Sammlern?" – „Ja, ja, das hab´ ich erfahren, fünfundvierzigtausend Mark – i hab ja oft gsagt, die spinnet – ja, ja."

Lächelnd schaute er auf den Winzling

Und dann zeigten wir ihm den damals jüngsten Märklin-Spross, das Krokodil in Spur Z. Lächelnd schaute er auf den Winzling: „Ja, das hab ich eigentlich noch nie gsehen und noch nie in der Hand ghabt." – Nun waren wir beim Thema

Unten (v.l.n.r.): *Humorvoll schilderte Friedrich Rieker, wie die Mustermacher vieles hatten ausprobieren müssen, bis eine zufrieden stellende Lösung für die Darstellung der gelenkigen Krokodil-Lok gefunden war. Als man ihm dann ein Spur-Z-Krokodil in die Hand drückte, zeigte sich der alte Herr erstaunt. Die Spur Z war erst nach seiner Zeit eingeführt worden und daher neu für ihn. Er selbst war seinerzeit aber mit der Entwicklung der Spur S beauftragt, jener Baugröße, die zugunsten der H0-Bahn aufgegeben wurde.*

kleinere Spuren: „Sie haben ja eine Spur entwickelt, die gar nicht auf den Markt kam – die Spur S". – „Ja. Das habe ich persönlich gmacht. Aber da ist bloß eine Lokomotiv gfertigt worden und ein paar Wagen. Die ist dann der Baugröße H0 gegenübergestellt worden. Welche macht man? Die oder die? Und dann ist man bei H0 geblieben. Schöner wäre die Größere gewesen, die hatte ja 22 mm Breite. Aber wegen der Raumverhältnisse bei der Kundschaft oder bei der Bevölkerung war man gezwungen, dass man eine kleinere Spur macht, halt die H0." – „Und die Spur H0 haben Sie auch mit entwickelt? – „Ha ja – speziell, speziell. Ich hab gern gschafft, nicht bloß im Geschäft, auch bei Nacht. Wenn etwas nicht gelaufen ist, hab ich Tag und Nacht probiert, bis ich es endlich nabracht hab. Des hat mir großen Spaß gmacht. Früher war die Werkstatt abgeschlossen. Wer in der Werkstatt drinnen war, musste jedes Mal der Schlüssel mitnehmen, damit er hat raus und rein können, so geheim war alles. Das ist heute nimmer der Fall." – „Ja, gab es denn damals so was wie Spionage?" – „Selbstverständlich, wegen der Konkurrenz, das war ja das Wichtigste. Auf der Messe in Leipzig haben wir auch gespickt. Ich habe auf der Messe sogar Muster gemacht. Was die einen hatten, hatten wir noch nicht. Da hab ich bis nachts um zehne oder elfe Muster gmacht. Man kann ja auf der Messe nicht alles komplett machen, das geht ja nicht. Wir haben die Lok dann bloß auf die Schiene gestellt, damit die Birnchen brannten, Hauptsache, es hat seinen Zweck erfüllt." –

„Das hat einen Kampf gekostet ..."

Dann kamen wir wieder auf das Handmuster des Krokodils in der Spur 0 zu sprechen und Herr Rieker erinnerte sich: „Das hat einen Kampf gekostet, bis das soweit war, bis das auf der Schiene gelenkig war. Nicht so einfach. Tausende von Problemen sind da aufgetaucht, bis das Ding geboren war. Wie kurvengängig soll sie sein, dass man durchkommt? Den Motor konstruieren und so weiter, des Gestänge, dann die Beleuchtungen, Stromabnehmer und das alles ... – und alles nach nichts gmacht, ohne Vorlage, nach Phantasie und es ist zu dem geworden, was hier steht." – „Und haben Sie dann eine große Prämie dafür gekriegt?" –
Friedrich Rieker blickt erstaunt auf. Nach einer kurzen Pause dann die Antwort: „Kein Dankeschön – ja, ja , so war´s – ja, das ist wahr. Kein Dankeschön." –
Es war ein eindrucksvolles Gespräch mit dem alten Herrn damals, als er über seine fünfzig Märklin-Jahre reflektiert hat. Seine wachen Augen, sein Humor, sein Wissen und die Art, wie er sich mit mir unterhalten hat, werden mir immer in Erinnerung bleiben.

Märklin-Freunde gibts auf der ganzen Welt

Ebenso wie die vielen anderen Begegnungen mit Märklin-Fans in den vergangenen dreißig Jahren. Egal ob in Kanada, den USA, in Südamerika oder in Asien. Märklin-Fans gibt es überall auf der Welt. Märklin ist einfach eine Weltmarke. Ich selbst bin schon seit mehr als 55 Jahren Märklinist, wobei ich der analogen Welt näher stehe als der digitalen – die fünfziger Jahre waren einfach zu prägend.
Der Firma wünsche ich, dass sie schnell wieder auf die Beine kommt und wir in alter Frische den 175. Geburtstag feiern können. Ich werde dann sicher keinen Film mehr über Märklin drehen oder eine Geschichte schreiben – das sollen dann Jüngere machen – aber ich werde mit großem Wohlwollen den weiteren Märklin-Weg verfolgen.
Wer einmal vom „Virus Maerkliniensis" infiziert worden ist, kommt nie mehr von ihm los. Alles Gute, Märklin!

Die auf diesen Seiten zu sehenden Bildfolgen mit Herrn Rieker sind dankenswerterweise vom SWR zur Verfügung gestellt worden. Dass ihre Qualität nicht optimal ist, liegt daran, dass es sich um keine Fotos handelt. Die Bilder wurden vielmehr direkt aus den entsprechenden Sequenzen des 1984 entstandenen TV-Films „Krokodil, Adler, Storchenbein" entnommen.

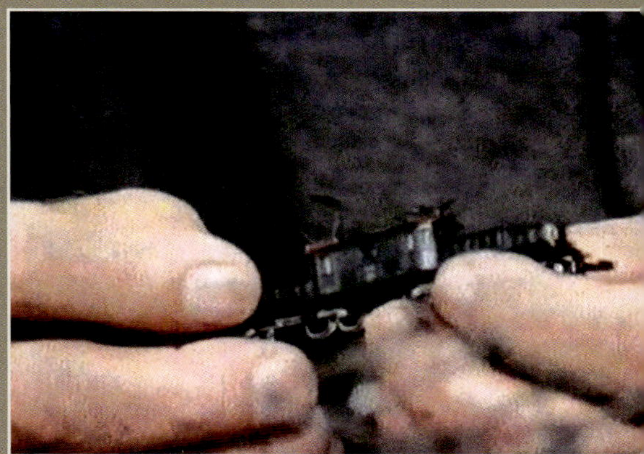

Gebr. Märklin & Co.
Inhaber: E. Märklin & E. Friz

Hurra, der neue Märklin ist da!

Die Geschichte der Märklin-Werbemittel. Von Gerhard Schönle

Märklin druckte seinen ersten Katalog 1895. Er enthielt alle zwischen 1891 und 1895 produzierten Artikel. Im Kapitel „Abtheilung II, Extra solide Metall- und hochfein lackirte Spielwaaren“ finden sich „Mechanische Artikel bester Construction“, alles, was heute so schön „Modelleisenbahn“ heißt. Neben „Eisenbahnen mit besten Uhrwerken, auf Schienen“ werden zum Aufbau einer wirklichkeitsnahen Anlage auch zahlreiche Zubehörartikel wie Bahnhöfe, Güterschuppen und eine Vielzahl von Häuschen angeboten.

Wenige Jahre zuvor hatte Märklin 1891 seine ersten Eisenbahnen auf der Leipziger Frühjahrsmesse mit großem Erfolg ausgestellt. Präsentiert wurde damals eine systematische Schienenanlage in Form einer Acht, auf der eine Uhrwerkeisenbahn ihre Kreise zog. Damit führte Märklin als erstes Unternehmen die epochale Entwicklung einer in Spurweiten genormten, systematischen und ausbaufähigen Modelleisenbahn ein.

Vielfach präsentierte Märklin seine Produkte auf großformatigen Musterblättern mit Zeichnungen, die von Hand koloriert waren. Für kleinere Seitenformate wurden die verkleinerten, kolorierten Zeichnungen akkurat ausgeschnitten und in die Musterbücher eingeklebt. Die Filigranität der Detailwiedergabe und die Liebe zur Vollkommenheit in diesen Märklin-Musterblättern haben eine einzigartige Faszination und begeistern noch heute nach über 100 Jahren, zumal kein noch so modernes Druckverfahren diese Leuchtkraft der Farben wiedergeben kann.

Ob Musterblätter, Kataloge oder – wie man es in unseren Tagen nennt – „Jahrbücher“: Alle diese sehr aufwändig hergestellten Produktdarstellungen waren bzw. sind beim Kunden hoch geschätzt. Es sind gleichzeitig Dokumente der Zeitgeschichte, die über aktuelle Trends in grafischer Gestaltung Auskunft geben.

Die Kataloge ab 1900: „Vom Guten das Beste!“

„Vom Guten das Beste!“ Mit diesem Motto ist das in den Sprachen Deutsch, Englisch und Französisch gehaltene Vorwort zum Märklin Händlerkatalog um 1900 überschrieben. Es zeigt eine Grundhaltung in der Unternehmensphilosophie, die zum Ziel hatte, Produkte „in kaum geahnter Vollkommenheit und Stabilität“ herzustellen und aus Märklin später „die weltweit erste und größte Spielwarenfabrik der Welt“ zu machen. Ein Blick in die Katalogausgaben des ersten Jahrzehnts spiegelt diese explosionsartige Ausweitung des angebotenen Sortiments zwischen 1904 und 1909 deutlich wieder. Es waren groß gedruckte Kataloge im Hochformat 230 x 300 mm, die als Sammlung von Blättern, die durch eine Drahtklammer im Bund zusammengehalten wurden, leicht durch Nachträge ergänzt werden konnten. Sie wurden in Bogenformaten einfarbig produziert. Druckvorlagen waren Holzstücke, in welche die fein detaillierten Zeichnungen in filigraner Kleinstarbeit eingeritzt waren. Die Oberflächen der Holzstücke wurden auf dünnwandige Kupferfolien übertragen und zu Druckstöcken zusammengefasst. Diese Händlerkataloge umfassten etwa 120 so

> Musterblätter

Anfangs präsentierte Märklin seine Produkte auf großformatigen Musterblättern. Die Zeichnungen waren von Hand koloriert und wurden auf die Seiten eingeklebt. Die Feinheit der Detailwiedergabe gab ihnen eine einzigartige Ausstrahlung. Kein noch so modernes Druckverfahren kann diese Leuchtkraft der Farben wiedergeben.

bezeichnete „Tafeln", die aufgrund der doppelseitigen Bedruckung dann ca. 240 Seiten ergaben. Sie erschienen im Abstand von vier bis fünf Jahren, ergänzt durch jährliche Nachträge. Die Jahre vor dem Ersten Weltkrieg waren insgesamt geprägt von stetigem Wachstum, Expansion und großem Erfolg des Unternehmens. Die schwierige Nachkriegszeit überstand Märklin relativ gut, neue Kataloge erschienen anfangs nicht mehr. Verschiedene Änderungen in der Modellpolitik wie zum Beispiel die Einführung des 20-Volt-Systems Mitte der 1920er Jahre oder die Tendenz zu größerer Vorbildtreue brachten aber die Entwicklung der elektrischen Eisenbahn so richtig zum Laufen. Dies führte zu den ersten speziell für Kunden gemachten Katalogen, die auch in verschiedenen Sprachen herausgegeben wurden. Sie waren im Innenteil noch einfarbig und schlicht gehalten, zeugten jedoch von der Begeisterungsfähigkeit der Jugend mit farbig gezeichneten Titelmotiven und Überschriften wie „Hurra, der neue Märklin ist da" (1927) oder „Der neue Märklin, die Vorfreude auf Weihnachten" (1928). Erst 1929 waren die Kataloge auch im Innenteil teilweise farbig koloriert. Mehr und mehr kamen emotionale Gestaltungselemente zum Einsatz, Illustrationen von emotionalen, heroischen Vorbildszenen spannten die Brücke zum abgebildeten Modell und ließen die Modellbahn bereits in der Vorfreude zu einem Stück Wirklichkeit werden.

Rechte Seite oben: *Danilowatz-Titelbild des Kataloges aus dem Jahre 1934.*

Mitte und unten: *Ein hohes künstlerisches Niveau zeigten die Bilder von Josef Danilowatz. Zudem wirkten manche auch ein wenig wie Karikaturen, was anhand des etwas lang gestreckten Automobils an der Bahnschranke gut zu sehen ist.*

Künstler gestalten Märklin-Katalog-Titel

Die bunten Kunstwerke auf den Märklin Katalogtiteln der dreißiger Jahre bestechen durch ihre stimmungsvolle Gestaltung und sind Zeichen der damals üblichen Gebrauchsgrafik. Sie zeigen mit gekonnten Mitteln die visuelle Umsetzung von Begriffen wie Dynamik, Kraft, Romantik, Modernität oder Vision. Sie sind Ausdruck der Faszination Eisenbahn und trugen erheblich zum Erfolg der Märklin-Verkaufskataloge bei. Zur Erreichung einer ansprechenden und wirksamen Werbung war die Beauftragung von Künstlern durch Industrieunternehmen für die damalige Zeit nicht ungewöhnlich. Kaum einem anderen gelang es, die Emotionalität der echten Eisenbahn so eindrucksvoll für die Märklin-Katalogtitel zu übersetzen wie Josef Danilowatz. Der 1877 in Wien geborene Künstler prägte das Aus-

sehen der Märklin-Kataloge zwischen 1929 und 1939 durch eine Vielzahl an Illustrationen. Wuchtige Dampflokomotiven bewegen sich fauchend und zischend und mit rauchenden Schloten. Sie ziehen lange Güterzüge, fahren in große Bahnhöfe ein oder bringen den Straßenverkehr zum Halten. Elektrolokomotiven erklimmen steile Berge, durchqueren grandiose Berglandschaften und dunkle Gebirgstunnel oder trotzen Eis und Schnee. Danilowatz zeichnete mit Kohle in kräftigem, dunklem Strich und arbeitete oft mit starken Hell-Dunkel-Kontrasten. Für die Titelseiten wurden diese Kohlezeichnungen von ihm in Aquarelltechnik feinfühlig koloriert. Seine Vorliebe galt den Karikaturen, was bei so manchem Eisenbahnmotiv schmunzeln lässt. Ein vor den Bahnschranken wartendes, künstlich in die Länge gezogenes Automobil oder der verschmitzt dreinblickende Triebwagen aus dem Katalog von 1939/40.
Ein Charme, der in der modernen Katalogfotografie leider abhanden gekommen ist. Die Produktdarstellungen auf den Innenseiten waren ab 1935 durchgängig farbig gehalten. Es handelte sich um kolorierte Zeichnungen.

Die Kataloge der 1950er, 60er und 70er Jahre

Aufgrund des allgemeinen Papiermangels nach dem Zweiten Weltkrieg erschien der erste Publikumskatalog nach vorangegangenen und ausschließlich für Händler bestimmten Katalogen erst wieder 1949. Er war im DIN-A5-Querformat gehalten, einem Format, das dann bis 1956 beibehalten wurde. Die Titel der 1950er- und 60er-Jahre waren illustrativ bunt und lebendig gestaltet, auf den Innenseiten hielt bereits die Fotografie Einzug. Bunte Produktillustrationen standen anfangs neben in Schwarz/Weiß gehaltenen emotionalen Fotografien. Später wurden dann kolorierte Schwarz/Weiß-Produktfotografien auf farbigen Seitenhintergründen eingesetzt, was sich bis in die späten 1960er Jahre halten konnte.
Die Katalogtitel aber waren noch einige Jahre „Malerei". Es war wohl die eindrucksvollste Möglichkeit, die Faszination der vielen Vorkriegstitel zu erhalten und den Produkten Rauch, Dampf, Geschwindigkeit oder einfach nur einen kräftigen Schuss Lebendigkeit einzuhauchen.
Erst Anfang der 1970er Jahre kam die Fotografie auch auf die Titelseiten. Loks, Wagen und Kräne wurden im Patchwork-Stil zu einer wirkungsvollen Titelseite komponiert. Die fröhliche Lebewelt der 70er hielt in kräftigen Farben auch auf den Innenseiten der Hochformat-Kataloge Einzug. „Bunt" und mit positivem Timbre ist das Märklin-Sortiment dieser Zeiten dargestellt.

Kataloge und Produktdarstellung bis heute

Besonders eindrucksvoll zeigt das Märklin-Titelmotiv von 1981, wie die Fotografie es ermöglicht, mit gekonnter Inszenierung eine große Auswahl an Loks verschiedener

Rechts: *Titelbild des Kataloges aus dem Jahre 1947.*

Mitte links und rechts: *In den 1970er Jahren wurde eine andere Bildsprache gewählt, die eher emotionslos, aber sehr technisch wirkte. Der Katalog von 1981 zeigte schon am Titel die Vielfalt des Sortiments auf.*

Rechte Seite: *Dieses Bild schmückte das Jahrbuch 2008/9. Ein Motiv, das auf Anhieb zu gefallen weiß. Wer würde die wunderschöne 64er nicht haben wollen?*

Spurweiten in einem Motiv zusammenzufassen. Ein gleicher frontaler Aufnahmewinkel für alle transportiert das Innenleben des Katalogs lebendig nach außen und vermittelt den Eindruck eines Gesamtkatalogs. Nur Echtdampf ist mit seinen authentischen Dampfkringeln hier zusätzlich im Spiel, die Reduktion auf das Wesentliche hat Einzug gehalten. Nicht mehr die Fülle zeichnerischer Illustrationskunst, sondern die Schlichtheit zeitgemäßer Fotografie steht im Vordergrund. Nicht mehr das Vorbild wird gezeigt, jetzt geht es um das pure Modell.

Auch die Innenseiten wirken aufgeräumt. Freigestellte Produktfotos vor neutralem, grauem Fond. Fotografien werden verwendet, um zum Beispiel das Innenleben einer Lok zu erklären, das Wechselspiel mit Anlagenfotos schafft den Bezug zum echten Modellbahn-Erlebnis. Die Kataloge werden zunehmend umfangreicher, ab 1991 in Form von Gesamtkatalogen, die Märklin als Systemanbieter über verschiedene Spurweiten repräsentieren. Umfangreiche Texte beschreiben Vorbild und Modell, die Produktbeschreibungen repräsentieren in ihrer Ausführlichkeit die Perfektion und Detaillierung ihrer Produkte.

Kataloge spielen zur Präsentation des Sortiments auch nach dem 150. Jubiläumsjahr noch immer eine große Rolle. Sie fassen das komplette Sortiment mit allen unterjährigen Einzelprospekten und Einzelangeboten zu einem umfassenden Kompendium zusammen, das Jahr für Jahr Zeugnis ablegt von einer Märklin-Welt, die bisher Millionen von Menschen in ihren Bann gezogen und zum Kauf von Märklin-Produkten bewogen hat und dies noch immer tut.

Seit 1997 ist Märklin als einer der ersten Modellbahnhersteller auch im Internet vertreten. Neben dem gedruckten Märklin-Katalog als Klassiker seit mehr als 100 Jahren ist es Modellbahnfreunden jetzt möglich, sich zusätzlich tagesaktuell über Produktneuheiten oder allgemeine Themen rund um Märklin zu informieren. Auf etwa 80 wenigen Seiten waren anfangs die wesentlichen Inhalte zusammengefasst. Seit 2000 ermöglicht die Pflege einer umfassenden Produktdatenbank eine systematische Darstellung des kompletten Märklin-Sortiments auf mehreren Tausend Seiten. Jedes Märklin-Produkt kann im Internet mit allen erforderlichen Informationen abgerufen werden. Die Produktabbildungen können per Mausklick vergrößert werden, zu Ersatzteilen können Übersichten und Beschreibungen geladen werden, passende Produktergänzungen werden angezeigt, Videofilme und die Darstellung von Sounds machen die virtuelle Modellbahn lebendig. Die Anzeige der Liefermöglichkeit, eine Händlersuche oder die Verbindung zum Bestellvorgang im Märklin-Onlineshop sind Standards in fünf verschiedenen Sprachen.

Trotz aller Fortschritte und Möglichkeiten im Bereich des Internets spielen gedruckte Kataloge für die meisten Märklin-Kunden noch immer die größte Rolle. Es ist schließlich die Möglichkeit, sich mit einem Buch genüsslich zurückzuziehen, wie ein kleiner Junge zu träumen und in die Modellbahnwelt einzutauchen. Es ist auch die Möglichkeit – und dies seit nunmehr 114 Jahren – in aller Ruhe ein Stück der großen kleinen Märklin-Welt zu genießen und die Produkte auszuwählen, die man morgen aufs Gleis setzen möchte. Und es ist ein Stück Vergangenheit, vielleicht aus Kindertagen, als es in der Vorweihnachtszeit laut und deutlich durch die Schulklassen im Lande hallte: „Hurra, der neue Märklin ist da!“

> Da kam Freude auf

Strahlende Kindergesichter, Freude pur. Weil endlich der neue Märklin-Katalog erschienen ist. Auch heute ist die gedruckte Ausgabe noch überaus beliebt. Doch das Internet ist inzwischen auch zu einem wichtigen Medium geworden.

Die neue elektrisch

MÄRKLIN

Miniatur-Tischbahn

Unserer Liste der Neuheiten 1935, die Ihnen kürzlich zuging, folgt heute der angekündigte Prospekt über unsere neue elektrisc

MÄRKLIN -Miniatur-Tischbahn

So wie dieser Prospekt ganz für sich allein Ihnen unterbreitet wird, stehen diese Miniatur-Bahnanlagen als eine Welt f sich neben unseren Sortimenten der Spur 0 und I, als einzige Verbindung kommen nur die Zwischenstecker Nr. 491 in Betrac durch welche die Verbindung mit den normalen Buchsen unserer 20 Volt-Anschlußgarnitur hergestellt und der elektrische Stro der Miniaturbahn zugeführt wird.

Klein aber fein! Wenn irgendwo, so haben diese Worte volle Gültigkeit für diese MÄRKLIN-Miniaturen. Es ist technis nicht so einfach wie es scheinen könnte, die Bahnen, Bahnanlagen und Einrichtungen im Großen in kleinsten Miniaturen so getr nachzukonstruieren, daß deren Aussehen, die Maßverhältnisse, der Betrieb, die Funktion möglichst vollkommen wiedergegeben sir Seit Jahren hat uns dieses Problem beschäftigt, aber der heutigen Zeit mit ihrem starken Willen und ihrem Vorwärtsdrängen war vorbehalten, das Ergebnis dieser Arbeit unserer verehrten Kundschaft und damit der Öffentlichkeit vorlegen zu können, dank c uns inzwischen patentierten neuen Fernschaltung, durch welche die letzte Schwierigkeit in glücklichster Weise behoben worden w Über die Vorzüge dieser neuen Fernschaltung ist in unserer Liste der Neuheiten 1935 eingehend berichtet.

Was wir bieten, ist etwas **absolut Vollkommenes, Erstklassiges,** kurz gesagt

ein MÄRKLIN-Erzeugnis

Mögen diese Bahnen, die im Laufe der Jahre weiter ausgebaut werden, Bringer erhöhter Freude für Jung und Alt und ein vergrößerten Geschäftsumsatzes für unsere verehrte Kundschaft sein.!

Das Interesse für diese Miniaturbahnen ist ein gewaltiges. Für zeitige und beste Saisonbelieferung ist gesorgt und w möchten nur bitten, uns Ihren Bedarf in aller Kürze aufgeben zu wollen.

Die Märklin-Miniatur-Tischbahn

Die Entwicklung der Spur 00 brachte viele Innovationen hervor. Von Hans Zschaler

Nachdem man sich von der Idee verabschiedet hatte, eine vollkommen neue kleine Bahn mit 21 mm Spurweite zu entwickeln, widmete man sich nun mit ganzer Kraft der Schaffung einer Tischbahn in 16,5-mm-Spur mit der Größenbezeichnung 00. Ausschlaggebend für diesen Schritt war sicher wohl auch der Konkurs des Nürnberger Mitbewerbers Bing im Jahr 1932 gewesen, eine Folgeerscheinung der Weltwirtschaftskrise von 1929. Bing hatte zwar bereits 1923 eine einfache Tischbahn nach englischen Vorgaben für den dortigen Markt entwickelt. Auf dem inländischen Markt hielt sich die Begeisterung für dieses Produkt allerdings in Grenzen, zumal im Prinzip nur Modelle nach englischen Vorbildern angeboten wurden. Hierzulande gab es also eine Lücke zu schließen, weshalb man sich bei Märklin wohl auch für die Produktion einer Tischbahn entschlossen hatte.

Die Entwicklungsarbeiten begannen im Frühjahr 1933. Auf der Leipziger Frühjahrsmesse im März 1935 konnte man den Besuchern bereits die ersten Handmuster zeigen. Im Juni desselben Jahres offerierte man dem Handel das ganze neu entwickelte Sortiment der 00-Tischbahn in Form eines vierseitigen DIN-A4-Prospektes.

Optisch wurden sowohl die Loks als auch Wagen an die ab 1930 neu geschaffenen Konstruktionen der Nenngrößen 0 und 1 angeglichen. Bei der Länge der Wagen durften die Konstrukteure aufgrund des geringeren Platzbedarfs großzügiger sein, ohne die Gesamtharmonie zu beeinflussen. Beim Gleissortiment ging man allerdings neue Wege. Anstelle eines Systems, welches bisher in der Regel aus Schienenprofilen und Schwellen bestand, schuf man hier ein so genanntes Schotterbettgleis. Es bestand aus einem farbig bedruckten, trapezförmigen Bahnkörper mit plastisch aufgeprägten Schwellen, auf dem die beiden Laufschienen und ein separater Mittelleiterstrang montiert waren. Letzterer bestand dabei nicht mehr aus einer dritten Pfofilschiene, sondern aus einem rund geformten, zierlich wirkenden Profilstreifen für die Stromzuführung, während die beiden elektrisch verbundenen Fahrschienen der Rückleitung des Stromes zum Fahrgerät dienten.

Oben: *Der erste Schnelltriebwagen TWE 700 in der Spur 00 erschien 1936. Sein Merkmal war die „schnittige" Kopfform.*

Unten: *Titelseite des ersten Händler-Prospektes über die neue „Miniatur-Tischbahn" vom Juni 1935.*

Beweglich montierte Klauenkupplung

Der „Lokpark" bestand fürs Erste aus zwei verschiedenen zweiachsigen Modellen einer Schlepptender-Dampflok nach Vorbild der Deutschen Reichsbahn (R 700) und einer elektrischen Lokomotive nach schweizerischem Vorbild (RS 700). Das Wagen-Sortiment für den Start umfasste vier verschiedene Güterwagen, einen Plattform-Personenwagen sowie einen D-Zugwagen in fünf verschiedenen Farbvarianten, unterteilt in Personen-, Speise-, und Schlafwagen. Die beiden Letzteren wurden dabei im Rot der „Mitropa" und im Blau der „Internationalen Speise-

und Schlafwagengesellschaft" angeboten. Die Fahrgestelle der Loks bestanden aus Zinkdruckguss – damals noch Zinkspritzguss genannt – die Gehäuse aus geformtem Stahlblech. Die Wagen fertigte man wie bei den großen Spuren aus geprägtem und farblich bedrucktem bzw. lackiertem Stahlblech. Verbunden wurden die Fahrzeuge mit einer beweglich montierten Klauenkupplung, die beim Zusammenstoßen automatisch einkuppelte.

Ferngesteuerter Fahrtrichtungswechsel

Gefahren wurde mit einer Wechselstrom-Niedrigspannung von ca. 20 Volt. Der Fahrtrichtungswechsel erfolgte mittels eines in den Loks eingesetzten Handschalters für die Umpolung der Motordrehrichtung. Die Fahrspannung lieferte ein Transformator, welcher die Haushalts-Wechselstrom-Netzspannung heruntertransformierte. Im gleichen Gehäuse war ein Widerstandsregler für eine Stufenschaltung installiert, welche über einen Drehregler funktionierte. Stand im Haushalt eine Gleichstrom-Netzspannung zur Verfügung, musste ein Umformer angeschafft werden. Dafür reichten dann zum Anschluss ein Niederspannungsfahrtregler und ein einfacher Polwender ohne Gleichrichter. Damit konnte von Anfang an mit Gleichstrom gefahren werden. Für den ferngesteuerten Fahrtrichtungswechsel wurde der im Inneren der Lok platzierte Handschalter abgezogen und durch einen so genannten Fernschalter, einen Plattengleichrichter, ersetzt. Dies war, wenn man so will, die erste elektrische Schnittstelle – ein heute für Modelleisenbahner fester Begriff.

Die nun auch bei der Zuführung von Wechselstrom funktionierende Änderung der Fahrtrichtung erfolgte durch

> Messe Leipzig 1936

Stilvoll lud Märklin zur Messe Leipzig mit einer ansprechend gestalteten Karte ein. Auf dem vierseitigen Druckprodukt waren drei Dampflokomotiven zu sehen. Dabei handelte es sich um die E 700 in den Baugrößen I, 0 und 00. Die 00-Lokomotive sollte als Neuheit 1936 auf den Markt kommen.

Oben: *1935 wurde erstmals auch eine E-Lok nach dem Vorbild schweizerischer Triebfahrzeuge in der Spur 00 gefertigt (RS 700).*
Unten: *Die ersten Schnellzugwagen (341, 342, 343 und 344) aus dem Fertigungszeitraum 1935 - 1937.*
Linke Seite oben: *Erste 00-Schlepptenderlok R 700 von 1935, stilistisch einem Vorbild der Deutschen Reichsbahn nachempfunden.*

einen dem Wechselstrom-Fahrtrafo nachgeschalteten Umpolschalter im integrierten Gleichrichter, der die Wechselstrom-Niedrigspannung des Fahrtrafos in Gleichstrom umwandelte, mit dem nun auch hier gefahren wurde. Für die Loks war die Änderung von Wechsel- in Gleichstrom kein Problem, waren sie doch von Anfang an mit feldspulengewickelten Allstrommotoren bestückt.
Für den Aufbau einer entsprechenden Gleisanlage standen bereits eine entsprechende Grundausstattung von geraden und gebogenen Gleisen, Weichen für Hand- und Elektrobetrieb sowie eine Kreuzung und ein Prellbock bereit. Der Gleisradius betrug 360 mm, der Abzweigwinkel der Weichen und der Kreuzungswinkel betrugen jeweils 30° – eine leicht zu merkende Geometrie.

Reichlich Zubehör von Anfang an

Auch an passendes Zubehör hatte man von Anfang an gedacht. So gab es je ein Land- und Stadtbahnhofsgebäude nebst Bahnsteig, einen Güterschuppen sowie eine Brücke und einen einfachen „Stülp"-Tunnel. Hinzu kamen handbetriebene Formsignale und die damals im Großbetrieb noch zahlreich vorhandenen Telegrafenmasten auf nicht elektrifizierten Eisenbahnstrecken.
Das Ganze machte einen respektablen Eindruck, zumal alles auf einer Tischplatte und nicht mehr aus Platzgründen auf dem Fußboden aufgebaut werden musste. Die neue Tischbahn gelangte ab Herbst 1935 in den Handel und fand bei den Käufern reges Interesse, zumal man im Jah-

Oben: *(v.l.n.r.) „Internationale" (TWE 700 B) und Schweizer Variante (TWE 700 R mit Stromabnehmer) des Schnelltriebwagens von 1936.*
Linke Seite oben: *Dampflokmodell SLR 700 von 1936 mit stromlinienförmiger Verkleidung nach dem Vorbild einer 2'C2'-Maschine der US-amerikanischen Eisenbahngesellschaft „New York Central".*
Linke Seite unten: *Erster Schritt in Richtung „Modelleisenbahn": 2'C1'-Schnellzug-Dampflok der Baureihe 01 (HR 700) von 1937.*

reskatalog einen zügigen Ausbau versprach. Dieser erfolgte dann auch prompt im darauf folgenden Jahr mit einer ersten Vorstellung auf der Leipziger Frühjahrsmesse.

Schnelltriebwagen mit schnittiger Kopfform

Anlehnend an ein entsprechendes Spur-0-Modell aus gleichem Hause hatte man sich für eine Lokneuheit nach US-amerikanischem Vorbild entschieden. Eine Stromlinienlok der „New York Central" unter dem Namen „Commodore Vanderbilt". Während das 0-Modell die richtige Achsfolge (4-6-4) und einen sechsachsigen Tender aufwies, hatte man die 00-Lok mit nur zwei Triebachsen, ohne Vor- und Nachlaufachse und nur mit zweiachsigem Tender ausgestattet. Das strömungsgünstige Gehäuse der Vorbildlok wurde im Modell erstmals aus Zinkdruckguss gefertigt (SLR 700). Ein weiteres Triebfahrzeug war ein vierachsiger Schnelltriebwagen auf zwei Drehgestellen in drei verschiedenen Farbvarianten. Er hatte zwar kein direktes Vorbild, sprach aber wohl die Käufer durch seine für damalige Begriffe „schnittige" Kopfform an. Es gab ihn in rot-beiger Farbgebung (TWE 700), in so genannter „internationaler" Ausführung (TWE 700 B) in Blau und als rote Variante mit Dachstromabnehmer (TWE 700 R), die wohl an den „Roten Pfeil" der Schweizerischen Bundesbahnen erinnern sollte. Der Plattform-Personenwagen und die Schnellzugwagen vom Vorjahr erhielten einen passenden Gepäckwagen und der Güterwagenpark wuchs um weitere acht verschiedene Typen auf nunmehr zwölf.

Auch beim Zubehör tat sich einiges. So kamen ein supermodernes Stellwerk in damals neuzeitlicher Bauform mit Druckknopfsteuerung für Weichen und Signale sowie ein Bahnübergang hinzu. Das Signalsortiment wurde erstmals durch ferngesteuerte Tageslicht-Signale ergänzt, vor denen die Züge bei Rot anhalten und erst bei Grün in den voranliegenden Streckenabschnitt einfahren durften, wenn im Gleis ein entsprechend isolierter Abschnitt angelegt war.

> Eine Lok für England

Speziell für den englischen Markt wurde das Modell einer Schlepptender-Dampflokomotive „Compound" angefertigt. Als Vorbild diente ein Fahrzeug der Bahngesellschaft LMS (London, Midland and Scottish Railway). Das Modell wurde dem englischen Verkleinerungsmaßstab 1 : 76 angepasst. Die produzierte Auflage lag bei nur 33 Exemplaren, was natürlich zu einem hohen Liebhaberpreis führte.

Im Jahr 1937 erfolgte der erste Schritt in Richtung Modelleisenbahn. Eine Schnellzuglokomotive nach dem Vorbild der Baureihe 01 der Deutschen Reichsbahn wies nun auch im Modell die korrekte Achsfolge 2'C1' (HR 700) auf. Als Gegenstück gesellte sich eine mehrachsige, damals hochmoderne E-Lok der Baureihe E 18 der DRG hinzu. Aufgrund des verhältnismäßig engen Gleisradius von 360 mm wurde gegenüber der Vorbildlok, welche die Achsfolge 1'Do1' aufwies, (vorerst) auf eine Triebachse verzichtet.

Der Reisezugwagenpark wurde um entsprechende Pullman-Wagen nach französischen und englischen Vorbildern ergänzt und die Güterwagen bekamen erstmals Zuwachs in Form von vierachsigen Waggons mit Drehgestellen. Was den Zubehörsektor anbelangt, ersetzten gleich drei moderne Empfangsgebäude, darunter das vom Bodenseebahnhof Friedrichshafen, die Vorgängertypen von 1935. Hinzu kamen eine moderne Bahnhofshalle, neue Güterschuppen nebst Laderampe mit Kran, ein Übergangssteg, bestückt mit Signalen, und ein Tunnel, der drei gebogene Gleise überdeckte. Auch die Kapazität der Stellwerksgebäude wurde durch ein weiteres Gebäude verdoppelt und ein kleiner magnetspulengesteuerter Fahrdienstleiter gab den Modellzügen mit dem Abfahrtsstab das Zeichen für „freie Fahrt".

Das Jahr 1938 darf im Tischbahnbereich von Märklin als Phase des Umbruchs bezeichnet werden. Es erschien eine funktionsfähige Oberleitung mit Streckenmasten, die nun einen unabhängigen Zweizugbetrieb auf demselben Gleis ermöglichte. Die neuesten E-Loks wurden zu diesem Zweck umschaltbar von Unter- auf Oberleitungsbetrieb ausgeführt. Außerdem war nun die Umstellung auf ein neues Fernsteuersystem mit einem Wechselstrom-Fahrbetrieb von 16 Volt und Fahrtrichtungswechsel mittels Überspannung von 24 Volt Wechselstrom gegeben.

Von der 700er Schaltung zur Perfektschaltung 800

Einen großen Fortschritt hatte bei Märklin 1935 die Einführung des Gleichstromfahrbetriebs gebracht. Er fand in den Nenngrößen 0 und I und bei der im gleichen Jahr ein-

Oben: *Erste E-Lok (Katalog-Nummer HS 700) nach dem Vorbild einer E 18 der DRG von 1937.*

Rechts: *Zwei Pullman-Wagen. Links die Version für den internationalen Festlandverkehr der CIWL (349/1937), rechts die für den Verkehr der LNER auf den britischen Inseln (349 E/1937).*

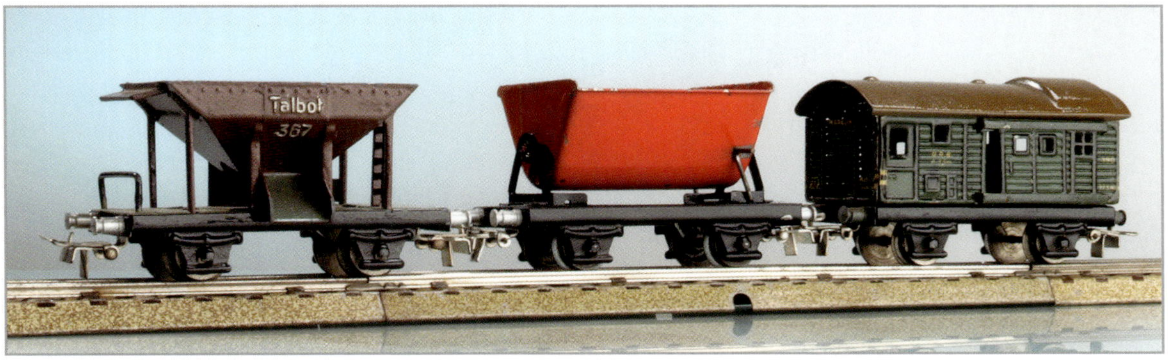

Oben: *Einfache zweiachsige E-Lok RS 800 (rechts) von 1938 nach Vorbild der E 18, und die teure Version HS 800 (links).*
Mitte: *Schotterwagen 367 K, Kippwagen 362 K und Packwagen 390 K von 1939 mit automatischer Kupplung.*

geführten Miniatur-Tischbahn 00 (H0) Anwendung. Bei geregelter Gleichstrom-Niederspannung (z. B. Akku) bedurfte es noch eines Polwenders, bei Wechselspannung eines Gleichrichters mit Polwender. Für die Gleichrichter wurden selenbeschichtete Plattengleichrichter, so genannte Trockengleichrichter, verwendet. Sie kamen im „Schaltapparat für Wechselstrom" – so die werksinterne Bezeichnung – zur Anwendung. In der Lok, die unverändert eine Feldspule mit doppelter Feldwicklung aufwies, erfolgte die Umsteuerung durch so genannte Filterzellen; das waren zwei selenbeschichtete Platten, die so geschaltet waren, dass der Strom jeweils nur in einer Richtung und damit in nur jeweils eine der beiden Feldwicklungen fließen konnte. Die in den Schaltgeräten verwendeten Trockengleichrichter waren sehr anfällig. Bei Überlastung, insbesondere bei nicht schnell zu behebenden Kurzschlüssen, verbrannte die Selenbeschichtung.

Eine Überdimensionierung oder der Einbau eines Überstromschalters konnte damals aus Preisgründen nicht realisiert werden. Auch bei den Lokomotiven musste der für den Fahrtrichtungswechsel eingesetzte Selenplattengleichrichter aus Platzgründen klein dimensioniert werden. Hinzu kam noch, dass Märklin in den letzten Jahren vor dem Krieg von den Gleichrichterherstellern nur mit Erzeugnissen minderer Qualität beliefert wurde, da Teile in Topqualität im Sinne der damaligen Staatsführung für

andere Zwecke bestimmt waren. Dieser auf Dauer unhaltbare Zustand veranlasste die Firma Märklin, im Jahre 1938 ihr Fernsteuersystem kurzerhand vom Gleichstrom-Umpolsystem auf ihr bekanntes Wechselstromsystem mit einer Überspannungs-Umschaltung umzustellen. Die Fahrtrichtungsumschaltung besorgte jetzt ein in der Lok installiertes Schaltwalzenrelais, das auf einen 24-Volt-Stromstoß reagierte, wogegen der Motor mit 16 Volt versorgt wurde. Die höhere Schaltstromzufuhr zum Motor zu unterbrechen, war damals aus patentrechtlichen Gründen nicht möglich. Die Lok machte demzufolge beim Umschalten einen mehr oder weniger großen „Bocksprung".
Um Platz für den Einbau des Fahrtrichtungsumschalters zu bekommen, musste der Feldmagnet des Motors liegend angeordnet und gleichzeitig der Motor in seiner Lage versetzt werden. Im Gegensatz zur bisherigen Fernschaltung 700 nannte man die neue nun „Perfektschaltung 800". Sie ermöglichte die Vereinigung von Transformator, stufenlosem Regeln und Fahrtrichtungsänderung mittels separatem Druckknopf in einer kompakten Einheit. Darüber hinaus hatte die Umstellung auf das neue System (Fahren und Schalten mit Wechselstrom) in Verbindung mit dem Mittelleitersystem einen überaus entscheidenden Vorteil: Die Stromzufuhr zum Motor erfolgt beim Wechselstromsystem stets über einen Mittelleiter, zur Rückführung des Stroms vom Motor dienen die beiden Fahrschienen. Durch die symmetrische Leiteranordnung kann die Gleisanlage freizügig aufgebaut werden. Kehrschleifen, Gleisdreiecke oder das Wenden auf Drehscheiben waren ab sofort keinen Einschränkungen oder schaltungstechnischen Schwierigkeiten unterworfen.

Umfangreiche Konstruktionsarbeit für die 800er Serie

Die Triebfahrzeuge des 700er-Systems konnten natürlich auch gemeinsam mit denen des neuen 800er-Systems weiter verwendet werden. Bei den Fahrzeugen mit Gleichrichterplatte (Fernschalter) musste diese abgezogen und durch den Handschalter für den Fahrtrichtungswechsel ersetzt werden. Für die neuen Triebfahrzeuge der 800er-Serie waren umfangreiche Konstruktions- und Formenarbeiten erforderlich. Es mussten bis auf die Modelle RS 700 und TWE 700, die in der bisherigen Form bis 1939/40 weitergeliefert wurden, alle Fahrgestelle und Gehäuse aus Zinkdruckguss neu geschaffen werden, zumal der zusätzliche Einbau des neuen Fahrtrichtungsschalters auch eine andere Positionierung des Motors erforderte. Trotz der umfangreichen Änderungsarbeiten kamen noch zwei neue Triebfahrzeuge hinzu. Erstmals eine zweiachsige Tenderlok (T 800) und eine ebenfalls zweiachsige E-Lok

Rechts: *Plattform-Personenwagen (327) von 1935 mit passendem Gepäckwagen 328 aus dem Jahr 1936.*
Unten: *Drei blaue Schnellzug-Wagen der CIWL von 1937 (Katalog-Nummern: 342 J, 343 J und 344 J).*

Oben: *Bierwagen 388 K, Kleintierwagen 386 K und Viehwagen 389 K von 1939 mit automatischer Kupplung.*

Links: *Kranwagen 366, Niederbordwagen 364 und ein Rungenwagen mit Stammholzladung (1936 - 1937).*

Offener Güterwagen mit Plane 363, Bananenwagen 382 und gedeckter Güterwagen 381 aus dem Jahr 1936.

Unten: *Der offene Güterwagen 365 von 1936 und der seltene gedeckte Güterwagen mit Schlusslichtern 381 S von 1939.*

nach dem Vorbild einer E 18 (RS 800). Letztere genügte den einfachen Bedürfnissen und schonte auch die kleineren Geldbeutel, da sie gegenüber einer HS 800 nur halb so viel kostete. Für die neue „Perfekt-Schaltung" gab es natürlich auch ein neues Fahrgerät mit zusätzlichem Umschaltknopf für die Fernbetätigung.

Schürzenwagen mit separat angesetzten Lüftern

Speziell für die Schnellzugloks der Baureihen 01 (HR 800) und E 18 (HS 800) wurden nun auch längere Schnellzugwagen gefertigt. Für die Modellnachbildung der 22,5 cm langen Fahrzeuge dienten die damals neuesten der Reichsbahn (DRG) in der strömungsgünstigen Form mit Schürzenverkleidung zwischen den Drehgestellen, deshalb auch „Schürzenwagen" genannt. Gegenüber den nur 17,5 cm langen Wagen, die natürlich weiterhin im Programm verblieben, wurden die Dächer mit separat aufgesetzten Lüftern bestückt. Mit dem Jahr 1939 fand die Entwicklung der Märklin-00-Miniatur-Tischbahn, bedingt durch den Ausbruch des Zweiten Weltkrieges, ein vorläufiges Ende. Die herausragende Neuheit im Triebfahrzeug-Bereich war eine stromlinienverkleidete Schnellzuglok nach dem Vorbild des damals neuesten Fahrzeugs dieser Art bei der Deutschen Reichsbahn, einer Lok mit der Baureihenbezeichnung 06 und der Achsfolge 2'D2'. Märklin hatte die Lok radienbedingt mit der Achsfolge 2'C2' nachgebildet, was der Attraktivität des Modells aber keinen Abbruch tat. Sie war wie ihr Vorbild eine markante und formschöne Erscheinung. Während die Loks der ersten Lieferungen an den Fachhandel, wie im Jahreskatalog abgebildet, im grün glänzenden Farbkleid mit gelben Zierlinien gehalten waren, zeigten sich die später gelieferten in Schwarz mit silberfarbenen Zierlinien (SK 800). Als zweite Neuheit erschien ein zweiteiliger, sechsachsiger Schnelltriebwagen nach Vorbildern der Reichsbahn in violett-elfenbeinfarbiger Lackierung. Für eventuellen Oberleitungsbetrieb auf der Modellanlage waren zwei Dachstromabnehmer montiert, die aber bei Nichtbedarf abgenommen werden konnten (TW 800).

Neue automatische Kupplung

Die Märklin-Klauenkopfkupplung wurde seit ihrem ersten Einsatz im Jahr 1935 nach und nach technisch wie optisch verbessert. Auch über eine automatische Entkupplungsmöglichkeit war in der Vergangenheit nachgedacht worden. 1939 entschied man sich jedoch für eine andere Lösung in Form einer Haken-Bügelkupplung. Sie wurde von Märklin zum Patent angemeldet und im gleichen Jahr erstmals an der Tenderlok T 800, nun als „T 800 K" bezeichnet, sowie acht verschiedenen Güterwagen ange-

Oben: *Aufwändig gestaltete Stromlinien-Lokomotive SK 800 aus dem Jahr 1939 nach dem Vorbild der Reichsbahn-Baureihe 06, die aber in Wirklichkeit die Achsfolge 2'D2' aufwies.*

> Schön verpackt

Aus den Jahren 1939/40 stammt diese Tischbahn-Geschenkpackung. Am Dampfloktender und den drei Wagen war jeweils eine automatische Kupplung montiert. Die schöne Verpackung machte einen edlen Eindruck.

bracht, zu deren Katalog-Nummern nun ebenfalls der Zusatzbuchstabe „K" hinzukam. Während das Einkuppeln der Fahrzeuge wie bisher durch das Zusammenschieben funktionierte, erfolgte das Entkuppeln bei Bedarf ferngesteuert über ein so genanntes Entkupplungsgleis. Dabei wurden die Kupplungsbügel über einer Rampe zwischen den Gleisen mittels Druckknopfkontakt, der auf eine Magnetspule wirkte, ausgehoben. In der nachfolgenden Zeit erhielten alle Märklin-Loks und Wagen die neue Kupplung. Die Verbindung mit einer herkömmlichen Klauenkupplung wurde durch ein loses Kupplungsstück, eine so genannte Zusatzkupplung zum Aufstecken, ermöglicht. Obwohl diese Kupplung für Märklin patentrechtlich geschützt war, wurde sie nach dem Zweiten Weltkrieg besonders im Osten Deutschlands von anderen Herstellern in verschiedenen Formen nachgebaut. Dies geschah, nachdem die Alliierten alle deutschen Patente nach der Niederlage 1945 für null und nichtig erklärt hatten. Dies hatte aber wiederum den Vorteil, dass die Märklin-Kupplung nun eine weite Verbreitung fand. Später wurde sie vom europäischen Modell-Normenverband (MOROP) unter der NEM-Nummer 360 sogar als „Norm europäischer Modellbahnen" aufgeführt.
Im Zubehörbereich rüstete Märklin nun auch die Flügelsignale mit automatischer Zugbeeinflussung aus. Ein jeweils händisch betriebener Portal- und Säulendrehkran kamen neu hinzu. Als willkommenes Ausstattungselement für ein Bahnbetriebswerk erschienen zwei neue Drehscheiben, auf denen sich Dampfloks vorbildgetreu wenden ließen. Die eine Variante wurde mittels Handkurbel betätigt, die andere besaß einen Motorantrieb mit Fernsteuerung. Aus dem Spur-0-Sortiment wurde der zweiteilige Empfangsgebäude-Komplex des Stuttgarter Hauptbahnhofes übernommen. Er passte in seiner etwas verkleinerten Wiedergabe ohnehin besser zur 00-Bahn.

Eingeschränkte Lieferung während der Kriegsjahre

Im Jahr 1940 erschien dann nochmals ein kleiner Katalog für die Märklin-Tischbahn. Mit etwas reduziertem Sortimentsangebot. Darin wurde auch die Hoffnung ausgedrückt, das nach baldiger Beendigung des Krieges wieder die volle Lieferfähigkeit möglich sein würde.
Auch während des Zweiten Weltkrieges ergab sich immer wieder die Liefermöglichkeit für Märklin-Artikel verschiedenster Art. Auch Gleise für die Tischbahn durften während des Krieges in begrenztem Umfang mit Billigung „von oben" gefertigt werden. Sie unterschieden sich von der bisherigen Ausführung durch ein farblich anders strukturiertes Schotterbett und schwarz eingefärbte Profilschienen. Ansonsten hatte man bei Märklin – wie in anderen Betrieben auch – so genannte kriegswichtige Güter zu produzieren. Das Ende des Zweiten Weltkrieges überstand die Firma, von einigen Plünderungen abgesehen, glücklicherweise ohne Bombenschäden.

Start in eine erfolgreiche Zukunft

Das Märklin-H0-Programm von 1947 bis 1959. Von Hans Zschaler

Es waren die Jahre des wirtschaftlichen Aufschwungs nach der Währungsreform in den Westzonen 1948 und der Gründung der Bundesrepublik Deutschland 1949, die Fünfziger, in denen es die Bürger des Landes wieder zu relativem Wohlstand bringen konnten. In dieser Zeit erfüllten sich nun auch endlich die Wunschträume nach einer eigenen elektrischen Tischeisenbahn – trotz beengter Wohnverhältnisse.
Märklin hatte den totalen Zusammenbruch der Wirtschaft im Mai 1945 relativ gut überstanden und der Fabrikbereich war von Bombenabwürfen verschont geblieben. Nach den bekanntlich überall stattfindenden Plünderungen, konnte man in der zweiten Jahreshälfte 1945 mit Hilfe der amerikanischen Besatzungsmacht, trotz der schwierigen Voraussetzungen, mit einem Neustart der Produktion beginnen.
Jedes neue Produkt nimmt bekanntlich seinen Anfang in der Entwicklungsabteilung des Unternehmens. Dort konnte man gegen Ende des Jahres endlich wieder mit der Arbeit beginnen, hatte man doch seit Ausbruch des Zweiten Weltkrieges viele Projekte zurückstellen müssen, deren Realisierung es nun in die Tat umzusetzen galt.
Alles was beim Neustart weiterproduziert werden konnte, wurde zugleich von der amerikanischen Besatzungsmacht beschlagnahmt und anschließend in den so genannten „PX-Läden" der US-Armee an Militärangehörige und deren Familien verkauft. Dabei handelte es sich um Artikel, die in der Zeit von 1935 bis 1940/41 entwickelt worden waren. Dies hatte letztendlich den Vorteil, dass die Käufer nach Beendigung ihrer Militärzeit in Deutschland und Rückkehr in die Vereinigten Staaten von Nordamerika dort weiterhin oft auch Kunden von Märklin-Erzeugnissen blieben. Auch darf nicht vergessen werden, dass die Amerikaner bei der schwierigen Materialbeschaffung und dem Warentransport beteiligt waren, indem sie den Grenzübergang bzw. den Transport durch die verschiedenen Besatzungszonen ermöglichten.
In Göppingen war man jedenfalls nicht untätig und so konnte die Geschäftsleitung schon zwei Jahre nach Kriegsende die ersten vielversprechenden Neuentwicklungen auf dem H0-Bahnsektor (damals noch 00 genannt) präsentieren. Was der neuheiten-hungrige Kunde da in den noch spärlichen Fachzeitschriften auf dem Papier zu sehen bekam, war in der Tat aufsehenerregend, um nicht zu sagen spektakulär.

Die V 200 begegnet einer 01. Mit einfachen Mitteln gelang es den Modellbahnern in den 1950er Jahren, eine Anlage ansprechend zu gestalten. Zubehör, wie wir es heute kennen, gab es kaum. Die Gleise wurden direkt auf dem Untergrund verschraubt.

Neue Lok- und Wagenmodelle

„Flaggschiff" der wiederbegonnenen Produktion war sicherlich das Modell einer schweren elektrischen Güterzuglokomotive der SBB-Reihe Ce 6/8 II, besser bekannt als Krokodil-Lokomotive (CCS 800). Schließlich waren Loko-

> Erste Neuheiten

In denkbar knapper Form informierte Märklin den Handel über die ersten Neuheiten nach dem Kriege. Diese wunderschönen Artikel waren aber in erster Linie für den Export und nicht für den heimischen Markt bestimmt. Im Jahre 1947 wurde dann auch der erste Katalog verbreitet. Auch er diente zunächst der Information über das, was es dann später auch zu kaufen geben würde.

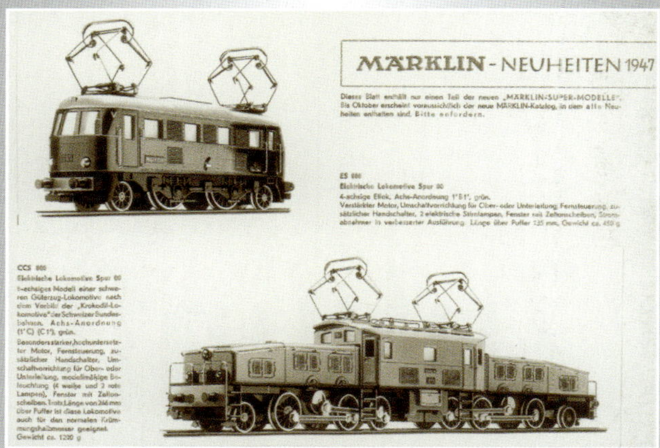

motiven dieser Art schon in den 1930er Jahren bei Märklin in den Baugrößen 0 und I fester Bestandteil des Märklin-Sortiments. Auch das seit 1937 im Märklin-Tischbahn-Sortiment eingeführte Modell einer elektrischen Schnellzuglokomotive nach dem Vorbild der DRG-Baureihe E 18 – ursprünglich radiusbedingt um eine Treibachse verringert – krönte nun als völlige Neukonstruktion mit vorbildgerechter Achsfolge 1'Do1' (MS 800) das erste Neuheitensortiment. Auch die kleinere, zweiachsige Ausführung dieser Baureihe, zuvor aus Preisgründen eingeführt, bekam eine Nachfolgerin gleicher Bauart, jedoch aus neuen Druckgussformen (RS 800 N). Ihr zur Seite gestellt wurde auch noch eine, aus gleicher Bauform stammende Schwester, jedoch mit zusätzlichen Laufachsen in der Achsfolge 1'B1'. In dieser Ausführungsform erinnerte sie nun etwas mehr an eine E 18 (ES 800). Die beiden Schnellzug-Lokomotiven, gegen Ende der 1930er Jahre nach Vorbildern der Baureihen 01 (HR 800) und 06 (SK 800) entwickelt, wurden durch Neukonstruktionen ersetzt und hießen nun HR 800 N und SK 800 N. Lediglich die kleine zweiachsige Tenderlokomotive T 800 von 1938 – ohne direktes Vorbild – musste noch zwei Jahre auf eine würdige Nachfolgerin warten.
Absoluter Knüller war natürlich eine ganze Serie von neuen Modellgüterwagen, bei der man, was Detaillierung und Materialauswahl anbelangte, ganz neue Wege ging. Da all die neuen Lok- und Wagenmodelle auch auf technisch und optisch verbesserten Gleisen laufen sollten, wurde das Gleissortiment ebenfalls einer kompletten Neuentwicklung unterzogen. Bei der Schotterbettung hatte man die Nachbildung nicht nur farblich geändert, sondern auch noch plastisch geprägt. Auch die Anzahl der Schwellen erhöhte sich durch engere Anordnung. Anders als bei den Vorgängern wurden die Weichenantriebe nun in einem farblich freundlich gehaltenen Schutzkasten untergebracht, was die optische Wirkung wesentlich verbesserte. Beim durchgehenden Mittelstrang blieb es – vorerst jedenfalls – beim Alten.
Alle diese schönen neuen Artikel wurden in einem ersten Neuheiten-Prospekt vom Herbst 1947 zusammengefasst, den der Handel nur zur Information erhielt, denn liefern konnte Märklin für den Inlandsmarkt vorerst noch nichts. Im Dezember 1947 wurde dann der erste Nachkriegskatalog (D 47) gedruckt, der für den Inlands-Fachhandel wiederum nur als Information diente und natürlich in erster Linie für den Export gedacht war.

Weitere Neuheiten ab 1948

Nächste Neuheiten-Ankündigung war ein Doppelseitenprospekt vom Juli 1948 als Ergänzung zum Hauptkatalog, also einen Monat nach der Währungsreform. Dieser beinhaltete erneut interessante Neuentwicklungen, wie einen dreiteiligen Schnelltriebwagenzug nach US-amerikanischem Vorbild und erstmals eine mehrachsige Tenderlokomotive nach dem Reichsbahn-Vorbild der Baureihe 64 und der Achsfolge 1'C1'.
Die zweiachsigen Gussgüterwagen bekamen Zuwachs in Form von Drehgestell-Güterwagen amerikanischer Bauart, deren Vorbilder nach dem Ersten Weltkrieg bei europäischen Bahnverwaltungen verblieben waren und im Verlauf des Zweiten Weltkrieges auch zur Deutschen Reichsbahn kamen. Das Gleissortiment wurde durch eine Doppelkreuzungsweiche ergänzt, für damalige Begriffe eine mechanische und elektrotechnische Meisterleistung, die außerdem den Aufbau platzsparender Weichenstraßen ermöglichte.
Das bisherige Signal-Sortiment wurde durch ein vollkommen neues ersetzt. Die Antriebskästen passte man optisch den neuen Weichen-Antriebskästen an. Ein vollautomatisch vom Zug gesteuerter Bahnübergang mit beweglichen Gitterschranken ermöglichte, zusammen mit einem Brückensortiment – durch welches mittels unterschiedlicher Pfeilerhöhen interessante Kombinationen gestaltet werden konnten, einen recht abwechslungsreichen Anlagenaufbau. Ergänzt wurde dies alles durch kombinierbare Bahnhofsgebäude nebst Bahnsteigen, beides aus lackiertem Feinblech gefertigt. Unter dem Motto „Die Bahn für den Jüngsten“ wollte man auch die Kleinen mit einer zweiachsigen Lokomotive – ausgestattet mit einem Handschalthebel für den Fahrtrichtungswechsel – an ein zukünftiges Modellbahnhobby heranführen.
Inzwischen gab es in Westdeutschland im Juni des gleichen Jahres eine Währungsreform mit der Einführung der neuen Deutschen Mark (DM). Nun machten sich viele Märklin-Freunde, die sehnsüchtig auf die begehrten

Oben: *Dieses Zugset mit der SK 800 konnten nur Angehörige der US-Armee in den „PX-Läden" kaufen. Mangels schwarzer Lackfarbe waren Lok- und Tendergehäuse nur brüniert. Für die US-Kundschaft gab es natürlich eine englisch-sprachige Gebrauchsanleitung.*

Unten: *Zwei „Geschwister": links die MS 800, rechts die vereinfachte Ausführung als ES 800 aus dem Jahr 1947.*

Oben: *Die erste Tenderlok mit drei Achsen (TM 800) war zwischen 1949 und 1958 ein beliebtes Modell.*
Unten: *Das formschöne Modell der 2'C1'-Schnellzuglok 01 097 der DB von 1952.*
Rechte Seite oben: *Die Krokodil-Lokomotive CCS 800 im ersten Lieferzustand von 1948/49.*
Rechte Seite unten: *Die 1'E-Güterzuglok der Baureihe 44 (G 800) von 1950.*

neuen Modelle warteten, Hoffnung auf einen baldigen Verkauf beim Fachhandel. Märklin dämpfte die Erwartungen von Händlern und Kunden jedoch mit einem ersten Rundschreiben mit berechtigten Argumentationen.
Der Inhalt des Schreibens sei hier auszugsweise wiedergegeben: *„Wir freuen uns Ihnen mitfolgend unseren ersten Nachkriegskatalog D 47 mit Neuheitenliste überreichen zu können. Die Währungsreform hat zwar wesentliche Erleichterungen für unseren Fabrikationsbetrieb gebracht, trotzdem sind aber die Vorbedingungen einer dem Bedarf genügenden Lieferfähigkeit leider nicht gegeben. Deshalb können wir unseren geschätzten Kunden vorerst nur unter gewissen Vorbehalten ein Warenangebot unterbreiten und diese für Ihre werte Firma auf DM ...,- netto als erste Quote 1948 festlegen.“* Weiter heißt es : *„ ... Die Katalogausgabe musste infolge Papiermangels und ungenügender Produktion derart eingeschränkt werden, dass eine Verteilung an das Publikum leider nicht vorgesehen werden konnte. Deshalb steht jedem Geschäftsfreund nur ein Exemplar zur Verfügung, das für den internen Gebrauch gedacht ist.“*

Auch im darauf folgenden Jahr hatte man in Göppingen wieder einige hochinteressante Neuentwicklungen parat, die auf einem weiteren Ergänzungsblatt vom März 1949 zum 47er Katalog vorgestellt wurden. Eine dreiachsige Tenderlok (TM 800), die es in den kommenden Jahren zu großer Beliebtheit bringen sollte, war alsbald der Wunschtraum vieler Märklinisten. Aus zwei Triebköpfen des im Vorjahr vorgestellten US-Triebwagenzuges ST 800 schuf man eine entsprechende Diesellokomotive. Der ST 800 wiederum konnte nun um ein bis zwei Mittelwagen verlängert werden, was übrigens durch Knopfdruck kinderleicht zu bewältigen war. Der zweiteilige Schnelltriebwagen TW 800 von 1939, nun zusätzlich bestückt mit einem zweiten Motor, erfuhr in jenem Jahr eine einmalige Neuauflage in drei Farbvarianten.
Von einer völligen Neukonstruktion abgelöst wurde auch der bisherige Fahrtrafo 270 A mit einer Leistung von 25 VA. Das Nachfolgegerät, nicht mehr in Schwarz, sondern in Blau mit aufgesetzter, silberfarbener Abdeckplatte in Schräglage (280 A), brachte es nun auf eine Leistung von

30 VA. Akustische Signaltöne in Form von Lokpfeifen gab es bereits in der Nenngröße 0 in den 30er Jahren, installiert in diversen Gepäckwagen und ausgelöst mittels Kontakten am Gleis. Auch im 00-Format war im Neuheitenprospekt 1937 solches unter dem Motto „Die pfeifende Eisenbahn Spur 00“ angekündigt, wurde damals aber nicht realisiert. Jetzt griff man die Idee wieder auf und installierte die Pfeifeinrichtung in ein modernes Stellwerksgebäude (456), wobei die Tonauslösung über ein Stellpult erfolgen musste.
Eine herausragende Neuheit war zudem ein ferngesteuerter Turmdrehkran (451 G). Im Inneren des Turmgerüstes befanden sich zwei Elektromotoren, mit denen man das Kranhaus nach links und rechts drehen konnte und über eine Seilrolle im Kranausleger Lasten heben und senken konnte. Metallteile konnten zusätzlich mit einem separat eingehängten Elektromagneten umgeladen werden. Dazu gab es noch eine Innenbeleuchtung des Kranhauses hinter den Fenstern des Kranführers und eine Tiefstrahlerbeleuchtung. Gesteuert und geschaltet wurde dies alles mit je einem Stell- und Schaltpult. Ein bis dahin einmaliges Zubehör mit hohem Spielwert. Der Kran wurde Mitte der 50er Jahre leicht modifiziert und mit neuen kleineren Motoren bestückt. Produziert wurde er, mit zeitlich unterschiedlichen Farbgebungen des Kranhauses, bis 2004 und danach durch eine Neukonstruktion ersetzt. Dieser Märklin-Kran dürfte in seiner Metallausführung das wohl weltweit am längsten produzierte Zubehörteil auf dem Modellbahnmarkt gewesen sein.
Im Herbst 1949 stand nun auch wieder für jedermann ein Kundenkatalog zur Verfügung, in dem kleine und große Märklin-Freunde beim Blättern ihren Wunschträumen freien Lauf lassen konnten.

Neuheiten zur Nürnberger Spielwarenmesse

Im März des Jahres 1950 fand in Nürnberg erstmals eine spezielle Messe für Spielwaren, zu denen auch Modelleisenbahnen zählten, statt. Märklin war natürlich von Anfang an dabei und hatte gleich sechs verschiedene Trieb-

fahrzeug-Neuentwicklungen parat. Ein Glanzstück darunter war die fünffach gekuppelte, schwere Güterzug-Schlepptender-Lokomotive der Baureihe 44 der DB (Achsfolge 1'E). Eine Lok mit solch einer Achsanordnung hatte es bis dahin als serienmäßige Modellnachbildung noch nie gegeben. Dank eines zweiteiligen Knickrahmens konnte sie auch den normalen 360er Gleisradius anstandslos durchfahren, dabei waren alle fünf Treibachsen der Lok mit Spurkränzen versehen, man konnte also auf das Abdrehen derselben verzichten (G 800). Zweite große Lokneuheit war eine vierachsige, allradgetriebene elektrische Lokomotive der Schweizerischen Bundesbahnen (SBB) mit der Bauart-Bezeichnung Re 4/4 I, eine damals moderne Konstruktion für Leichtschnellzüge (RE 800). Das Fahrgestell der Tenderlokomotive TM 800 vom Vorjahr wurde gleich für zwei weitere Lokvarianten verwendet: eine dreiachsige Schlepptender-Lok mit dreiachsigem Tender, die trotz fehlender Laufachse an eine DB-Personenzuglokomotive der Baureihe 24 erinnerte, für deren Zugdienst-Aufgaben sie im Modell auch gedacht war, und für eine dreiachsige E-Lok nach Schweizer Bauart in Kastenform. Hierzu hatte man Gestänge des Fahrwerkes zusätzlich mit einer Blindwellensteuerung ergänzt.

Ein weiteres neues Lokmodell war die Nachbildung einer elektrischen Personenzuglok der DB-Baureihe E 44, beim Vorbild mit einer Achsanordnung Bo+Bo. Aus Preisgründen hatte man damals auf einen Drehgestell-Antrieb verzichtet und stattdessen eine Achsfolge 1'B1' gewählt, also eine Lok mit zwei innenliegenden Antriebsachsen und je einer Laufachse vorn und hinten. Dies fiel aber optisch kaum auf, weil die Räder bei dieser Drehgestell-Lokomotive weitgehend durch die Drehgestellblenden verdeckt wa-

> Messe Nürnberg 1950

Erstmals fand 1950 eine Messe für Spielwaren in Nürnberg statt. Märklin war mit seinem Sortiment dort vertreten und präsentierte auch die Neuheiten. Am eindrucksvollsten zeigte sich dabei die Baureihe 44, welche auch die Einladungskarten zieren durfte.

Linke Seite oben: *Die G 800, hier im Einsatz auf einer Anlage im Stil der 1950er Jahre.*

Oben: *Erste Personenzug-Schlepptenderlok, ähnlich der Baureihe 24, mit der Katalog-Nummer RM 800 (1950 - 1953).*

Mitte: *Der US-Triebwagenzug ST 800 in einer der drei angebotenen Farbkombinationen.*

ren (SE 800). Für eine weitere Neuheit nutzte man das Endteil des Schnelltriebwagens ST 800. Zwei Stück wurden zu einer Einheit zusammengefügt und mit einem Antriebsmotor bestückt. Das Ergebnis war ein optisch recht gut wirkender Triebwagen, der auch im Oberleitungsbetrieb einsetzbar war, jedoch kein direktes Vorbild hatte.

1951 hatten neue Wagenmodelle Vorrang. Die Märklin-Schnellzugwagen-Serien der Entwicklungsjahre 1935/36 und 1938 sollten durch eine Serie neuer Wagen nach der strömungsgünstigen Bauart der Reichsbahn von 1938/39 ersetzt werden. Da die Vorbilder am Längsträger zwischen den Drehgestellen eine schürzenartige Verkleidung aufwiesen, wurden sie auch Schürzenwagen genannt. Neben einem Durchgangswagen der 2. Klasse (ab 1957 auch 1. Klasse) hatte man außer einem Gepäckwagen auch je einen Speise- und Schlafwagen der DSG für die Fertigung ausgewählt. Weil blaue Speise- und Schlafwagen der DSG immer schon eine besondere Anziehungskraft auf die Käufer ausübten, nahm man auch solche in der entsprechenden Farbgebung ins Programm. Doch auch die Schweizer Freunde wurden bedacht. Die Schweizer Leichtschnellzuglok vom Vorjahr bekam ihre passenden Leichtschnellzugwagen in Form eines Mitteleinstieg- und eines Packwagens. Einen besonderen „Gag" hatten sich die Entwickler für die Schiebetüren des Personenwagens ausgedacht. Zwei Drehknöpfe auf dem Dach, als Lüfter getarnt, erwirkten nach dem Drehen derselben das Öffnen und Schließen der Doppelschiebetüren. Einer generellen Erneuerungskur wurden auch der zweiachsige Einheitspersonenwagen mit Plattform und der passende Gepäckwagen unterzogen. Die neuen Wagen waren nun um 2 cm länger, was einer maßstabsgetreuen Länge schon näher kam. Erstmals gab es nun in einem H0-Sortiment – so die neue Bezeichnung ab 1950 – auch dreiachsige Abteilwagen mit Oberlichtdach preußischer Bauart, mit und ohne Bremserhaus, beim Vorbild damals noch tausendfach auf den Gleisen der deutschen Bahn in West und Ost im Einsatz. Bei der Herstellung der Modelle kam neben Blech und Zinkdruckguss für das Dach erstmals auch Kunststoff zum Einsatz. Später änderte man auch das Zinkdruckgussteil in der Plastikspritzguss-Technik ab.

Neue Güterwagen aus Kunststoff

Auch der Güterwagenpark wurde im gleichen Jahr mit neuartigen Modellen bedacht. Die Anfang der 1950er Jahre relativ schnell aufkommenden, thermoplastischen Kunststoffe nützte man bei Märklin für eine neue Serie preiswerter Güterwagenmodelle, die in den beiden kommenden Jahren die bisherigen Modelle und Wagen in Blechausführung, welche noch aus den 30er Jahren stammten, ablösten bzw. ersetzten.

Drei Wagenmodelle machten den Anfang. Während die Aufbauten aus Kunststoff gespritzt wurden, was in Mehrfachformen geschah, wobei aus einem Anguss bis zu vier Aufbauten gleichzeitig aus der Form kamen, fertigte man die Wagenböden mit den Achslagern aus Stahlblech. Doch auch der Lokomotiv-Sektor wurde nicht vernachlässigt. Die Tenderlok TP 800 bekam ein neues Fahrgestell mit einer zusätzlichen Treibachse und so wurde aus der 1'C1', der Baureihe 64, eine 1'D1' Maschine der Baureihe 86, für welche die Proportionen des bisherigen Gehäuses besser passten (TT 800). Das Fahrgestell der E 44 (SE 800) fand zusammen mit einem neuen Gehäuse sowie entsprechenden Achslagerblenden Verwendung für eine E-Lok nach westeuropäischen Vorbildern, so die Beschreibung im Neuheiten-Prospekt von 1951 (SEW 800). Speziell für den Vertrieb in Holland schuf man auch eine Farbvariante in türkisfarbener Lackierung (SEWH 800), während die eigentliche französische Ausführung SEW 800 hellgrün lackiert wurde.

Auch auf dem Zubehör-Sektor war man wieder aktiv. Das Flügelsignal-Sortiment wurde durch ein Haupt-Blocksignal ergänzt. Dabei konnte ein Zug in einen Streckenblock erst einfahren, wenn der vorausfahrende Zug den Block bereits verlassen hatte. So vermied man – wie beim großen Vorbild – Auffahrunfälle. Angekündigt wurde auch eine neue Drehscheibe mit nun insgesamt zehn Gleisanschlüssen. Der Antrieb befand sich wie beim Vorbild im Wärterhaus direkt am Rande der Drehbühne und nicht mehr wie bisher am Grubenrand der Scheibe. Auch zwei dreiständige Lokschuppen (411 B) aus dem Gebäude-Sortiment in Blech konnten nun angeschlossen werden. Ausgeliefert wurde die neue Drehscheibe (410 NG) allerdings erst ein Jahr später.

Im Modelljahr 1952 wurde das bisherige Märklin-Modell einer klassischen Schnellzuglok der Baureihe 01 (HR 800 N) durch eine völlige Neukonstruktion ersetzt (F 800). Durch die von der DB damals neu montierten Windleitbleche der Bauart Witte, welche die bisherigen der Bauart Wagner ersetzten, wirkte das neue Modell nicht nur schlanker, das war es auch tatsächlich, beispielsweise was den Kesseldurchmesser anbetraf. Dazu trugen auch der in Schräglage im Bereich von Stehkessel/Führerhaus installierte Motor und die optisch verbesserte Radsatzgruppe bei. Nebenbei war es die erste Lok von Märklin mit Haftreifen auf dem hinteren Treibradsatz, welche eine echte Zugkrafterhöhung bewirkten. Mit einem Schnellzug am Haken, bestehend aus den neuen Schnellzugwagen vom Vorjahr, hatte sie selbst auf Steigungsstrecken keinerlei Probleme, auch wenn jeder Wagen mit Beleuchtung nebst separatem Schleifer bestückt war. Sie sollte für viele Jahre das Sinnbild einer klassischen Schnellzuglok im Märklin-H0-Sortiment bleiben.

Ähnlich wie bei den beiden elektrischen Lokomotiven vom Vorjahr (SEW und SEWH 800) spendeten die Entwickler nun auch der Schweizer Leichtschnellzuglok (RE 800) ein preiswertes Fahrgestell mit verdecktem 1'B1'-

Mitte: *D-Zugwagen-Grundausstattung von 1951 (Serie 346 usw.), bestehend aus einem Personenwagen sowie einem Gepäck- und Speisewagen.*

Unten: *Drei verschiedene Güterwaggons der Gusswagen-Serie (1947 - 1955) mit obligatorischem Schlusslichtwagen.*

Oben: *Drei vierachsige Güterwagen nach US-amerikanischen Vorbildern (331/332).*

Links: *Offene Güterwagen (311) mit und ohne Beladung.*

Mitte: *Immer beliebt: die „bunten" Mineralöl-Kesselwagen „Gasolin" (314 G) und zweimal „BP" (314 B).*

Unten: *Plattform-Personenwagen (329/1) nebst Packwagen (329/4) und Abteil-Personenwagen (330/2) aus dem Jahr 1951.*

Antrieb. Sie hieß nun RES 800, während die RE 800 in kommendem Jahr letztmals im Katalog auftauchte. Die Schürzenwagen-Serie wurde durch einen entsprechenden Postwagen mit Oberlichtfenster im Dach ergänzt und zur Komplettierung der Schweizer Leichtschnellzugwagen wurde ein passender Speisewagen neu ins Programm genommen. Vorbildgerecht war das Dach mit einem Scherenstromabnehmer bestückt, der im Großbetrieb während der Fahrt abgesenkt war. Bei Stillstand des Zuges, also bei Aufenthalten, diente er zur Versorgung der elektrischen Geräte des Speisewagens. Beim Modell war an der Unterseite des Daches in Verbindung mit der Befestigungsschraube des Stromabnehmers eine Buchse für den eventuellen Anschluss einer Innenbeleuchtung installiert, für welche die Stromzuführung über die Modelloberleitung erfolgte.

Auch bei den Weichen und Signalen tat sich im gleichen Jahr etwas Wesentliches. Anstelle des bisherigen Einspulenantriebs wurden sie nun alle mit einem neuen Doppelspulenantrieb ausgerüstet, durch welchen man eine eindeutige Stellung der Weichen und Signale am Tastenstellpult erkennen konnte, ohne vorher einen prüfenden Blick auf die Bahnanlage werfen zu müssen. Dies war jedoch noch nicht alles. Bei der bisherigen Oberleitung bestanden die Masten aus Zinkdruckguss, der so genannte Fahrdraht aus vernickeltem Flachbandmaterial. Nun gestaltete man die Masten aus flexiblem Kunststoff und beim Fahrdraht, der mittlerweile aus gestanztem Feinblech bestand, hatte man nun auch noch das Tragseil und die Abstandshalter zwischen Fahrdraht und Tragseil nachgebildet. Dieses gesamte Fahrleitungsgebilde wurde ebenfalls mit einer Nickelschicht versehen.

Weil auch E-Loks auf einer Modellbahnanlage hin und wieder eine Unterkunft brauchen, hatte man das Gebäude-Sortiment aus lackiertem Feinblech durch einen zweiständigen Lokschuppen ergänzt.

Das „PuKo"-Gleis kommt

Geradezu revolutionäre Neuheiten gab es bei Märklin im Jahre 1953. Die Besucher der Spielwarenmesse in Nürnberg staunten nicht schlecht, als sie beim Betrachten eines neuen Gleissystems mit großen Radien und schlanken Weichen auf dem Messestand keine durchgehende Mittelschiene mehr entdecken konnten. Für die Stromzuführung dienten nun in der Schwellenmitte der Böschungsgleise eingelassene Punkt-Kontakte, die an der Unterseite, also im Hohlraum der Böschung, elektrisch miteinander verbunden waren, während die beiden Fahrschienen nach wie vor für die Rückleitung des Stroms sorgten.

Das neue PuKo-Gleis war natürlich nicht alles, was man den Kunden auf dieser Messe offerieren konnte. So kam

Oben: *Schweizer Leichtschnellzuglok Re 4/4 I mit Leichtschnellzugwagen (RET 800 mit 348/1, 348/2, 348/4 aus den 1950er Jahren).*

Mitte: *H0-Spielzeuglok S 870 mit Federwerkantrieb (1953 - 1956).*

Linke Seite oben: *Die 23 014 (Katalog-Nummer DA 800) mit einem Güterzug am Haken auf einer M-Gleis-Anlage.*

ein neues Flügelsignal-Sortiment hinzu, was alles Bisherige in den Schatten stellte. Mit den neuen Vor- und Hauptsignalen konnte man alle vorkommenden Signalzeichen des Großbetriebs im Modellbetrieb wiedergeben und natürlich gehörte auch ein erforderliches Gleissperrsignal dazu. Die neuen Signale waren auch nicht mehr starr mit einem Gleis verbunden und konnten jetzt nach Belieben platziert werden. Auch das vor Jahresfrist eingeführte neue Oberleitungssystem bekam Zuwachs in Form von Turmmasten und entsprechenden Querverspannungen. Sie sorgten dafür, dass nun auch größere Bahnhofsfelder entsprechend dem Vorbild der DB, was die Oberleitung betraf, richtig gestaltet werden konnten.

Letzter Versuch mit Federwerkantrieb

Bahnen mit Lokomotiven in der Nenngröße 0 und I, deren Antrieb ein Federwerk beinhaltete, hatten, speziell für die spielenden Kleinen, bis in die erste Hälfte des vergangenen Jahrhunderts einen hohen Stellenwert mit entsprechend großem Marktanteil. Deshalb wagte man den Versuch, eine so genannte „Miniatur-Uhrwerkbahn" im H0-Maßstab neu ins Sortiment aufzunehmen. Eine zweiachsige Dampflok mit gleichachsigem Schlepptender in Stromlinienform nach einem natürlich mächtigeren US-Vorbild hatte man dafür erwählt. Das Ganze lief auf geraden und gebogenen Gleisen ohne Mittelleiter, der jedoch bei Bedarf durch Umstellung auf elektrischen Betrieb nachgerüstet werden konnte. Auf passende zweiachsige Personenwagen, die eigentlich dazu geplant worden waren, verzichtete man gleich im Voraus, was dann letztlich zur Folge hatte, dass die Uhrwerkbahn nur bis 1956 angeboten wurde. Federwerkantriebe waren im Zeitalter der Elektrotechnik selbst für Kinder nicht mehr zeitgemäß.

Die D-Zugwagen der strömungsgünstigen Bauart bekamen jetzt Zuwachs in Form eines damals hochaktuellen blauen F-Zugwagens der Deutschen Bundesbahn und die Güterwagen der einfacheren Bauart wurden durch entsprechende vierachsige Modelle ergänzt.

Geradezu aufsehenerregend waren auch die beiden Lokomotiv-Neukonstruktionen des Jahres 1953, zwei kleine Rangierlokomotiven, die es im wahrsten Sinne des Wortes „in sich hatten": das Modell einer dreiachsigen Tenderlok nach dem Vorbild der Baureihe 89.0 der ehemaligen Reichsbahn und eine ebenfalls dreiachsige elektrische Rangierlokomotive der Baureihe E 63 mit Blindwellenantrieb. Für beide Modelle wurde ein neuer kleiner Motor und ein entsprechend verkleinerter Fahrtrichtungs-Umschalter geschaffen. Auch die Antriebsräder passte man dem verhältnismäßig kleinen Original an. Das Ganze wurde dann geschickt auf einem jeweiligen Zinkdruckguss-Fahrgestell platziert und ebenfalls erstmals von einem

Gehäuse aus zähelastischem Kunststoff umschlossen. Besonders die Preiswürdigkeit beider Modelle war damals für viele Kunden kaufentscheidend. Die kleine Tenderlok mit Frontbeleuchtung und vereinfacht dargestellter Steuerung der Bauart Heusinger erwies sich als absoluter Renner. Die E-Lok mit beidseitigem Wechsellicht, Pantograph mit Doppelschleifstück und aufwändig montierten Griffstangen, Handläufen und Trittbrettern war zwar preislich etwas höher angesiedelt, aber immer noch lobenswert günstig.

Die kleine Tenderlok CM 800: Liebling der H0-Bahner

Die Vorbilder der Tenderlok, von denen es zehn Exemplare gab, waren ab den 30er Jahren alle als Verschublokomotiven auf den Berliner Fernbahnhöfen im Rangierdienst tätig. Nach dem Zweiten Weltkrieg gelangte leider kein Exemplar in den Bestand der DB. Die E 63 fungierte bis in die 50er Jahre mit gleichen Aufgaben in elektrifizierten Kopfbahnhöfen in Stuttgart und München und war eine Zeitlang auch im damals neu errichteten Durchgangsbahnhof von Heidelberg im Einsatz. Besonders die kleine Tenderlok, wohl besser bekannt unter ihrer Katalog-Nummer CM 800 (ab 1957: 3000), wurde der erklärte Liebling wohl aller Märklin-H0-Bahn-Besitzer. Sie wurde im Laufe der vergangenen Jahrzehnte den technischen Gegebenheiten angepasst. Die Guss- und Spritzformen sind natürlich nicht mehr die alten von damals. Doch die Lok befindet sich immer noch im Sortiment und trägt nach der letzten Überarbeitung nun die Artikel-Nummer 30000. Mittlerweile hat sie es auf fast 6 Millionen Stückzahlen gebracht! Keine vergleichbare H0-Lok dürfte es weltweit wohl auf eine annähernd große Anzahl an Exemplaren gebracht haben, zumal es auch keinerlei Farbvarianten gab und sie daher immer nur schwarz aussah!

Baureihe 23: die neue Starlokomotive

Nach den vielen Highlights des Vorjahres ließ man es im Jahr 1954 etwas ruhiger angehen, was nicht bedeuten soll, dass keine beachtenswerte Lokneukonstruktion zu erwarten war. In der Tat, es gab sie und zwar in Form einer Nachbildung der 1'C1'-Personenzug-Schlepptenderlok der Baureihe 23 der Deutschen Bundesbahn von 1950. Ein Modell, welches durch seine formschöne Modernität in kürzester Zeit sogar Kultstatus erreichen sollte (DA 800). Schon die ersten Abbildungen in den Prospekten, Katalogen und den Annoncen der Fachpresse ließen erahnen, dass hier etwas Besonderes entstanden war. Kein Wunder, dass auch sie sofort zu einem weiteren Liebling der Märklin-H0-Bahner werden sollte. Das ursprüngliche Kunststoff-Gehäuse der Lok konnte auf Wunsch des Kunden zwei Jahre später kostenlos gegen eines aus Zinkdruckguss getauscht werden. Die Servicebetriebe und der Fachhandel hatten von Märklin entsprechende Anweisungen bekommen. Durch den Tausch bekam die Lok ein höheres Eigengewicht und eine damit verbundene Zugkraft-Erhöhung. Schließlich kam es nicht selten vor, dass sie auch lange D-Züge mit beleuchteten Wagen über steile Strecken ziehen musste, für die sie vom Vorbild eigentlich gar nicht vorgesehen war. Es soll an dieser Stelle nicht verschwiegen werden, dass mancher das schöne mattschwarze Kunststoff-Gehäuse lieber behielt.
Zwei E-Loks aus dem bisherigen Sortiment wurden technisch und optisch aufgewertet und erhielten ein beidseitiges Wechsellicht. So wurde aus der SE 800 (E 44) eine

> Retter der Nebenbahn

Das war die Hauptneuheit des Jahres 1955: Ein Schienenbus mit Beiwagen nach dem Vorbild eines VT 95 mit VB 142 der Deutschen Bundesbahn. Das Vorbild galt als „Retter der Nebenbahnen", wo Dampfloks nicht mehr als wirtschaftlich galten. Mittlerweile sind die Original-Schienenbusse längst ausgemustert. Der Märklin-Schienenbus (DB 800 K) hielt schnell Einzug auf unzähligen Modellbahnanlagen. Das Märklin-Modell hielt sich bis 1992 im Programm und wurde erst 2006 durch das exzellente Modell des 798/998 (ex VT 98) abgelöst.

Mitte: *Elektrische Personenzuglok E 44 der DB (3011/Lieferzustand aus der zweiten Hälfte der 1950er Jahre).*

Linke Seite: *Das Modell der legendären Personenzug-Schlepptenderlok der Baureihe 23 der DB (23 014) von 1954 mit der Katalog-Nummer DA 800.*

SET 800 und aus der RES 800 (Re 4/4 I) eine RET 800. Begehrenswert für viele war auch die Hauptneuheit des Jahres 1955: Ein Schienenbus mit Beiwagen nach dem Vorbild einer VT 95 mit VB 142 der DB. Das Vorbild galt bei der DB jahrelang als „Retter der Nebenbahnen", wo einst dampfgezogene Personenzüge als nicht wirtschaftlich galten. Mittlerweile sind die Original-Schienenbusse ausgemustert und auch die meisten Nebenbahnstrecken gibt es längst nicht mehr. Der Märklin-Schienenbus (DB 800 K) jedenfalls fand schnell Einzug auf den meisten Modellbahnanlagen. Das Märklin-Modell hielt sich immerhin bis 1992 im Programm und wurde erst 2006 durch eine Nachfolgebauart der DB im Modell ersetzt. Eine optische und technische Abwandlung erfuhr nun auch die gelenkige Güterzug-Schlepptenderlok der Baureihe 44 (G 800). Ihren Tender in genieteter Ausführung tauschte sie gegen einen geschweißten, wobei der bisher im Tenderboden gelagerte Fahrtrichtungsschalter ins Innere des Lokgehäuses umzog (GN 800).

Beidseitiges Wechsellicht bekamen auch die technisch gleichartigen Loks SEW und SEWH 800. Man unterschied eine französische Version in grüner Farbgebung (SEF 800) und eine holländische in Blau (SEH 800). Eine weitere Farbvariante gab es auch bei der elektrischen Rangierlok (CE 800). Aus Exportgründen bekam sie außerdem eine braun lackierte Schwesterlok, und die US-Großdiesellok DL 800 wechselte ihre grüne Außenlackierung gegen eine braune aus. Vier Güterwagen der „Einfach-Serie"

ergänzten das Programm, wobei besonders der gedeckte Güterwagen mit maßstäblich nachgebildeten Schlusslampen nicht nur bei Nachtbetrieb angenehm auffiel.
Ein Abdrücksignal für den Betrieb auf dem Ablaufberg des Rangierbahnhofs vervollständigte jetzt das Flügelsignal-Sortiment von Märklin und bei den aus Feinblech gefertigten Bahnhofsgebäuden erschien letztmalig eine nicht nur farblich geänderte Variante des stets beliebten Empfangsgebäudes nach dem Vorbild des Bodenseebahnhofs Friedrichshafen. Auch der ferngesteuerte Drehkran wurde etwas überarbeitet. Er bekam kleine Motoren und kam nun auch mit nur einem Stellpult aus. Auf den Tiefstrahler am Ausleger und die Innenbeleuchtung im Kranhaus wurde verzichtet, was sich natürlich insgesamt positiv auf den Verkaufspreis auswirkte.
Auch das Modelljahr 1956 bot wieder beachtliche Neuentwicklungen. So hatte man das bisherige Standardgleis mit Mittelschiene, was nach wie vor aus preislichen Gründen neben dem 1953 eingeführten Modellgleis weiter produziert wurde, nach etlichen Versuchen nun auch mit Punktkontakten bestücken können. Auch hier war der Preisvorteil enorm, was man zum Anlass nahm, das zukunftweisende Modellgleis von 1953 ein Jahr später leider wieder vom Markt zu nehmen. Um auch künftig eine rationelle Gleisfertigung zu gewährleisten, wurde diese in einem 1958 errichteten Neubau angesiedelt.
Das Sortiment der Modellgüterwagen, das bekanntlich ab 1947 für beachtliches Aufsehen gesorgt hatte, verabschiedete sich im gleichen Jahr und wurde durch eine neue Kollektion von vorerst elf neu entwickelten Modellen mit einem Chassis aus Zinkdruckguss und in der Regel mit Aufbauten aus Kunststoff ersetzt. Dabei konnten erstmals auch die Anschriften an den Seitenwänden und Längsträgern des Rahmens vorbildgerecht wiedergegeben werden. Auch hier stand eine wirtschaftliche Fertigung im Vordergrund, was der Preisgestaltung zu Gute kam. Für Anlagenbesitzer, die Platz sparen mussten, wurde zusätzlich eine Drehscheibe mit nur vier Gleisabgängen und einfacherer Ausgestaltung angeboten.

Fein detaillierte 24 und kultige V 200

Natürlich gab es auch auf dem Lokomotivsektor eine erwartete Neukonstruktion in Form einer 1'C-Schlepptenderlokomotive für Personenzüge nach dem Vorbild der Baureihe 24 der DB zu bewundern (FM 800). Sie ersetzte nun voll die ehemalige, nur dreiachsige RM 800, die bereits zwei Jahre zuvor aus dem Programm genommen worden war. Auch sie hatte nun ein fein detailliertes Gehäuse aus Plastikspritzguss auf einem Fahrwerk aus Zinkdruckguss und dreiachsigem Tender aus Kunststoff. Ausgestattet wurde die wie beim Vorbild zierliche Maschine mit einer Komplett-Steuerung nach Bauart Heusinger. Ihr Beliebtheitsgrad lässt sich u. a. daran erkennen, dass sie bis 2003 produziert wurde und erst in 2008 durch eine komplette Neukonstruktion nach gleichartigen Kriterien sowie mit allen technischen und optischen Verbesserungen der Gegenwart ersetzt wurde.
Auch für 1957 hatten die Märklin-Schöpfer wieder einiges Beachtliches zu bieten. Da war beispielsweise die erste

> Der legendäre Drehkran

In den 1950er Jahren war der Drehkran 451 G das absolute Highlight auf dem Gabentisch zu Weihnachten. Er ruhte auf einer schweren Metallgrundplatte. Die Stahlkonstruktionen des Turmes und des Auslegers hatte man aus gestanztem Blech gefertigt, das Kranhaus bestand ebenfalls aus Metall. Dasselbe galt für die Motoren und das Getriebe. Jahrelang hatte dieser Kran ganz oben auf der Wunschliste gestanden, noch vor dem Krokodil CCS 800/3015. Nun wurde er zum Mittelpunkt des Güterbahnhofs ganz vorn am Rand der Platte. Dieser Güterbahnhof war quasi das Spielzentrum der Modellbahnanlage. Dort standen Schuppen und Hallen. Dort kamen die Wiking-Laster mit ihren Anhängern an und dort röhrte nun der Drehkran mit seinen beiden Motoren. – Stand er wirklich ganz vorn am Rand der Platte? Obwohl er eine Fernsteuerung hatte und in vielen offiziellen Gleisplänen meist in der Mitte der Anlage platziert wurde? Ja. Denn die eigenen Finger waren nicht unerlässlich für die vielen Be- und Entladevorgänge. Aber auch das machte ja noch richtig Spaß.

Oben: *„Wirtschaftswunderlok" der DB: die erste V 200 als Modell (3021) von 1957.*

Mitte: *Nachfolgerin der MS 800 mit neuem Fahrwerk als E 18 35 im blauen Farbkleid von 1959.*

Als Nachfolgerin der RM 800 erschien ab 1956 die zierlichere FM 800 (Modell der 24 058), die sich ebenfalls zum Liebling der Märklin-H0-Bahner entwickelte.

Modellkonstruktion einer Großdiesellok nach dem Vorbild der V 200 der Deutschen Bundesbahn. Beim Vorbild war sie mittlerweile zu einer Art Kultlok des Wirtschaftswunders der Bundesrepublik Deutschland avanciert und auch das neue Märklin-Modell stand ihr in puncto Beliebtheit in nichts nach. Nach einer computergerechten Änderung aller Katalog-Nummern des Märklin-Sortiments hieß sie nun nicht beispielsweise V 800 sondern 3021. Schade, mögen sich damals wohl viele gedacht haben, die auch in der Märklin-Nummerierung so eine Art Kult sahen. Aber der technische Fortschritt in der Datenverwaltung verlangte zumindest damals eine Trennung von Buchstaben und Ziffern. Dies hatte aber keinen negativen Einfluss auf die Beliebtheit dieser beachtlichen Neukonstruktion. Ein Gehäuse aus Zinkdruckguss und der Einsatz eines „großen" Motors, montiert in einem der beiden Drehgestelle mit tiefem Schwerpunkt, sorgten an sich schon für ausgezeichnete Fahreigenschaften und eine

äußerst sichere Schienenlage. Hinzu kam ein neuer Fahrtrichtungsschalter, der während des Umschaltvorgangs die Zufuhr der erhöhten Umschaltspannung zum Motor unterbrach, sodass der „Bocksprung“ gemildert werden konnte. Die Beliebtheit der V 200, beim Vorbild als auch beim Modell, sorgte dank einer moderaten Preisgestaltung für eine große Verbreitung der Kultlokomotive.
Die zweite Lokneuheit war eine stangengetriebene E-Lok der schwedischen Reihe Da nach einem Vorbild der Schwedischen Staatsbahn (SJ). Das Modell sollte ursprünglich, so war es noch erhaben am Gehäuse eingraviert, GS 800 heißen. Nach dem neuen Schema erhielt sie die Nummer 3018. Das Gehäuse war vorbildgerecht braun lackiert. Sie war vorwiegend für den Export nach Skandinavien gedacht und bekam zur Zugbildung vorerst noch zwei, ebenfalls braun lackierte, DB- Schürzenwagen zur Seite gestellt. Eine weitere Variante der Lok in grüner Lackierung, wohl eher für den heimischen Markt gedacht, trug die Artikel-Nummer 3019. Drei zusätzliche Modellgüterwagen ergänzten das neue Sortiment vom Vorjahr.
Das neue Punktgleis-Standardsortiment von 1956 basierte noch auf der 1935 eingeführten Gleisgeometrie. Das bedeutete einen Gleisradius von 360 mm und Abzweigwinkel von 30° bei Weichen und Kreuzungen. Diese zwar platzsparende, aber ziemlich starre Gleisgeometrie ergänzte man 1957 durch einen Parallelkreis mit größerem Radius und geringerem Gleisabstand. Zusätzlich schuf man ein darauf abgestimmtes Weichenpaar.
Etwas verhaltener fiel die Neuheiten-Auswahl des Jahres 1958 aus. An Neuentwicklungen gab es in erster Linie drei Schnellzugwagen mit einer neuen Gesamtlänge von 24 cm nach Vorbildern der so genannten Leichtschnellzugwagen der DB, die Anfang der 1950er Jahre entstanden waren. Ein 1.-Klasse-Personenwagen A4ymg und ein beim Vorbild nur als Unikat vorhandener Gepäckwagen Pw4ymg machten den Anfang. Ergänzt wurde das Duo durch einen passenden DSG-Speisewagen in roter Farbgebung, dessen Vorbild für die US-Truppen in Deutschland gebaut wurde. Die DB bzw. DSG hingegen verfügte noch über etliche Speisewagen älterer Bauarten oder hatte zwischenzeitlich ein ganze Reihe neuer Halbspeisewagen in Dienst gestellt. Weil bei Märklin eine passende neue Schnellzug-E-Lok bis dahin noch fehlte, hatte man die bisherige 1'D1'-E-Lok der Baureihe E 18 (ehemals MS 800) mit geändertem und überarbeitetem Fahrgestell wieder ins Sortiment aufgenommen. Sie war von 1954 an nicht mehr lieferbar gewesen. Nun erhielt sie ein geändertes Fahrwerk mit zwei angetriebenen Achsen, wobei zwei der Treibachsen pendelnd gelagert wurden, was der Laufeigenschaft zu Gute kam. Der Lokaufbau war wiederum grün lackiert (3024). Dank der Ganzmetall-Ausführung war die Zugkraft überdurchschnittlich. Die Modelle der großen Schlepptender-Dampfloks der Baureihe 01 (F 800 bzw. 3026) und Baureihe 44 (GN 800 bzw. 3027) erhielten eine zusätzlich im Tender installierte fernsteuerbare Entkupplung mit dem Namen Telex-Kupplung. Dafür war im Bereich der Tenderkupplung eine Magnetspule angeordnet, welche auf eine Schaltfolge des in der Lok untergebrachten Fahrtrichtungsschalters reagierte, der über den Regelknopf des Fahrtrafos gesteuert wurde. Im gleichen Jahr erschienen erstmalig vier Güterwagen der Einfachserie in Bausatzform. Die bereits farblich gestalteten Modelle waren leicht zu montieren und kamen einem damals beginnenden Trend nach.

Baureihe 81: Ein Klassiker wird neu konstruiert

1959 konnte die bisher recht beliebte und robuste dreiachsige Tenderlokomotive TM 800 (3004) durch eine vollkommene Neukonstruktion ersetzt werden. Die Nachfolgerin war eine Nachbildung der vierachsig gekuppelten Dampflok der Baureihe 81 der DB. Die in Ganzmetallausführung gehaltene Lok besaß vorbildgerecht kleine Treibräder, versehen mit einer kompletten Heusinger-Steuerung. Stirn- und Rückseite wurden durch je drei indirekt von innen beleuchtete Lampen bestückt (3032). Trotz einer zusätzlichen Treibachse, einer kompletten Steuerung und zusätzlicher Beleuchtung entsprach ihr Verkaufspreis dem des Vorgängermodells TM 800. Gegen einen verhältnismäßig geringen Mehrpreis konnte das gleiche Modell zusätzlich auch mit beidseitig ausgerüsteter Telex-Kupplung erworben werden (3031).
Die E-Lok E 18 gab es nun entsprechend den Vorbildern der DB auch mit blau lackiertem Lokgehäuse (3023). Auch die V 200 (3021) bot man nun in Bausatzform an. Lackier- und Lötarbeiten waren bereits werksseitig ausgeführt und Motordrehgestell sowie Fahrtrichtungsschalter bereits

> Nach westeuropäischem Vorbild

Eine „Elektrolokomotive nach westeuropäischem Vorbild“ präsentierte Märklin im Jahr 1951 unter der Katalog-Nummer SEW 800 mit einseitiger Frontbeleuchtung. Die Stirnlampen der Rückfront waren silberfarbig ausgelegt.

komplett montiert. Es fielen praktisch nur noch einfache Montagearbeiten wie z. B. das Schrauben an. Auch hier gab es gegenüber dem Fertigmodell einen entsprechenden Preisvorteil und die Genugtuung, selbst etwas „auf die Gleise gestellt zu haben". Da die Wagenbausätze vom Vorjahr gut angekommen sein müssen, folgten noch vier Varianten. Die 1958 begonnene neue Serie der DB-D-Zugwagen wurde nun durch die „Brot- und Butterwagen", einem grünen 2.-Klasse und einem blauen 1.-Klasse-F-Zugwagen, ergänzt, die zusammen mit den bereits vorhandenen Modellen vom Vorjahr mit einer Inneneinrichtung nebst Figuren in Bausatzform bestückt werden konnten.
Eine Doppelkreuzungsweiche für die in den Jahren 1956/57 eingeführten Punktkontakt-Gleise wurde von vielen Anlagenbauern mit Ungeduld erwartet. Von ihr gab es nun gleich zwei verschiedene Bauformen auf dem Markt: die eine praktisch als Ersatz für die einst farblich an das PuKo-Gleis angepasste Ursprungsausführung mit Mittelschiene, nun mit Punktkontakten und beleuchteter funktionsfähiger Weichenlaterne, und die andere für die schlankeren Weichen ohne Weichenlaterne. Für letztere Ausführung schuf man noch ein Kreuzung mit doppeltem Kreuzwinkel zur Verbindung von Weichen und Doppelkreuzungsweiche zu einem entsprechenden Weichenkreuz. Das Flügelsignal-Sortiment wurde durch ein Lichttages-Haupt- und -Vorsignal in neuester Bauform ergänzt. Mit dem Modelljahr 1959 ging bei Märklin schließlich eine äußerst erfolgreiche Nachkriegsepoche zu Ende.

Oben: *Tenderlok der DB-Baureihe 81 aus dem Jahr 1959 mit Telex-Kupplung (3031).*

Links: *Die „selteneren" Schürzenwagen: Schlafwagen der DSG, Postwagen der DBP und F-Zugwagen der Deutschen Bundesbahn (346/3, 346/5 und 346/6) aus den 1950er Jahren.*

Menschen bei Märklin

Tüchtige Konstrukteure und Leute mit geschickten Händen haben das Unternehmen geprägt. Von Hans Zschaler und Dietmar Kötzle

Unten: *Am 3. September 1950 unternahmen Märklin-Mitarbeiter einen Ausflug. In der Mitte: Otto Bang-Kaup, der damalige Leiter der Entwicklungsabteilung.*

Zunächst soll an diejenigen Männer im Hause Märklin erinnert werden, die seit Ende der 1920er Jahre die Produktentwicklung des Göppinger Unternehmens zielstrebig und erfolgreich beeinflusst haben.
Im Jahr 1929 wurde Diplom-Ingenieur Otto Bang-Kaup mit der Schaffung einer Abteilung für Entwicklung und Konstruktion beauftragt. Innerhalb eines Jahrzehnts gelang es ihm, die gesamte Produktpalette von Märklin vollkommen neu zu gestalten. Unterstützt wurde er dabei von den Konstrukteuren und vom Team des Mustermachers Friedrich Rieker. In diese erfolgreiche Zeit fällt auch die Entwicklung der Märklin-00/H0-Tischbahn, die bis heute erfolgreichste Modelleisenbahn-Marke.

Führende Köpfe der Entwicklungsabteilung – Wegbereiter des Erfolgs

Der Zweite Weltkrieg unterbrach zwangsläufig die weitere Entwicklung. Nach dessen Ende konnten viele Ideen in Verbindung mit neuen Werkstoffen wiederum erfolgreich in die Tat umgesetzt werden. Ein schwerer Verlust für das Unternehmen war 1951 der Unfalltod von Otto Bang-Kaup. An seine Stelle trat Diplom-Ingenieur Herbert Safft, geschäftsführender Gesellschafter und Geschäftsführer für den Bereich Technik. Ihm ist es zu verdanken, dass die 1949 aufkommende Idee des Punktkontaktes anstelle des durchgehenden Mittelleiters erfolgreich für die Marke Märklin zur Anwendung kommen konnte. Zur Seite standen Herbert Safft von 1951 bis 1956 der Leiter der Konstruktion Diplom-Ingenieur Max Thiem und danach bis 1963 der Ingenieur Willi Vester. Im Jahr 1963 wurde Diplom-Ingenieur Helmut Kilian Leiter der Entwicklungsabteilung. Kilians engster Mitarbeiter waren sein Stellvertreter Helmut Offermann und der Konstrukteur Hans Hermann. In Kilians Schaffenszeit fällt u. a. auch die Entwicklung der „mini-club", der kleinsten elektrischen Serieneisenbahn der Welt. 1988 wurde Helmut Kilian eine Zeit lang Kommissarischer Geschäftsführer für Technik, die Leitung der Entwicklungsabteilung übertrug er an Klaus Kern.

Erfolgreiche Produkte, in mittlerweile eineinhalb Jahrhunderten entwickelt und gefertigt, entstehen nicht von selbst, sondern werden von Menschen geschaffen. An all diese fleißigen Menschen, Männer wie Frauen, die nicht selten ihr gesamtes Berufsleben in den Dienst ihrer Firma gestellt haben, sei an dieser Stelle erinnert. Einige Personen, die heute nach wie vor im Unternehmen tätig sind, sollen hier – stellvertretend für die gesamte Firmenbelegschaft – in den Fokus gerückt werden.

Reparaturservice: stets ein offenes Ohr für Händler und Kunden

Roland Mayer ist „die Institution", wenn es bei Märklin um Reparaturen oder Wartung geht. Seit 33 Jahren ist der gelernte KFZ-Mechaniker schon bei Märklin. An den legendären Modellen ST 800, DL 800 etc. hat er das Reparaturhandwerk von der Pike auf erlernt. Seit 15 Jahren ist Roland Mayer Leiter der Reparatur-Abteilung bei Märklin. In dieser Eigenschaft kümmert er sich verantwortlich darum, dass jedes eingesandte Modell nach der Reparatur so schnell wie möglich wieder an seinen sehnsüchtig wartenden Besitzer zurückgeht. Er ist immer da, wenn es um die Koordination aller Abläufe und die Bevorratung mit Ersatzteilen geht. Und wenn es eng wird, legt er auch einmal selbst Hand an. Mit am wichtigsten ist ihm das Zusammenspiel und das Feedback aus seinem Bereich mit der Abteilung Qualitätssicherung im Hause. Dadurch ist es möglich, eventuelle Schwachstellen sofort zu erkennen und umgehend in der Serienproduktion zu optimieren. Der 53-jährige ist ein Typ, der versucht zu helfen, wo immer es geht. Sein offenes Ohr für Händler und Konsumenten ist schon fast sprichwörtlich. Wenn er für jemanden die „Kohlen aus dem Feuer holen kann", ist der Tag für ihn gerettet und er verlässt abends zufrieden seinen Arbeitsplatz. Kein Tag gleicht dabei dem anderen. Täglich kommen neue Herausforderungen. Das ist aber das, was Roland Mayer Spaß macht und zufriedene Kunden schafft.

Die Handmalerin – filigrane Kesselringe mag sie besonders

Kesselringe sind ihre Lieblingsarbeit. Von denen hat Irmgard Schmidt in ihrem Berufsleben bei Märklin schon zigtausende bemalt. Da kann ihr keiner was vormachen. Mit sicherer Hand und feinem Pinsel wird jeder einzelne Ring von ihr freihändig bemalt. Wie gedruckt sehen die Kesselringe nachher aus – zu so etwas ist keine Maschine bisher in der Lage. Vor 24 Jahren kam Irmgard Schmidt zu Märklin. Von Anfang an war die gelernte Fleischereifachverkäuferin in der Malerei mit verschiedensten Aufgaben betraut. Aufgrund ihrer ruhigen und sicheren Hand liegt ihr Hauptaufgabengebiet aber vor-

Oben: *(v.l.n.r.) Geschäftsführender Gesellschafter Herbert Safft, Sekretärin Frau Rommelsbacher und der Vorstand für den Verkauf Karl Heller.*

Unten: *Im Jahr 1963 wurde Diplom-Ingenieur Helmut Kilian Leiter der Entwicklungsabteilung.*

Unten (v.l.n.r.):
Roland Mayer ist „die Institution", wenn es bei Märklin um Reparaturen geht. Der gelernte KFZ-Mechaniker ist schon seit 33 Jahren bei Märklin.

Irmgard Schmidt arbeitet in der Handmalerei. Am liebsten gestaltet sie Kesselringe. Je filigraner, desto lieber, könnte ihr Motto lauten. Denn zu Hause besitzt und betreibt sie zusammen mit ihrem Mann eine größere Spur-Z-Anlage.

Heinz Osswald gehörte 51 Jahre lang, also mehr als ein halbes Jahrhundert, der Märklin-Belegschaft an. Am 1. Mai 2009 ging er in den Ruhestand und kann sich nun daheim ganz seiner Märklin-H0-Anlage widmen.

Speranza de Vivo begann ihre Tätigkeit bei Märklin als Kommissioniererin im Fertigwarenlager. Später wechselte sie in die Lokmontage und freut sich seither über jedes neu geschaffene Modell.

Zur Fertigung fein detaillierter Dampflokmodelle braucht es geschickte Hände.

Thomas Landwehr startete 1984 mit der Pressearbeit, später übernahm er das Unterlagen-Archiv und baute es in der Folgezeit aus.

wiegend im Bereich Handmalerei. Je filigraner, desto lieber, könnte man sagen und so ist es nicht verwunderlich, dass sie zur Spur Z einen besonderen Bezug hat und zu Hause mit ihrem Mann eine größere Anlage ihr Eigen nennt. Besonders freut es Irmgard Schmidt, wenn sie einem Kunden helfen kann, der seine Lok zur Reparatur eingeschickt hat, weil der Lack an irgendeiner Stelle durch Herunterfallen oder einen anderen Unglücksfall beschädigt wurde. Dann bekommt die 53-jährige von der Reparaturabteilung den „Patienten" angeliefert. Nach ihrer Behandlung kann die Lok wieder, farblich praktisch unsichtbar ausgebessert, an den glücklichen Besitzer zurückgegeben werden.

Die Lokmonteurin – sie baut Lokomotiven auch auf Messen zusammen

„Hoffnung des Lebens", so lautet die Übersetzung des Namens von Speranza de Vivo. Nomen est Omen, denn so ist auch ihre ganze Art und ihre Einstellung zum Leben und zur Arbeit. Ihre Wurzeln liegen in Italien, geboren ist sie aber in Göppingen – also ist sie eine waschechte Schwäbin. Die 40-jährige arbeitet seit 16 Jahren bei Märklin und lernte dort auch ihren Mann kennen. Ihre Ehe und die gemeinsame Tochter gehen sozusagen auf das Konto von Märklin. Nicht nur deshalb habe sie keinen Tag bei Märklin bereut, erzählt die einstige Kommissioniererin im Fertigwarenlager. Dort hatte ihre Tätigkeit im Hause Märklin begonnen. Vor drei Jahren nutzte Speranza de Vivo dann die Chance, in der Stuttgarter Straße bei der Lokmontage arbeiten zu können. Schon viele H0-Loks sind dort von ihr zusammengesetzt worden, und sie freut sich über jedes neu geschaffene Modell, das durch ihre Mithilfe an die Kunden ausgeliefert werden kann. Highlights in ihrem Arbeitsleben sind aber die Einsätze auf Ausstellungen oder bei den Märklin-Tagen. Dort gibt sie in der „Lokmontage für Kunden", die dort „ihre" Lok bauen können, gerne ihr Wissen über die kleinen Hightech-Produkte weiter.

Die Dame mit dem geschickten „Händchen" lötet, bohrt und schraubt

Seit 15 Jahren arbeitet Georgine Metz bei Märklin. Von Anfang an in der Lokmontage. Vielseitig wie sie ist, hat die 47-jährige Erfahrung und ein geschicktes Händchen für das Entstehen von Loks in allen Spurweiten. Von Z über H0 bis zur „Königs-Spur" 1 hat sie schon Loks und Komponenten montiert. Ob Löten, Bohren oder Schrauben – mit allen Arbeitsgängen ist „Gina", wie sie von ihren Kolleginnen genannt wird, bestens vertraut. Vielseitig wie ihre Arbeits- sind auch ihre Sprachkenntnisse. Ihr Ungarisch, Russisch und natürlich ihr Deutsch spricht, liest und schreibt Georgine Metz perfekt. Die Arbeit mit den Kolleginnen und Kollegen macht ihr Spaß und man sieht ihr an, mit welchem Elan sie jedes einzelne Teil bearbeitet und hinterher nochmals kurz prüft, ob auch alles perfekt sitzt. Erst wenn sie mit ihrem Arbeitsergebnis zufrieden ist, gibt sie das betreffende Teil zum nächsten Bearbeitungsschritt an eine Kollegin weiter.

Über ein halbes Jahrhundert lang Märklin treu geblieben

Heinz Osswald ist ein „Urgestein". Er hat insgesamt 51 Jahre lang bei Märklin gearbeitet. Es gibt niemanden, zumindest keinen, der den Märklin-Chronisten der letzten Jahrzehnte bekannt wäre, der länger für das Unternehmen tätig war als er. Bereits im zarten Alter von 14 Jahren begann er eine Lehre als Werkzeugmacher und blieb Märklin über ein halbes Jahrhundert treu. Vielseitig wie Heinz Osswald ist, weist seine Vita über zehn Stationen der verschiedens-

ten Tätigkeiten aus. Unter anderem führte er Anfang der 1980er Jahre das Materialwirtschaftssystem Copics ein, war Leiter der Fertigungssteuerung und von 1988 bis 1990 Betriebsleiter im Zweigwerk Schwäbisch Gmünd. Bevor er am 1. Mai dieses Jahres in den Ruhestand verabschiedet wurde, war er in den letzten Jahren für die Betriebsmittel-Verwaltung und zentrale Dienste zuständig, wo er als „Task Force" immer wieder an den verschiedensten Stellen gebraucht wurde. Heinz Osswald ist und bleibt ein Unikat. Seine H0-Anlage zu Hause verbindet ihn auch die nächsten Jahrzehnte weiterhin mit Märklin.

Oben: *Das von 1980 stammende Foto zeigt die Leiterin der Ersatzteil-Abteilung Johanna Weiß (ganz rechts) im Kreise weiterer Märklin-Mitarbeiter/innen.*

Die ehemalige Leiterin der Ersatzteil-Abteilung erinnert sich gern

Sehr erfreut reagierte Johanna Weiß, die seit 2006 ihren Ruhestand genießt, als sie einen Telefonanruf von Hans Zschaler, einem der Autoren dieses Buches, erhielt. Beide plauderten von früher und schnell wurde klar, dass Frau Weiß sich immer noch eng mit dem Göppinger Unternehmen verbunden fühlt. Gerne, so betonte sie während des Gesprächs, wird sie im September auch zu den Göppinger Modellbautagen kommen. Nach dem Abschluss der Handelsschule hatte Johanna Weiß 1961 ihre Arbeit als Anfangskontoristin in der Märklin-Versandabteilung begonnen. Im Jahr 1979 übernahm sie die Leitung der Ersatzteil-Abteilung.

Die Liebe zur Eisenbahn brachte ihn zu Märklin

Thomas Landwehr begann seine Tätigkeit bei Märklin im Jahr 1984 mit der Pressearbeit. Der damalige Geschäftsführer für Technik übertrug ihm danach die Betreuung des werkseigenen Unterlagen-Archivs. Er nahm die Aufgabe gerne an und baute das Archiv in der Folgezeit zur Abteilung Dokumentation/Archiv aus. Mit der stetig steigenden Zahl der Produkte einschließlich der Varianten nahm auch der Informationsbedarf der Abteilungen Produkt-Management und Technische Entwicklung zu. Die Beschaffung technischer Unterlagen in Form von Zeichnungen und Fotos der Original-Fahrzeuge einschließlich korrekter Angaben über Farb- und Beschriftungsvarianten sind dabei oberstes Gebot. Was nicht im Werksarchiv vorhanden ist, muss nicht selten aus Archiven der Fahrzeug-Hersteller bzw. aus Museen beschafft werden. Zu den weiteren Aufgaben zählt auch das länderübergreifende Fotografieren von Original-Fahrzeugen des Großbetriebs. Thomas Landwehr sagt über sich selbst: „Über die Liebe zur Eisenbahn kam ich zu Märklin".

Seite 98/99: *Die Baureihe 41 gehört zu den Traditionsmodellen des Märklin-Programms. Das hier abgebildete mfx-Modell stammt aus dem Jahr 2004 und ist mit einer Telex-Kupplung ausgerüstet.*

Links: *Das Gehäuse des „Senators" zeigt sich hier in Gestalt eines Spritzguss-Rohlings. Viele Arbeitsschritte werden noch folgen.*

DB
41 091
41 091

SHELL

Perfekt im Detail: Die Ära Kilian

Die Baugröße H0 von 1961 bis 1990. Von Thomas Hornung

Standen die fünfziger Jahre ganz im Zeichen der technischen Entwicklung der Märklin-Modelle, erreichten diese in den sechziger Jahren ihre optische Reife. Nach der erfolgreichen V 200 von 1957, der ersten Lok mit Blechrahmen, sollten noch drei Jahre vergehen, bis das neue Konstruktionsprinzip mit der grünen (3037) und blauen (3034) E 41 sowie der Italienerin E 424 (3035) Schule machte. Die Gussgehäuse der E 41 überzeugten mit einer äußerst feinen erhabenen Beschriftung; unter der Lupe ließ sich sogar das Heimat-Bw München entziffern. Blechrahmen und Motorblock der Loks waren so durchdacht konzipiert, dass sie im Jahr darauf auch der österreichischen 1141 und den legendären US-Dieselloks F7 als Untersatz dienten. Gänzlich anders konzipiert waren die 1961 vorgestellten neuen US-Güterwagen. Das Chassis samt Stirnwänden war bei den Boxcars (4571, 4572) in Kunststoffbauweise ausgeführt; Dach und Seitenwände bestanden wie bei den Personenwagen aus lithographiertem Weißblech. Die Gondola 4575 dagegen war der erste vollständig aus Kunststoff gefertigte Wagen, bei dem lediglich die Drehgestellrahmen und die Räder aus Metall bestanden. Nachdem sich der Blechrahmen bei Drehgestellloks etabliert hatte und die Lichtleiter zur Stirnbeleuchtung bereits Standard waren, wagten die Göppinger 1963 nach zaghaften Versuchen mit der Neubaudampflok der Baureihe 23 von 1954 (DA 800), den kleinen Rangierloks und dem Schienenbus einen erneuten Vorstoß in Richtung Kunststofftechnik, der schließlich den erhofften Durchbruch brachte. Das Modell der Rangierlok V 60 (3064/ 3065) und ihres belgischen Ablegers 3069 überzeugte mit einem Detailreichtum, den man bisher nur vom Vorbild kannte. Zierlich gravierte Lüfter, glasklare eingesetzte Fenster statt mattem Cellon sowie eine lupenreine, im Tampondruck aufgebrachte Beschriftung setzten neue Standards für Modellbahnen. Dass die Maschine für den Verschiebedienst auch mit Telex-Kupplung lieferbar war (3065), versteht sich von selbst.

So zeigten sich zahlreiche Märklin-H0-Anlagen in den 1970er Jahren. Für den Erbauer ist ein reger Fahrbetrieb wichtig. Auf Schattenbahnhöfe wurde meist verzichtet, denn die vielen schönen Züge wollte man immer im Blick haben.

Die E 94: das deutsche Krokodil

Der Erfolg der V 60 beflügelte die Märklin-Mannschaft. Bereits 1964 erschienen die E 94 (3022) sowie die als „Kartoffelkäfer“ bekannt gewordenen NOHAB-Dieselloks nach belgischem (3066) und dänischem Vorbild (3067) ebenfalls mit der feinen, wischfest gedruckten Beschriftung. Die Loks hatten allerdings allesamt das traditionelle Gussgehäuse. Im gleichen Jahr kam auch erstmals die Ae 6/6 der Schweizerischen Bundesbahnen (SBB) ins Sortiment mit einem Gehäuse aus Guss und Fenstern mit Cellonscheiben; wer das Kantonswappen an der Lok haben wollte, bediente sich der beiliegenden Schiebebilder. Und nachdem Märklin 1963 den Straßenbahnhersteller

> Katalogtitel

Farbige Zeichnungen haben Tradition bei Märklin. Ein Foto kann diese Dynamik nicht wirklich darstellen. Für das Modellbahnjahr 1960/1961 zierte eine sehr ansprechende Zeichnung der E 41 den Hauptkatalog der Göppinger. In der Regel kam immer ein Modell der damals noch überschaubaren Neuheitenpalette auf die Frontseite.

HAMO übernommen hatte, erschienen ab 1964 unter der Bezeichnung HAMO-Liebhabermodelle zunächst Loks, die schon länger aus dem Sortiment verschwunden waren. Die Erfolge der Kunststofftechnik machten auch vor den Reisezugwagen nicht Halt. Passend zu den 24-cm-Wagen entstand 1964 unter der Artikelnummer 4050 der französische Schnellzugwagen A8myfi mit seinen charakteristisch gesickten Außenwänden, dessen Aufbau komplett aus Kunststoff bestand. Aber nicht nur der elegante Franzose bestach durch neue Details. Fast der gesamte Reisezugwagenpark konnte 1964 mit Neuerungen aufwarten. Statt Cellonscheiben gab es jetzt bei allen 24 cm langen Vierachsern „eingesetzte Fenster mit plastischen Rahmen". Märklin ersetzte die hinterlegten Cellonstreifen durch einen glasklaren Polystyrol-Spritzling, der exakt in die gestanzten Fensteröffnungen passte. Mit dieser Technik ließen sich nicht nur die Übersetzfenster originalgetreu nachbilden, auch so zierliche Details wie die Fenstergriffe waren zu erkennen.

V 100 – Universalgenie für Nebenbahnen

Sie war immer etwas teurer als die anderen Dieselloks im Märklin-Programm; das hatte gute Gründe. Märklin präsentierte 1966 mit seiner universell einsetzbaren Diesellok V 100.20 ein feinmechanisches Meisterwerk. Lediglich der Katalogtext ließ vermuten, dass die Lokomotive etwas

„Zweckmäßig konstruiert, rationell gefertigt = vorteilhaft im Preis". So pries der Katalog von 1964 die elektrische Lokomotive E 41 an. Das Modell erschien mit grünem und blauem Ganzmetallgehäuse. Mit im Bild: die E 40 und die E 10.

Ein reich detailliertes Kunststoffgehäuse zeichnete die V 60 (ganz rechts) aus. Räder, Blindwelle und Gestänge waren originalgetreu lackiert. Links daneben weitere Vertreter der Diesellokfamilie: V 100 und V 160.

Oben: *Im Jahr 1964 schmückte eine herrliche Zeichnung den Katalog mit einem Bild der E 94. Auch die Schachtel der Lok war attraktiv.*

Links: *„Die starke Mehrzwecklokomotive der Schweizerischen Bundesbahnen" bestach durch ihre sehr feine Bedruckung.*

Unten: *Die 1141 und die E 424 erhielten Ganzmetallgehäuse und Fenster mit Cellonscheiben.*

Oben: *Der überaus elegante TEE-Triebzug der SBB durfte keinesfalls im Sortiment fehlen. 1965 war es soweit. Das Märklin Magazin trug die frohe Nachricht zu den Kunden.*

Unten: *Die Schnellfahrlok E 03 hatte einen massiven Gussrahmen und ein sauber graviertes Kunststoffgehäuse.*

Rechte Seite unten: *Die fein detaillierte P 8 erschien erstmals im Jahr 1967.*

> Mit Inneneinrichtung

Die eingesetzten Fenster der Reisezugwagen waren zwar ein großer Schritt in Richtung noch größerer Vorbildtreue, im Inneren der Wagen herrschte aber nach wie vor gähnende Leere, zog man es nicht vor, mit der separat erhältlichen Inneneinrichtung 0225 eine behagliche Atmosphäre zu zaubern. Ab 1968 gab es dann serienmäßig Abhilfe. Zunächst wurden die TEE-Wagen 4085 bis 4089 mit individuellen Inneneinrichtungen versehen. Fast alle anderen Vierachser folgten peu à peu in den Jahren darauf.

Besonderes war. „Infolge der günstigen Anordnung des Motors konnten die Vorbauten des Modells 3072 wie beim Vorbild sehr schmal gehalten werden", meldete der Märklin-Katalog etwas gestelzt. Für die „günstige Anordnung" mussten die Techniker tief in die Trickkiste greifen. Vom Volumen her passte der Märklin-Motor nur ins Führerhaus der Lok, andererseits gehörte der vorbildgerechte Drehgestellantrieb zur Pflichtübung eines Märklin-Ingenieurs. Der märklin-typische Antriebsblock, bei dem Motor und Stirnradgetriebe eine Einheit bildeten, schied damit aber aus. Die technisch einfachste Lösung mit Hilfe eines simplen Schneckengetriebes, das aber den märklin-typischen Auslauf der Lok verunmöglicht hätte, wäre einem Tabubruch gleichgekommen. Bei der Suche nach einer anspruchsvolleren Lösung entsann man sich der Kraftübertragung zwischen den beiden Rahmenhälften der legendären Schlepptenderlok der Baureihe 44 von 1950. Dort übertrug ein kleines H-förmiges Zwischenglied das Drehmoment des Motors in die vordere Hälfte des Knickrahmens. Die konstruktive Lösung für die V 100 sah so aus und erlaubte sogar, den großen Scheibenkollek-

tormotor im Führerhaus unterzubringen. Der große Motor wirkte über das kleine Blech-H auf ein kompaktes Stirnradgetriebe im hinteren Drehgestell der Lok. Das Modell war technisch und optisch mit seinem feinen Kunststoffgehäuse ein wahrer Glücksgriff. Nahezu unverändert hielt sich die V 100.20 bis 1994 im Sortiment. Erst ab diesem Zeitpunkt setzte eine behutsame Modellpflege mit neuem Trommelkollektormotor, Retuschen am Gehäuse und neuen Kurzkupplungen ein.

Edle TEE-Züge

Seit 1957 standen die schnittigen TEE-Züge bei Eisenbahnfreunden hoch im Kurs. 1965 präsentierte die Redaktion des neuen Märklin-Magazins in seiner ersten Ausgabe das perfekt gestaltete Modell des niederländisch-schweizerischen TEE (3070/4070) in der Variante des RAm 502. Der Schnelltriebzug wartete mit allerhand Neuerungen auf. Der Maschinenwagen mit seinem Gardemaß von rund einem Viertel Meter war nicht nur das bis dato längste Märklin-Fahrzeug mit durchgehendem Rahmen, sondern auch das erste wirklich große Märklin-Triebfahrzeug mit einem Kunststoffgehäuse. Aber nicht nur beim Aufbau beschritten die Techniker Neuland. Erstmals kombinierte Märklin den richtungsweisenden Drehgestellantrieb mit einem schweren Fahrgestell aus Zinkdruckguss. Dank des tief liegenden Schwerpunkts blieb der TEE auch bei hohem Tempo immer sicher in der Kurve. Ein neu entwickeltes Umschaltrelais, ähnlich dem Umschalter für die automatische Telex-Kupplung, steuerte neben der Fahrtrichtung auch den Wechsel des Spitzenlichts und schaltete den jeweils vorauslaufenden Schleifer am Maschinen- oder Steuerwagen ein. Eine zweipolige Leitung durch den gesamten Zug übertrug zuverlässig die Fahrbefehle zwischen Steuerwagen und Triebkopf. Ein drittes Kabel versorgte die neuartige Innenbeleuchtung mit Lichtleitstäben aus Polystyrol in Mittel- und Steuerwagen. Während Märklin die Aufbauten der Wagen ähnlich dem Triebkopf aus Kunststoff fertigte, bestanden die Fahrgestelle wie bei den meisten Reisezugwagen aus Stahlblech. Spezielle verriegelbare Kurzkupplungen verliehen dem TEE zusammen mit den beweglichen Attrappen der Gummiabdeckungen an den Wagenübergängen auch in engen Kurven ein geschlossenes Zugbild.

HAMO: Gleichstromloks bei Märklin

1965 war auch ein Jahr, in dem Märklin mit alten Traditionen brach. Gehörten bisher noch weitgehend erhaben gegossene Schriftzüge oder allenfalls Schiebebilder zum Standard, führte Märklin bei fast allen Dampflokmodellen und sämtlichen Neukonstruktionen die im Tampondruck aufgebrachten Beschriftungen ein. Beim Detailreichtum der neuen Einheits-E-Loks der Baureihen E 10 und E 40 ging Märklin sogar noch einen Schritt weiter. Um die Dacharmaturen möglichst vorbildgetreu zu gestalten, wurden erstmals zahlreiche Kunststoffteile, wie Isolatoren und Hauptschalter, separat eingesetzt. Die Familie der

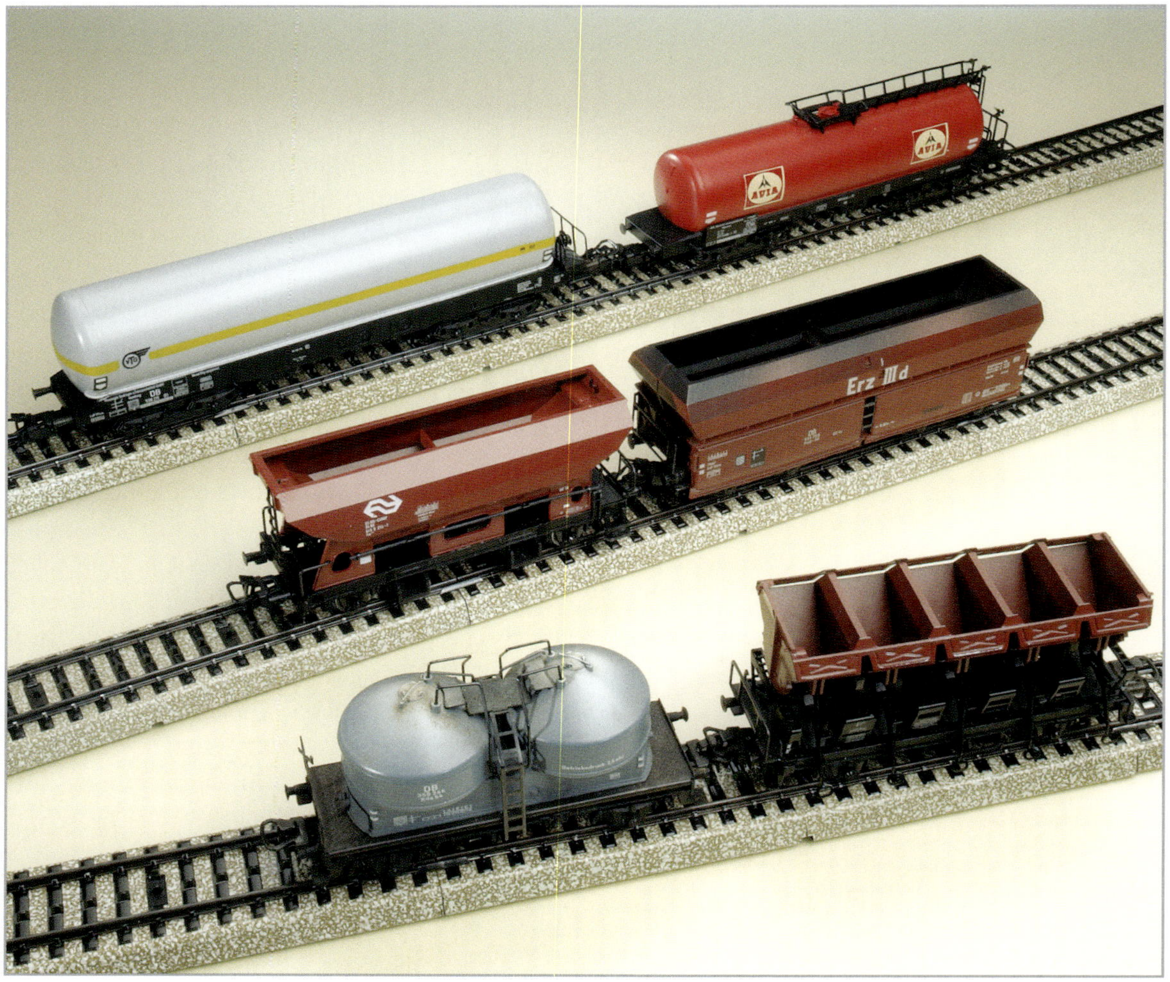

Im Güterwagensektor hatte sich die Kunststofftechnik auf breiter Front durchgesetzt. Allerdings gab es auch Ausnahmen. Der Muldenkippwagen erhielt ein Fahrwerk aus Druckguss, damit er ein recht ordentliches Eigengewicht aufwies.

HAMO-Liebhabermodelle wuchs 1965 um die E 18 in Blau (3023) und Grün (3024), den NOHAB-„Kartoffelkäfer“ in der luxemburgischen Version (3063) sowie die österreichische 1020 (3052). Der Markenname HAMO blieb aber keineswegs den Liebhabermodellen vorbehalten. Ab 1966 gab es zum ersten Mal auch Märklin-Loks für das Zweischienen-Gleichstrom-System, die mit der Stamm-Nummer 83xx unter dem Markennamen HAMO in den Handel rollten. Neben der völlig neuen Produktlinie für das Zweischienen-Gleichstrom-System setzte Märklin 1966 die Entwicklung superdetaillierter Modelle konsequent fort. Die brandaktuelle Schnellfahrlok E 03 (3053) hatte wie der Maschinenwagen des TEE-Triebzuges einen massiven Gussrahmen und ein fein graviertes Kunststoffgehäuse; ein Konzept, das bei allen neu entwickelten Loks für Jahre zum Standard werden sollte. Lediglich bei Dampflokaufbauten blieb Märklin dem traditionellen Werkstoff Zinkdruckguss vorerst weitgehend treu.

> Wagen aus Blech und Kunststoff

Nach dem französischen „Wellblechwagen“ von 1964 waren ab 1969 auch Reisezugwagen aus Kunststoff auf dem Vormarsch. Als erste, maßstäblich lange Kunststoffmodelle präsentierte Märklin die beiden Umbau-Dreiachser 4079 und 4080 nach DB-Vorbild. Gleichzeitig erschienen mit dem TEE-Aussichtswagen (4090) und dem schweizerischen RIC-Speisewagen (4068) die letzten neu entwickelten Blechwagen der 24-cm-Serie.

Die P 8: immer feinere Modelle

Mit der P 8 begann 1967 eine Serie von Dampflokomotiven, die deutlich feiner detailliert waren als die Modelle der fünfziger Jahre. Die Maschine konnte mit allerhand Neuerungen aufwarten, die es bislang noch nicht an einem Märklin-Modell gab. Separat am Kessel angesetzte Pumpen aus Kunststoff unterstrichen den Trend zu immer feineren Modellen. Um den schmalen Hinterkessel samt dem doch recht kleinen Führerhaus der P 8 nachbilden zu können, bediente sich Märklin eines bislang einzigartigen Tricks: Der Motor rückte von seinem angestammten Platz im Führerhaus unter den vorderen Kesselschuss.

Oben: *1970 erschien mit der stromlinienverkleideten 03.10 (3094) eine neue Generation überaus detaillierter Dampfloks. Das Besondere an der Lok war neben dem fein gravierten Gehäuse das neue Fahrwerk mit den zierlichen Speichenrädern.*

Mitte: *Eine wuchtige Zylindergruppe prägte das Bild der neu entwickelten S 3/6 von 1972.*

Damit er dort genug Platz fand, verstand es Märklin geschickt, die zylinderförmigen Nachbildungen von Oberflächenvorwärmer und Hauptluftbehälter beiderseits des Kessels für den Motorraum zu nutzen. Der kleine Standardmotor mit Scheibenkollektor trieb über ein Stirnradgetriebe die vordere Kuppelachse an, die wiederum ihr Drehmoment über Zahnräder auf die beiden benachbarten Antriebsachsen übertrug. Mit dieser Form des Antriebs blieb im Führerhaus genügend Platz, alle Armaturen der Stehkesselrückwand minutiös nachzubilden. Ein komplett eingerichteter Führerstand wurde mit der P 8 zum Standard bei allen künftig neu entwickelten Märklin-Schlepptenderloks, obwohl seither bei allen Maschinen der Antrieb wieder aus dem Hinterkessel auf die letzte Kuppelachse wirkt. Der mit der P 8 gekuppelte Wannentender war ebenfalls eine Neuentwicklung mit überaus zierlich ausgeführten Drehgestellen, die erstmals bei Märklin die heute allgemein übliche kegelförmige Spitzenlagerung der Radsätze aufwies.

Güterwagen aus Kunststoff

Im Güterwagensektor hatte sich die Kunststofftechnik zwar auf breiter Front durchgesetzt, aber auch traditionelle Fertigungsmethoden standen vereinzelt hoch im Kurs. Für den Seitenentladewagen 4631 und den Muldenkipper 4635 fertigte man die Fahrwerke wieder aus Zinkdruckguss. Traditionsbewusstsein allein war dafür aber nicht der Grund. Damit der Seitenentladewagen, ganz im Trend der vielfältigen Güterwagenserie, auch ferngesteuert per Entkupplungsgleis entladen werden konnte, war eine äußerst präzise Fertigung erforderlich. Zinkdruckguss war dafür die erste Wahl, bot das Material doch ideale Möglichkeiten, den Mechanismus zuverlässig zu lagern. Beim filigranen Muldenkippwagen gaben andere Gründe den Ausschlag für den Traditionswerkstoff: Der Wagen wäre mit einem Blech- oder Plastikfahrwerk schlicht und ergreifend zu leicht geworden.

Die Eisenbahn im Maßstab 1 : 87 baute Anfang der siebziger Jahre ihren Vorsprung beständig gegenüber anderen Baugrößen aus. Der technische Fortschritt ging unterdessen an den Nachkriegskonstruktionen trotz kontinuierlicher Modellpflege nicht spurlos vorüber. Neben all den modernen Elektro- und Dieselloks wirkten die alten Schlepptender-Dampfloks – auch im Vergleich zu den Modellen der Wettbewerber – mittlerweile recht hausbacken. Märklin reagierte schnell.

Bereits 1970 startete mit dem Modell der stromlinienverkleideten 03.10 (3094) eine neue Generation feinst detaillierter Dampfloks. Das Besondere an der Lok war neben dem fein gravierten Gehäuse das neue Fahrwerk mit zierlichen Speichenrädern und einer Kraftübertragung zwischen den angetriebenen Achsen lediglich durch Kuppelstangen, ohne die bislang üblichen zwischengeschalteten

Zahnräder. Ein Rätsel blieb für Märklin-Freunde zunächst die Nachbildung eines zylindrischen Vorwärmers zwischen der zweiten und dritten Kuppelachse, der nur bei abgenommenem Gehäuse sichtbar war. Das Rätsel löste sich zwei Jahre später: Das gleiche Fahrwerk diente mit Pufferbohle und wuchtiger Zylindergruppe versehen auch der neu entwickelten S 3/6 von 1972. Nach den gleichen Konstruktionsprinzipien wie bei der 03.10 erschien 1971 die Tenderlokbaureihe 86 (3096). Mit erstmals frei stehenden und durch Lichtleiter beleuchteten Laternen sowie zahlreichen separat am fein gravierten Kunststoffgehäuse angesetzten Details führte sie die Serie hochgradig detaillierter Dampfloks fort.

Aber auch im Waggonbau schlug Märklin neue Wege ein. Ab 1972 gab es neu konstruierte Schnellzugwagen nur noch aus Kunststoff. Fast zeitgleich mit den neuen Pop-Farben der Bundesbahn platzierte Märklin seine ersten vier neuen Kunststoff-Schnellzugwagen (4091 - 4094) in dem bunten, letztlich aber glücklosen Farbkonzept. Das Spezielle an den Wagen war aber nicht ihre Lackierung, sondern ihre außerordentliche Länge: 27 cm maßen die etwa im Längenmaßstab 1 : 100 gehaltenen Wagen von Puffer zu Puffer. Damit die neuen Wagen auch Weichen älterer Bauart befahren konnten, ohne dass die Weichenlaterne die ganze Fuhre aus dem Gleis hebelte, war ein kleiner, kaum sichtbarer Trick erforderlich. Abweichend vom Vorbild wanderten die Drehgestelle etwas weiter zur Wagenmitte, sodass der Wagenkasten bei der Bogenfahrt über eine Weiche nicht mehr an der Laterne hängen bleiben konnte.

Dampflokomotiven der Spitzenklasse

Ein weiterer Schritt nach vorn war 1973 das Supermodell der Schlepptenderlok 003 (3085), die als Nachfolgerin der legendären 01 (3048) ins Rennen ging. Die neue Lok bestach durch ein filigranes Fahrwerk mit zierlicher Steuerung, frei stehenden Laternen und zahlreichen am Kessel separat angesetzten Details. Erstmals wählte Märklin bei der Lok für das Gehäuse eine Mischbauweise aus Metall und Kunststoff. Während Langkessel und Stehkessel aus Zinkdruckguss waren, bestanden Führerhaus, Umlauf und die angesetzten Kesselarmaturen aus Kunststoff. Um die zierliche Silhouette der Lok zu wahren, entwickelte Märklin eigens für das Modell den neuen Trommelkollektor-Motor, der nochmals eine Nummer kleiner als der millionenfach bewährte Scheibenkollektor-Motor war und schon bald zum Standardantrieb für zahlreiche Loks werden sollte. Damit bei dem neuen Modell auch der freie Blick zwischen Kessel und Fahrwerk möglich war, wanderte der Fahrtrichtungsschalter von der Lok in den Tender. Die 003 war keine Eintagsfliege; vielmehr bildete sie den Auftakt zu einer völlig neuen Modellgeneration, die leicht überarbeitet noch heute zu den tragenden Säulen

Mitte: *Damit die neuen Wagen auch Weichen mit hohen Weichenlaternen befahren konnten, war ein kaum sichtbarer Trick erforderlich: Die Drehgestelle wanderten etwas weiter zur Wagenmitte.*

Unten: *Als bisher ungewöhnlichstes Fahrzeug der Göppinger hielt 1975 der Schienenzeppelin Einzug ins Sortiment.*

Das Supermodell der Schlepptenderlok 003 160, die als Nachfolgerin der legendären 01 ins Rennen ging, bestach durch ein filigranes Fahrwerk mit zierlicher Steuerung, frei stehende Laternen und zahlreiche am Kessel separat angesetzte Details.

Gleiches gilt für die Baureihe 50, die bis heute zu den beliebten „Arbeitsbienen" vieler Anlagenbesitzer zählt. Mit ihrem Knickrahmen konnte sie auch die engen Radien des Standardgleises meistern.

Das Modell der Baureihe 41 erhielt vorbildgetreu den Langkessel von der Baureihe 03.

Die 78 355 war ein Pionier der besonderen Art. Mit ihr setzte man 1981 erstmals die mit der 03 im Jahr 1973 eingeführten Standards der Schlepptenderloks auch für eine Tenderlok um. Man fertigte Rauchkammer und Langkessel aus Metall; Führerhaus und Wasserkästen sowie die angesetzten Details waren aus Kunststoff gefertigt.

Den Auftakt zu einer Serie von exakt im Maßstab 1 : 87 gehaltenen Reisezugwagen aus Kunststoff machten zwei bayerische Schnellzugwagen in sehr feiner Detaillierung.

Eine ungewöhnliche Lok erblickte 1979 das Licht der Welt: Unter der inoffiziellen Bezeichnung „Dampfkrokodil" sorgte ein gelenkiges Modell der Baureihe 53 für Aufsehen. Das Besondere an der Lok: Sie existierte im Original nur als Reißbrettentwurf für die „dritte Kriegslok" und wurde leider nie gebaut.

des H0-Programms zählt. Dies gilt auch für die Baureihe 50, die bis heute zu den beliebten „Arbeitsbienen" vieler Anlagenbesitzer gehört. Dank des Knickrahmens konnte sie in den engen Radien des Standardgleises bestehen.

Der Erfolg der langen Schnellzugwagen war für Märklin kein Grund, sich auf den Lorbeeren auszuruhen, die Entwicklung der Wagen ging weiter. Ab 1974 verwendete Märklin bei diesen Modellen neuartige Drehgestelle mit spitzengelagerten Radsätzen, die rationell nur noch aus einem Kunststoffspritzling gefertigt waren. Die Drehgestelle waren nicht nur in der Herstellung kostengünstiger, gegenüber herkömmlichen Modellen hatten die Wagen mit der neuen Technik auch noch einen deutlich geringeren Rollwiderstand.

Als bisher ungewöhnlichstes Fahrzeug der Göppinger hielt 1975 der Schienenzeppelin Einzug ins Märklin-Programm. Tempo war von Anbeginn seine Domäne. Kein anderes Fahrzeug im Märklin-Programm erreichte seine enorme Geschwindigkeit. Im Original von 1931 eigentlich ein Zweiachser, setzte Märklin das maßstäblich lange Kunststoffgehäuse des Propellerwagens 1975 auf ein vierachsiges Metallfahrwerk, das dank dieses Tricks sogar den kleinsten Märklin-Radius schaffte. Motorblock und hinteres Laufgestell samt der Drehgestellnachbildungen übernahm Märklin vom Akkutriebwagen der Baureihe 515. Zwei neue Beisatzräder im Getriebe mit geringerer Untersetzung machten aus dem eher gemächlichen Antrieb des Nebenbahntriebwagens das feurige Triebwerk des Schienenzeppelins. Ein kleiner, von einem Brückengleichrichter gespeister Motor setzte mit vernehmlichem Brummen den Propeller am Heck des Fahrzeugs in Bewegung, bevor der aerodynamisch geformte Wagen bei einer Spannung von etwa 6 V los fuhr.

Lang ersehnt: das neue Krokodil

1976 neigte sich die Ära der „Dinosaurier" unwiederbringlich dem Ende zu: Als letzter Vertreter der unmittelbaren Nachkriegsgeneration verschwand das Krokodil 3015 mit seiner robusten, aber nicht mehr zeitgemäßen Uralttechnik von den Katalogseiten und machte der vergleichsweise detaillierten Nachfolgerin im Kunststoffkleid Platz. Eingefleischte Märklin-Fans titulierten die vorbildgetreue neue Be 6/8 III (3056) mit ihrer im Vergleich zur Vorgängerin zierlichen Form despektierlich als „Eidechse". Im gleichen Jahr startete Märklin unter der Stamm-Nummer 44xx seine bisher erfolgreichste Güterwagenserie als Ersatz für die mittlerweile in die Jahre gekommenen 45er Güterwagen mit Blechboden, die es teilweise seit 1951 gab. Die von Anfang an recht günstig angebotenen Güterwagen basierten alle auf einem 11,5 cm langen Fahrwerk, das aus einem einzigen Kunststoffspritzling bestand. Wie

Die Freunde des alten Krokodils titulierten die vorbildgetreue neue Be 6/8 III etwas despektierlich als „Eidechse".

schon bei den Schnellzugwagen neuerer Prägung sorgten bei den Kunststoffgüterwagen spitzengelagerte Radsätze für einen überraschend leichten Lauf. Die neuen Modelle schafften es bereits 1980, die alten Wagen aus den frühen fünfziger Jahren komplett abzulösen. Aber die Erfolgsgeschichte ging weiter. Spitzenreiter der Reihe wurde bald der Kühlwagen 4415; als Basis für mittlerweile zahllose Werbewagen dürfte er mittlerweile das erfolgreichste und meistverkaufte Märklin-Modell aller Zeiten sein.
Orientierten sich neu konstruierte Märklin-Wagen bisher immer an aktuellen Vorbildern, gab es 1977 die ersten echten Oldtimer nach verschiedenen Vorbildern der Deutschen Reichsbahn. Den Auftakt zu einer Serie von exakt im Maßstab 1 : 87 gehaltenen Reisezugwagen aus Kunststoff machten zwei bayerische Schnellzugwagen (4136, 4137). Aber auch zeitgenössische Wagen aus fast aller Herren Länder füllten zunehmend die Katalogseiten. In ihrer Vielfalt übertrafen die Kunststoffvierachser bald die klassischen Blechwagen.
Eine recht ungewöhnliche Lok erblickte 1979 das Licht der Märklin-Welt: Unter der inoffiziellen Bezeichnung „Dampfkrokodil" sorgte ein gelenkiges Modell der Baureihe 53 (3102) für Aufsehen. Das Besondere an der Lok: Sie existierte im Original nur als Reißbrettentwurf für die so genannte dritte Kriegslok und wurde nie gebaut. Gerüchte über den Bau eines Prototypen erwiesen sich als haltlos. Zeitzeugen hatten den geplanten Mallet-Riesen mit der im vorderen Bereich ähnlichen Baureihe 42 verwechselt.
Die preußische Tenderlok T 18 in ihrer Bundesbahnversion als 78 355 (3106) war ein Pionier der besonderen Art im Märklin-Programm. Mit ihr setzte man in Göppingen 1981 erstmals die mit der 03 im Jahr 1973 eingeführten Standards der Schlepptenderloks auch für eine Tenderlok um. Wie bei den meisten großen Maschinen der Vorjahre fertigte Märklin Rauchkammer und Langkessel der T 18 aus Metall; Führerhaus und Wasserkästen sowie die zahlreichen separat angesetzten Details wie Pumpen und Griffstangen waren aus Kunststoff gefertigt.

Bocksprung adé

Über Jahrzehnte beherrschten zwei- und dreiphasige elektromagnetische Fahrtrichtungsschalter, wahlweise mit Schaltwippe oder Schaltwalze, die Märklin-Loks und sorgten beim Fahrtrichtungswechsel je nach Belastung des Stromnetzes für einen mehr oder weniger ausgeprägten „Bocksprung", den in vielen Fällen der charakteristische Lichtblitz begleitete. 1982 bahnte sich fast unbemerkt eine neue Ära für Märklinisten an. In einer kurzen vierzeiligen Mitteilung wies das Märklin-Magazin darauf hin, dass die neuen Modelle 3322 (Güterzuglok der Baureihe 194), 3354 (IC-Lok 103), und 3356 (Krokodil) künf-

> 50 Jahre Märklin-H0

Zum 50-jährigen H0-Jubiläum 1985 gab es auch wieder Loks aus Blech. Für die Zugpackung 0050 legte Märklin die beiden Modelle R 700 und RS 700, mit denen vor 50 Jahren alles begann, als Repliken nochmals auf.

tig mit einer Vorschaltelektronik zu haben seien, die konstant helles Licht und ruckfreies Umschalten ermöglichte. Mit dieser neuen Technik begann das Elektronikzeitalter auch bei den Märklin-Loks. Die Vorschaltelektronik war aber nur der Vorbote einer digitalen Revolution in der Modellbahnwelt. Bis dahin mussten sich die Märklinisten allerdings noch drei Jahre gedulden. Als Trostpflaster bekamen sie 1983 das Elektronik-Fahrgerät 6600, das einen ganz neuen Fahrkomfort bot, aber nur ein Bruchteil dessen konnte, was mit dem Digital-System möglich war.

125 Jahre Märklin

1984 gab es im Hause Märklin Grund zum Jubeln: Die Traditionsmarke feierte ihr 125-jähriges Firmenjubiläum. Gleichzeitig besann man sich zumindest bei den Loks der Baugröße H0 auf einen Werkstoff, mit dem 1859 alles begann: Metall. Märklin fertigte nach zwanzig Jahren erstmals wieder eine neu entwickelte E-Lok mit einem Zinkdruckgussgehäuse: Komplett in Metall erschien die als Lok 2000 apostrophierte schweizerische Re 4/4 IV. Das Beispiel machte Schule. Bis zum heutigen Tag fertigt Märklin die im eigenen Haus für das Standardsortiment entwickelten Neukonstruktionen, egal ob Dampf-, Diesel- oder E-Lok, wieder komplett aus Metall. Und die Sammler honorierten den Trend zur Metall-Technologie. Metall-Loks werden auf Börsen und Auktionen deutlich höher notiert als die Pendants mit Kunststoffgehäuse.
Im gleichen Jahr vollzog sich bei den 27 cm langen Vertretern der Kunststoffwagen ein Wandel, den nur wenige be-

Oben: *Aus Platzgründen trieb ein kleiner industriell gefertigter Bühler-Flachmotor den „Roten Pfeil" über eine Kardanwelle an.*
Linke Seite: *Neue E-Lok-Modelle kamen mit der 120.0 (1980) und der 111 ins Sortiment.*
Mitte: *1982 erhielt die 103 eine Vorschaltelektronik, die den „Bocksprung" verhinderte.*

merkten. Nachdem die überdimensionalen Weichenlaternen des M-Gleissystems bereits 1976 verschwunden waren, rückten ab 1984 auch bei den langen Wagen die Drehgestelle an den vorbildgerechten Platz, also etwas näher an die Wagenenden. Erfreulicher Nebeneffekt: Die Fahrzeuge ließen sich jetzt enger kuppeln, ohne dass sich die langen Fahrzeuge in S-Kurven und Weichenkombinationen ins Gehege kamen.

Im Jubiläumsjahr 1984 kündigte das Märklin Magazin den Digitalstart für 1985 an, rechtzeitig zum 50-jährigen H0-Jubiläum. Mit der neuen Stamm-Nummer 36xx gingen im Jubiläumsjahr die ersten zehn Digital-Loks ins Rennen. Im Schatten der Digital-Premiere trug sich aus der Sicht überzeugter Märklinisten aber Ungeheuerliches zu: Märklin ging erstmals fremd. Um den brandneuen Modell-ICE, der beim Vorbild gerade seine ersten Gehversuche unternahm, auf Tempo zu bringen, bauten die Techniker statt des bewährten Wechselstrom-Reihenschlussmotors einen mit Gleichstrom gespeisten Glockenankermotor ein. Etwas weniger Aufwand war für den neuen „Roten Pfeil", einen Elektrotriebwagen nach SBB-Vorbild, erforderlich. Aus Platzgründen trieb ein kleiner industriell gefertigter Bühler-Flachmotor den Renner mit der eleganten Schnauze über eine Kardanwelle an, eine Kraftübertragung, wie sie letztmals beim Ur-Krokodil üblich war.

Nach 43 Jahren gab es zum 50-jährigen H0-Jubiläum 1985 auch wieder Loks aus Blech. Für die Zugpackung 0050 legte Märklin die beiden Modelle R 700 und RS 700, mit denen vor 50 Jahren alles begann, als Repliken nochmals auf. Im Inneren der Maschinen sorgte allerdings moderne

Technik für den Vortrieb und eine Umschaltelektronik steuerte ruckfrei den Fahrtrichtungswechsel. Personen- und Güterwagen, die mit Werkzeugen aus den 1930er Jahren gefertigt wurden, ergaben schöne Zugkompositionen.

Württemberger C: Kilians Meisterwerk

Für das Modell der Württemberger C (3311, 3511, 3611) zog Märklin 1987 alle Register seines Könnens und zeigte, welche Standards bei Großserienmodellen möglich sind, wenn man die Produktionskosten außer Acht lässt. Komplett aus Metall gefertigt konnte die in gediegenen blaugrauen Farbtönen gehaltene Lok 2007 der Königlich Württembergischen Staatsbahnen mit einer bisher nicht da gewesenen Vorbildtreue aufwarten. Zahlreiche angesetzte Details und überaus filigrane Speichenräder überzeugten nicht weniger als die zierliche Steuerung und die mit Spezial-LEDs separat beleuchteten, frei stehenden Laternen. Dank einer speziellen Kulissenmechanik rückten die Lok und ihr kleiner württembergischer Tender vom Typ T 20 vorbildgerecht eng aneinander. Hinten am Tender montierte Märklin die im Jahr zuvor präsentierte Märklin-Kurzkupplung mit Kulissenführung, womit ein wie beim Vorbild geschlossenes Zugbild ohne zentimeterbreite Lücken zwischen den Wagenübergängen möglich war. Ein längs im Kessel eingebauter siebenpoliger Glockenankermotor vom Typ Faulhaber übertrug sein Drehmoment über ein Präzisions-Winkelgetriebe mit Kronenrädern, das im Gegensatz zum Schneckengetriebe einen vorbildgerechten Auslauf ermöglichte, auf die letzte Kup-

> Kooperation mit Trix

Nach den ersten Koproduktionen, unter anderem beim bayerischen Schnellzug von 1988, intensivierte Märklin die Kooperation mit dem Nürnberger Traditionsunternehmen.

Bereits 1990 erschien als zweite Gemeinschaftsarbeit der bayerische Glaskasten (3387), eine kleine zweifach gekuppelte Tenderlok, mit dazugehörigen Wagen. Das überaus fein detaillierte Gehäuse aus Kunststoff mit zahlreichen angesetzten Griffstangen und Armaturen saß auf einem Fahrwerk aus Zinkdruckguss. Ein kleiner dreipoliger Gleichstrommotor trieb über eine Messingschnecke das entlang der Fahrzeuglängsachse auf beide Treibachsen und die Blindwelle wirkende Stirnradgetriebe. Eine spezielle Elektronik verwandelte den Wechselstrom des Märklin-Systems in für den Motor verträglichen Gleichstrom und änderte per Überspannungsimpuls auch die Fahrtrichtung des Glaskastens. Als erstes Märklin-Modell erhielt der Glaskasten stromführende Kurzkupplungen, mit denen sich die Wagenbeleuchtung von der Lok aus versorgen ließ. Im gleichen Maß wie in den folgenden Jahren Trix-Modelle im Märklin-Katalog erschienen, etablierten sich Märklin-Erzeugnisse im Trix-Programm.

Oben und Mitte: *Komplett aus Metall gefertigt konnten die Varianten der „Schönen Württembergerin" mit einer enormen Vorbildtreue aufwarten. Sie verfügten über zahlreiche angesetzte Details, filigrane Speichenräder und mit LEDs beleuchtete, frei stehende Laternen. Dank einer Kulissenmechanik rückten Lok und Tender eng aneinander.*

pelachse. Von dort wurde die Antriebskraft lediglich über die Kuppelstangen auf die beiden anderen Radsätze übertragen. In der Summe sorgte der ausgefeilte Antrieb für Fahreigenschaften wie beim Original.

Jetzt wird kurzgekuppelt

Die neue Kurzkupplung bestand 1987 ihre Feuertaufe nicht nur bei der „Schönen Württembergerin", sondern auch an den komplett neu konstruierten Preußendreiachsern (4200 bis 4203) und den Rhein-Ruhr-S-Bahnwagen (4183 bis 4185), den so genannten x-Wagen. Der Eindruck der neuen Kupplung war perfekt. Puffer an Puffer rollten die Wagen wie beim großen Vorbild durch die Modell-Landschaft. In den Kurven sorgte die Kulissenmechanik dafür, dass die Kupplungdeichsel im Verhältnis zur Wagenstirnseite etwas nach außen rückte und sich die Fahrzeuge so nicht gegenseitig aus dem Gleis hebeln konnten.

Märklin bewies aber auch hier Weitsicht: Die neue Kurzkupplung war kompatibel zu allen seit 1939 entwickelten Märklin-Kupplungen. Kontinuierlich rüstete man in Göppingen bis Anfang der neunziger Jahre fast den gesamten Wagenpark auf das neue System um. Ausgenommen von den Umbauten blieben nur die Blechschnellzugwagen und sämtliche Güterwagen mit der Stamm-Nummer 44xx
Nachdem beim Antrieb die Kooperation mit anderen Herstellern schon fast Tradition war, erschien 1988 in Zusammenarbeit mit der schwäbischen Firma Brawa eine erste komplette, gemeinsam entwickelte Lok: der Rangierzwerg Köf II (3680). Sie war das bislang kleinste Lok-Modell im Märklin-Programm.
Ebenfalls im Jahr 1988 hatte die phantasievolle, letztlich aber glücklose Kinderbahn „Alpha" ihre Premiere. Dieses Sortiment mit seinen vielfältigen Spielmöglichkeiten und einem richtungsweisenden Gleis hielt sich lediglich einige Jahre. Neben dem Joint-Venture mit Brawa suchte Märklin Ende der achtziger Jahre auch die Kooperation mit anderen Herstellern. Das Jahr 1988 brachte zudem weitere Umwälzungen in der Antriebstechnik. Nach den guten Erfahrungen mit zugekauften Motoren entwickelte Märklin auch seinen hauseigenen Trommelkollektor-Motor weiter. Neben den Loks mit den Nummern 30xx, 31xx und 33xx, die einen dreipoligen Motor hatten, drehte in den Loks mit einer 35er Nummer nun ein Fünfpoler seine Runden. Um diesen, offiziell als Fünf-Sterne-Antrieb bezeichneten, Motor auch elektronisch regeln zu können, ersetzte ein Permanentmagnet die bisher übliche, fremd erregte Feldspule. Eine spezielle elektronische Anfahrverzögerung erlaubte seidenweiches Anfahren, die Höchstgeschwindigkeit ließ sich elektronisch begrenzen und der

Clou des Ganzen: Die neuen Loks hielten bei Berg- und Talfahrt immer konstant ihr vorgegebenes Tempo ein.

Der perfekte „Rheingold"

Bereits ein Jahr später servierte Märklin den Modellbahnern einen weiteren Leckerbissen: die perfekte Nachbildung der Rheingold-Wagen, wie sie in den zwanziger und dreißiger Jahren zwischen Hoek van Holland und Basel unterwegs waren. Als Reminiszenz an die gute alte Zeit waren die Wagenkästen nach bewährter Tradition komplett aus Blech gefertigt und serienmäßig mit einer ausge-

> Eine Lok aus Holz

Nicht die klassischen Werkstoffe wie Metalldruckguss oder Kunststoff wurden für die Schwedenlok Da verwendet. Sie erhielt einen Aufbau aus echtem Holz, was zu einem sehr authentischen Erscheinungsbild führte.

fuchsten Innenbeleuchtung ausgestattet; sogar die kleinen Lämpchen auf den Tischen der Salonwagen waren nachgebildet und auch beleuchtet. Die klassische Fertigungsmethode der Modelle nährte bei zahlreichen Märklin-Freunden die Hoffnung, dass künftig wieder neue Blechmodelle Eingang ins Märklin-Programm finden. Bisher wurde der Wunsch allerdings noch nicht erhört. Die Märklin-Wagen entwickelten sich aber nicht nur technisch weiter. Was in puncto Detaillierung bei Serienmodellen machbar ist, wenn man die Produktionskosten vernachlässigt, zeigten 1989 zwei Oldtimer nach schwedischem Vorbild. Erstmals fertigte Märklin den Aufbau von Wagen nicht aus den traditionellen Werkstoffen Metall oder Kunststoff, sondern aus Holz. Als Sonderserie, zunächst ausschließlich für den Export nach Schweden, erschienen passend zu der im gleichen Jahr präsentierten Zugpackung 2670/2870, die eine E-Lok mit Holzaufbauten nach dem Vorbild der Schwedenlok Da (3030) enthielt, die äußerst filigran gearbeiteten Modelle eines 3.-Klasse-Wagens (4270) und eines Gepäckwagens (4271) mit hölzernem Gehäuse. Federpuffer und zierlich geätzte Geländer an den Plattformen sind nur einige Beispiele für den Detailreichtum der heute auf Börsen und Auktionen entsprechend hoch dotierten Modelle.

Oben: *Die perfekte Nachbildung der Rheingold-Wagen, wie sie in den zwanziger und dreißiger Jahren zwischen Hoek van Holland und Basel unterwegs waren. Als Reminiszenz an die gute alte Zeit waren die Wagenkästen nach bewährter Tradition komplett aus Blech gefertigt. In der Zugpackung war noch eine S 3/6 enthalten.*

Links: *1989 erschien die Zugpackung mit dem legendären Holzzug nach schwedischem Vorbild.*

Der kleine Zug im Köfferchen

Eine neue Bahn entsteht: die Märklin Z von 1972 bis heute. Von Thomas Rietig

Kleine sind ja meist zäh. Ihr Überlebenswillen überrascht manchmal selbst die Eltern. So waren in den letzten 37 Jahren einige Leute bei Märklin immer mal wieder der Ansicht, dass die Nenngröße Z nicht überlebensfähig sei. Sie wurden eines Besseren belehrt. Die kleine Spur, die sich stolz „die kleinste elektrische Serienmodelleisenbahn der Welt" nennt, ist nicht nur erwachsen geworden, sie hat auch ein vernünftiges Verhältnis zu ihren Eltern gefunden. Mit Sicherheit trifft auf sie ein Slogan zu, der früher als Werbespruch für alten Whisky diente: „Still going strong." „Noch richtig gut dabei", lautet die flapsige Übersetzung. In aller Bescheidenheit: Aus Sicht der Firmengeschichte war die Präsentation der Kleinen im ohnehin rekordverdächtigen Olympia-Jahr 1972 eigentlich nur „business as usual" auf der Nürnberger Spielwarenmesse. Die Ingenieure aus Göppingen hatten nur getan, was Märklin immer tat: Sie setzten im wahrsten Sinne des Wortes neue Maßstäbe. Sie präsentierten ein System, an das sich alle anpassen sollten. Sie wurden deshalb belacht, kritisiert und angegiftet, aber sie setzten sich am Markt durch. Das war bei der ersten Systemeisenbahn im 19. Jahrhundert so, beim Siegeszug der 00/H0-Tischbahn oder beim Wechselstromsystem für H0 – und es wiederholte sich bei der Spur Z und dann beim Digitalsystem.

Der Anhalter Bahnhof, gebaut aus einem Märklin-Bausatz in Z. Auf den Schienen finden sich zahlreiche Züge, die das Bild der 1920er Jahre im Vorbild geprägt haben. Mit den Z-Modellen können solche Szenen wunderbar nachgestellt werden.

Dabei sah es in den 1960er Jahren zunächst so aus, als hätten sie den Zug der Zeit verpasst. Die Bahnen der Nenngröße N im Maßstab 1 : 160 eroberten die kleiner gewordenen Kinderzimmer und erschlossen die Familien in den Wohnblöcken der Wirtschaftswunderzeit als Zielgruppe für die Modellbahn, und der Marktführer Märklin schien untätig zuzuschauen. Aber so war es nicht. Märklin entwickelte auch eine N-Bahn, brachte sie aber nicht auf den Markt. Hinter anderen Herstellern nachzuziehen – genau das wäre ein Bruch mit der Göppinger Tradition gewesen. Aber die Kritik muss die Leute bei Märklin getroffen haben. Sie schalteten 1968 eine Anzeige in Publikumszeitschriften, die eine V-200-Diesellok und zwei D-Zug-Wagen in einer Männerhand zeigte, offensichtlich im Maßstab 1 : 160. Daneben stand: „Märklin-Spur N gibt's schon seit über 4 Jahren. Aber Sie können sie nicht kaufen." Anzeigen in Publikumszeitschriften waren für Märklin etwas Außergewöhnliches. Kinder, die einst „Micky Maus" lasen und eine Märklin-H0-Bahn hatten, ärgerten sich darüber, dass es so gut wie nie Märklin-Reklame in der Comic-Zeitschrift gab. Die Konkurrenz schal-

Oben links: *Werbebilder aus den ersten Jahren von Märklins Kleinster. Zu sehen waren ausschließlich Erwachsene, gut situierte Leute, und auffallend viele Frauen.* **Oben rechts:** *Das wohl berühmteste Motiv: Die Baureihe 89 findet Platz in einer Glühbirne.*

tete dort regelmäßig Anzeigen. Das setzte Märklin-Freunde bei den Schulhof-Diskussionen immer wieder ins Hintertreffen.

Mit der erwähnten Anzeige wirkte Märklin also dem Eindruck entgegen, man habe die Entwicklung verschlafen, und berief sich auf Meinungsforschungen. Die hätten ergeben, dass die Bundesbürger zwar den Vorteil der Platzersparnis des Maßstabs 1 : 160 erkennen würden. Aber sie lehnten „eine so stark verkleinerte Märklin-Bahn rundweg ab", hieß es im Text. „Tiefenpsychologische" Gründe wurden gar ins Feld geführt: „Weder Jugendliche noch Erwachsene sehen in diesen Miniaturen noch eine Eisenbahn."

Fachleute nannten als Begründung, der kleine Maßstab könne nicht mit dem Dreileiter-Wechselstromsystem betrieben werden, dessen Zuverlässigkeit Märklin berühmt gemacht hatte. Zu wenig Platz sei in den Lokomotiven für den bei Wechselstrombetrieb unumgänglichen Fahrtrichtungsumschalter, hieß es, und auch der nötige Anpressdruck für den Schleifer könnte möglicherweise wegen des geringen Gewichts der Lokomotiven nicht erzeugt werden.

Alle diese Argumente spielten vier Jahre später offenbar keine Rolle mehr. Da präsentierten die Göppinger die Bahn, die noch viel kleiner war als die Spur N. Lange kann es bis zum Gesinnungswandel nicht gedauert haben. Heute heißt es, die Entwicklung der 1972 präsentierten Nenngröße im Maßstab 1 : 220 habe eineinhalb Jahre gedauert. Nimmt man noch ein Jahr dazu für den Zeitraum von der ersten Vorstandsvorlage bis zum „Go" durch Geschäftsführer und Eigentümer, so ist es nicht unrealistisch, den Sommer 1969 für den ganz geheimen Start der Spur Z anzusetzen.

„mini-club": ein Name – ein Programm

Der Name „mini-club" ist inzwischen Geschichte. Er stand für die in den ersten Jahrzehnten konsequent umgesetzte Werbestrategie, als Zielgruppe der Bahn Erwachsene anzupeilen. Das wurde spätestens in den 1990er Jahren obsolet, als ohnehin meist Erwachsene mit der Modellbahn spielten, ungeachtet der Spurweite. Heute heißt die kleine Systembahn Märklin Z und ist schon lange nicht mehr allein im Maßstab 1 : 220. Den Standard haben die Göppinger gesetzt, aber die ganz kleine Welt ist zu einem Universum geworden, in dem sich große und kleine Hersteller tummeln und vielen verschiedenen Ansprüchen gerecht werden. Manche Großserienhersteller tun sich zwar schwer mit den doch eher geringen Stückzahlen im Vergleich etwa zur H0-Bahn. Dafür ist der kleine Maßstab mit 6,5 mm Spurweite eine echte Herausforderung für Tüftler und Leute, die schon immer das Besondere schätzten. Gerade Letztere sind auch bereit, ein wenig mehr auszugeben.

Bis zu dieser Vielfalt war es aber ein langer Weg. Die Fachwelt staunte bei der Präsentation zwar, malte aber der kleinen Bahn eine düstere Zukunft aus. Es wurden all die Argumente vorgebracht, die Märklin selbst in der Anzeige für den Verzicht auf die Spur N ins Feld geführt hatte. Die Göppinger mussten also neben den normalen Schwierigkeiten, die mit der Markteinführung eines neuen Produkts verbunden waren, auch die hohe Hürde selbst gesetzter Qualitätsstandards überwinden. Sie mussten praktisch beweisen, dass die kleine Bahn trotz der größen- und systembedingten Schwierigkeiten all die Eigenschaften hatte, die Märklin-Bahnen so berühmt gemacht hatten. Und sie mussten eben auf dem Modellbahnmarkt den Platz für ein neues Produkt ebnen. Das Interesse an einer so kleinen Bahn wurde ja nicht vom Vater auf den Sohn „vererb"t, wie das bei der H0-Bahn der Fall war. Hier mussten die Zielgruppen ganz neu erschlossen werden. Doch zunächst zur Technik.

Die Technik

Obwohl den Zahlen nach der Unterschied zwischen der Spur N mit 1 : 160 und der Spur Z mit 1 : 220 nicht unüberwindbar scheint, gilt es zu bedenken, dass Volumen und Gewicht in der dritten Potenz abnehmen. Fahrzeuge werden leichter, die Zugkraft der Loks lässt nach. Mit Haftreifen wollte Märklin das nicht kompensieren, weil das auf Kosten

Oben links: *Auch wenn hier nur Kirschen und ein ausgefallenes Schuhwerk zu sehen sind, ein zarter Hauch von Erotik ist diesem Motiv nicht abzusprechen.* **Oben rechts:** *Oft waren die Sujets verspielt und sehr konstruiert, in ihrer Botschaft aber eindeutig.*

der Kontaktsicherheit gegangen wäre. Inzwischen lassen sich Märklin-Z-Loks mit Haftreifen nachrüsten, wenn auch nicht vom Hersteller selbst. Fehlenden Anpressdruck wegen mangelnden Gewichts kompensierte Märklin durch Einsatz der Druckgusstechnik. Höhere Zugkraft wurde zunächst etwa dadurch erreicht, dass bei allen Drehgestell-Loks alle Achsen angetrieben wurden. 2004 führte Märklin beim Antrieb der Z-Loks eine herausragende Leistung der Feinmechanik vor: Es erschien die Gt 2x4/4, die spätere Reichsbahn-Baureihe 96, als Modell. Anders als bei dem schon lange im Programm befindlichen H0-Modell der größten und schwersten Tenderlok Europas sind bei der kleinen Variante alle acht Achsen angetrieben. Und das, obwohl beide Fahrwerksgruppen schwenkbar gelagert sind. Beides zusammen gibt dem Modell hervorragende Fahreigenschaften und hohe Zugkraft. In jenem Jahr setzte Märklin dieses Konzept auch bei der zweiten Mallet-Lok des Programms um, der beim Vorbild niemals vollendeten Kriegslok-Baureihe 53.

Ein weiteres Problem stellten die mögliche Verschmutzung der Gleise und die daraus resultierenden Kontaktschwierigkeiten dar. „Staubkörnchen wurden zu riesigen Felsen", beschreibt es anschaulich einer, der damals maßgeblichen Anteil an der Entwicklung hatte. Aus gutem Grund stellte Märklin für die Spur Z 1978 einen Schienenreinigungswagen vor, der mit extra schnell laufenden Reibrädern die Schienenoberflächen sauber hielt.

Ein Muss war von Anfang an erfüllt: Die Spur Z funktionierte. Technik und Verarbeitung ließen hinsichtlich der Zuverlässigkeit keine Wünsche offen. Schon zwei Jahre nach der Vorstellung des Systems kam wie selbstverständlich die funktionsfähige Oberleitung, mit der Mehrzugbetrieb auf den kleinen Gleisen möglich war. Auch die Kehrschleifen-Garnitur machte mit einem Problem Schluss, das „Wechselstromer" gar nicht kannten: Im Gleichstrombetrieb können Loks nicht einfach eine Schleife drehen und dann in der anderen Richtung auf dem Gleis zurückfahren. Der Kurzschluss, der da zwangsläufig entstehen würde, kann nur mit einer bestimmten Schaltung vermieden werden.

Die Technik, die Märklin präsentierte, war so durchdacht, dass es bisher nur kleinerer Verbesserungen bedurfte, um mehr als drei Jahrzehnte lang am Markt zu bestehen. Mehrmals wurden die Trafos so verbessert, dass auch im Analogbetrieb geregelte Langsamfahrt leichter möglich war. 1977 erhielt die Kupplung oben eine Schräge, damit Vereinigung und Trennung reibungsloser vonstatten gehen. Auch die berühmte Dampflok der Baureihe 89 wurde technisch verbessert, indem die mittlere Achse als Pendelachse zwecks sicherer Stromaufnahme ausgelegt wurde.

Neue Metallräder

In den ersten sieben Produktionsjahren hatten die Wagen der „mini-club" Kunststoffräder. Das hatte nicht nur den Vorteil der preisgünstigen Produktion; man musste rechtes und linkes Rad auch nicht gegeneinander isolieren. Nur die Laufeigenschaften ließen zu wünschen übrig, weil sich der Kunststoff hin und wieder verzog. So wurde zunächst eine ringförmige Aussparung an der Innenseite eingeführt. Die ersten Metall-Radsätze kamen mit den beleuchteten TEE-Wagen 1977. Das war nötig geworden, weil über sie der Strom für die Beleuchtung aufgenommen werden musste.

Später wurden bei allen Waggons nur noch Metall-Radsätze montiert. Die Achsen sitzen in einer Kunststoffverkleidung in der Nabe. Damit sind die Laufeigenschaften der Waggons deutlich besser geworden. Schließlich kamen ab 1977 bei den Lokomotiven und ab 1989 bei den Waggons Speichenräder, soweit es die Vorbildtreue erforderte.

Der Motor war eine Eigenentwicklung von Märklin. Die Motoren für die Kleinste sind seit 1999 fünf- statt dreipolig, was den Fahrzeugen größere Laufruhe, mehr Zugkraft und direkteres Ansprechen auf Fahrbefehle ermöglicht. Mit ihrem Ankerdurchmesser von 7,45 mm und dem 4 mm langen Ankerblech nehmen die Motoren maximal 300 mA Strom auf und drehen in der Minute bis zu 40.000 Mal.

Wichtig für die Vorbildtreue ist auch die Drucktechnik. Anschriften müssen mit der Lupe gelesen werden können, ver-

In den 1970er Jahren war das Rauchen noch absolut angesagt. Vor allem der Pfeife rauchende Herr kam bei den Damen scheinbar besonders gut an. Und wenn dann auch noch eine kleine Lok im Spiel war …

> Die kleine Dampflok

Auch in der Nenngröße Z kam Märklin nicht an der Baureihe 89 vorbei. Daher fand sich diese kleine Dampflokomotive auch in Startpackungen. Bedruckung und Ausführung der Minilok konnten sich sehen lassen.

schiedene Farben auf denselben Flächen müssen sauber getrennt werden. Die Technik ist seit den Anfängen der „mini-club“ so weit fortgeschritten, dass nun Schriften bis 0,15 mm Höhe lesbar dargestellt werden können. Das entspricht Buchstaben oder Zahlen, die auf der 1 : 1-Lok oder dem Wagen gerade mal 33 mm hoch sind, also auch schon eine recht kleine Beschriftung. Loks und Wagen wurden im Göppinger Werk mit Maschinen produziert, wie sie auch in der Schweizer Uhrenindustrie Verwendung finden.
Auch der Vierfarbdruck, etwa auf Werbeloks, ist perfektioniert worden und ist jetzt präzise wie ein hochaufgelöstes Foto. Das musste aber auch sein, weil sich die Werbe- und Designerbranche immer neue und schwierigere Motive einfallen lässt, die auf Bahnfahrzeugen realisiert werden sollen.

Zeitgenössische Vorbilder

Das Sortiment, das 1972 den Anfang machte, orientierte sich an zeitgenössischen Vorbildern, sieht man von einigen märklin-typischen Kompromissen ab. Wenn man schon am System nicht erkennen konnte, dass es eine Märklin-Bahn war, musste wenigstens bei den Modellen eine Ikone der Göppinger dabei sein. So fuhr auf den Gleisen der Anfangspackungen meist ein Modell der Dampflok-Baureihe 89. Die „große“ Schwester im Maßstab 1 : 87 hatte 1972 schon eine Millionenauflage hinter sich, sie war in Kinderzimmern, unter kerzengeschmückten Tannenbäumen und in Modellbahnkellern allgegenwärtig, weil sie seit der unmittelbaren Nachkriegszeit als Einsteigermodell produziert wurde.
In der Regel trug diese Lok die Aufschrift „Deutsche Bundesbahn“, obwohl sie vor und nach dem Krieg nur bei der Deutschen Reichsbahn eingesetzt worden war. Den Märklin-H0-Kunden war's egal, sie kauften die Einsteigerlok in unzähligen Startpackungen. Es verbinden sich Kindheitserinnerungen einer ganzen Generation mit dem schwarzen Maschinchen, und die 89 ist wahrscheinlich bis heute die meistgebaute Modellbahn-Lok der Welt, auch wenn sie jetzt in keiner Nenngröße mehr im Märklin-Programm auftaucht. Deshalb war sie ein Muss im Anfangssortiment der Nenngröße Z. Abgesehen von diesem sozusagen historischen Kompromiss entsprachen Loks und Waggons, aber auch das angebotene Zubehör weitgehend dem, was 1972 auf und neben den Gleisen des deutschen Vorbilds zu sehen war. An das Abstraktionsvermögen der Kundschaft wurden zunächst keine großen Anforderungen gestellt.

Geschenkprobleme dauerhaft lösen

In den ersten Jahren kristallisierten sich mehrere Zielgruppen für die „mini-club“ heraus. Überwiegend waren es Erwachsene. Für Kinder, da waren sich die Marktforscher einig, waren die Modelle zu klein und die Technik zu anspruchsvoll. Einige Jahre lang prägte Verpackungen und Kataloge sogar der Stempel: „Nur für Erwachsene“. Die erste Gruppe wurde gezielt von einer Werbekampagne zur Einführung angesprochen, diesmal auch in Publikumszeitschriften. Sie zielte auf den gebildeten, wohlhabenden Verbraucher, der sein bisher vielleicht eher diskret betriebenes Hobby aus dem Keller ins Wohnzimmer oder gar ins Büro

holen wollte. Oder es war immer sein Traum gewesen, eine Eisenbahn zu haben, und er hatte sich bisher nicht getraut. Oder der Platz war zu knapp. Pfeife rauchende, entspannte Männer und lächelnd Harmonie signalisierende Frauen, adrett gekleidet, spielten mit der „mini-club" oder schauten begeistert zu. Die Bahn erschien in der Werbung immer mehr in abstrakten, modellbahn-fernen Umgebungen. Die Dame des Hauses wurde dabei kaum als „Userin", wie man heute sagen würde, gesehen, sondern als Kundin, der für ihren Gatten auf der Suche nach Geschenken geholfen werden musste. „Zugpackungen – Herzenswunsch der Männer" hieß es 1978, und damit wurden Mann und Frau gleichermaßen angesprochen. „Lösen Sie Geschenkprobleme dauerhaft", empfahl der Prospekt 1979.
Zugleich stieg die Zubehörindustrie ein und produzierte im kleinen Maßstab Gebäude, Fahrzeuge und ganze Anlagen mit fertigen Landschaften, auf die nur noch Gleise gelegt und Häuser gestellt werden mussten. Im Gegensatz zur H0-Welt gab es die Gebäude oft auch schon als Fertigmodelle. Genau das Richtige für den gestressten Manager, der sich nicht groß mit Basteln abgeben, sondern nur mal eben nach Feierabend zur Entspannung die Züge fahren lassen wollte.
Eine zweite Gruppe, die nach anfänglicher Zurückhaltung die Spur Z entdeckte, bestand aus Modellbahnern, die ganz andere Vorzüge der „mini-club" zu schätzen wussten: Der kleine Maßstab ermöglichte es, dass bei der Gestaltung weniger Kompromisse gemacht werden mussten: Züge konnten mit der „richtigen" Anzahl Waggons fahren, D-Zugwagen waren im vorbildgerechten Längenmaßstab gehalten, und die Gleise hatten ebenfalls großzügigere Radien. So ließen sich Strecken bauen, bei denen die Fahrt eines D-Zuges mit acht Waggons nicht gleich die Dimension der Anlage sprengte. Damit wurden auch ganz andere Gestaltungen möglich. Doch davon später.

Sammler und Anleger

Als dritte Gruppe kamen, parallel zur Entwicklung bei den traditionellen Spurweiten, auch Sammler auf den Plan. Ein Teil von ihnen versprach sich von den kleinen Dingen mit dem Traditionsnamen einen Wertzuwachs. Dieser trat allerdings nur bei wirklich seltenen Objekten ein und blieb in der Regel auf lange Sicht deutlich hinter dem klassischer Spurweiten zurück. Andere wollten einfach nur sammeln und freuten sich, dass hier ein Bereich entstand, bei dem man von Anfang an zu normalen Preisen dabei sein konnte. Auch die Sammler mussten umdenken, jedenfalls wenn sie auf Vollständigkeit Wert legten.
Es konnte nämlich doch teuer werden. Das lag unter anderem daran, dass sich die kleine Bahn gut als Werbegeschenk eignete. Ebenso wie beim H0-Maßstab 1 : 87 gab es bald Werbewagen und -lokomotiven, ja ganze Werbezüge, und nicht jeder konnte sich so etwas besorgen. Also mussten die Sammler doch wieder mehr Geld ausgeben, weil bei solchen Exemplaren bald die Nachfrage das Angebot überstieg. Und

> Werbewagen

Dank ihrer Winzigkeit eignen sich Märklin-Z-Artikel besonders gut als kleine Präsente. So hat es Tradition, dass zu Weihnachten ein solch kleines Geschenk an Kunden und Freunde des Hauses verschickt wird. Aber auch zu Messen und anderen Veranstaltungen wurde oft ein spezielles Schächtelchen mit einem netten Motiv überreicht.

bei jenen Loks und Wagen, die nicht im Handel zu haben waren, lohnte sich das Sammeln deutlich mehr.

Der erste Werbewagen

Ein Beispiel dafür ist eine 1975er Variante des zweiachsigen Kesselwagens 8611 aus dem Anfangssortiment. Nur dass da nicht „Esso", „Shell" oder „BP" draufstand, sondern „Lauff". Er gilt als das erste Werbemodell der „mini-club" und wurde ein Dutzend Jahre später mit 500 Mark (250 Euro) gehandelt. Wieder ein gutes Jahrzehnt später sprach man schon von 1000 bis 2700 Mark. Der Lauff-Wagen ist damit eines jener Modelle, die es in der noch kurzen Geschichte der „mini-club" zu respektablen Wertsteigerungen gebracht haben. Nur wenige Modelle haben es aber geschafft, im Wertzuwachs entscheidend über das hinauszukommen, was eine normale Geldanlage bei Bank oder Sparkasse auch gebracht hätte. In den letzten Jahren scheint nach Ansicht von Marktbeobachtern dieses Geschäft deutlich nachgelassen zu haben. Als Begründung dafür werden kritischere Maßstäbe im Umgang mit der Abgabe und Annahme von Werbegeschenken, aber auch geänderte Überlegungen in Wirtschaft und Industrie über die Kosten-/Nutzen-Relation solcher Geschenke angeführt.
Eigentlich sind die Werbemodelle nur eine Untergruppe der Fantasiemodelle. Hier hat die „mini-club" ein Feld besetzt, das etwas abseits der Modellbahn im engeren Sinne liegt. Bei ihnen lässt das Design keinen Zweifel, dass nicht an Vorbildtreue gedacht war, sondern an den Spaß des Schenkens, Auspackens und Ausprobierens. Dazu zählen auch Messe- und Presse-Geschenke sowie andere Modelle, die spezifisch für Veranstaltungen entworfen und produziert wurden. Zu nennen wären das Solar-Set im Koffer, das Osterhasen-Fun-Set und den Adventskalender, der 2003 zum wiederholten

Oben rechts: *Der Z-Zeppelin, vorbildgerecht nur zweiachsig, war versilbert und patiniert, und natürlich drehte sich während der Fahrt der Heck-Propeller.*

Mitte: *Den Nachtzug mit der sehr fein gravierten E 19 und passenden Schnellzugwagen gab es als Zugpackung.*

Mal angeboten wurde. Auch der Weihnachtswagen gehörte dazu. Oder die Micky-Maus-Lok. Sie gab es zwar auch auf den Schienen der Deutschen Bahn, aber der Anstoß dazu kam von den Kreativen der kleinen Bahn.
Schließlich waren da noch die Tüftler. Sie reduzierten die „mini-club“ auf ihre Winzigkeit und experimentierten damit. Sie stellten sie in exotische Umgebungen, die oft fern von der Realität waren, aber eben dadurch ihr Publikum faszinierten. Es gab als Klassiker die Anlage unter der Glasplatte des Couchtischs. Dann die auch von Märklin angebotene Anlage im Aktenkoffer, bis 2005 sogar mit Solarenergieversorgung. Es gab „mini-club“-Gleise mit fahrenden Zügen in Bratpfannen, auf Hutkrempen oder in der Whiskyflaschenschachtel. Wettbewerbe für die originellste Anlage wurden ausgerichtet. Mit einer Anlage in der Kommodenschublade brauchte man da gar nicht mehr anzutreten.
Märklin selbst brachte 1992 eine Startpackung mit dem Titel „Museum“ heraus, die neben den üblichen Zutaten wie Personenzug, Gleisoval und Transformator ein Museum aus Karton und eine Grundplatte enthielt, auf der man nicht nur das Oval aufbauen, sondern auch eine Reihe von „Pappkameraden“ mit Bildern anderer Lokomotiven aufstellen konnte. Der inoffizielle Auftrag an Familienmitglieder und gute Freunde lautete: Zu Geschenkanlässen bitte dafür sorgen, dass die Pappkameraden durch dreidimensionale Modelle ersetzt werden. Ein Museumsführer klärte über Vorbilder und Modelle auf.

> Die Kofferanlage mit Solartechnik

Dass die Baugröße Z gerne in den berühmten Koffer gesteckt wurde, ist an sich nichts wirklich Besonderes. Das Solar-Set aus dem Jahr 2002 ging noch einen Schritt weiter und zeigte auf, dass man bestimmte Themen mit einer kleinen Fantasie-Anlage kreativ umsetzen konnte.

Das Sortiment

Im Versuch, alle diese Zielgruppen zu bedienen, vervollständigte und erweiterte Märklin das Sortiment. Der nächste große Schritt nach dem erwähnten 1970er-Jahre-Angebot kam 1974 mit der Einführung der funktionsfähigen Oberleitung, unter der als erste E-Lok die Baureihe 103 fuhr. 1979 begann die Eroberung des Schweizer Marktes gleich mit einem Paukenschlag: Das legendäre Krokodil, ohne das sowieso keine Märklin-Bahn auskommt, die etwas auf sich hält, rollte auf den kleinen Schienen. Ein Jahr später deutete sich bei der „mini-club“ eine Produktstrategie an, die sich

Oben links: *Nahezu alle wichtigen Vorbilder standen Pate für eine Umsetzung ins Modell. So durfte auch eine 460 der SBB samt Schnellzugwagen nicht fehlen.*

Mitte: *Feine Züge: der „Rheingold" mit einer E 10 und der legendäre VT 11.5.*

Links: *Loks für den alltäglichen Gebrauch wie die 103, 151, 101 oder die ÖBB-1020 und die V 200 der DB kamen nach und nach in das Sortiment.*

Unten: *Für besondere Anlässe wurden aufwändigere Präsente aufgelegt. Ihre Stückzahl ist in der Regel überschaubar.*

später deutlicher ausprägen sollte: In der kleinen Spur erschienen Modelle, die es im nach wie vor deutlich dominierenden H0-Programm noch nicht gab. Diesmal war es die universell einsetzbare Elektrolok der Baureihe 144, die Märklin zwar im Maßstab 1 : 87 einst produziert hatte, die aber schon ein paar Jahre nicht mehr im Programm war, weil sie in der Detaillierung nicht mehr den gestiegenen Ansprüchen der Modellbahner entsprach. Als „mini-club"-Modell bestach sie durch eine feine Beschriftung sowie vorbildgerechte Nachbildung der Beleuchtung.

Zum zehnjährigen Jubiläum 1982 zeigten die Produktentwickler der kleinen Bahn ganz deutlich, dass sie es mit der Vorbildtreue sehr genau nehmen wollten. Sie scheuten dabei nicht einmal davor zurück, ihre H0-Kollegen zu übertreffen, und stellten trotz des Risikos der mangelnden Kon-

taktaufnahme einen zweiachsigen Schienenzeppelin auf die Z-Gleise. Das H0-Modell hatte vier Achsen. Der Original-„Zepp“ aber hatte seine historischen Rekorde von 230 km/h zwischen Berlin und Hamburg auch nur mit zwei Achsen aufgestellt. Der Z-Zeppelin war versilbert und patiniert, und natürlich drehte sich während der Fahrt der Heck-Propeller.

Über den Großen Teich

1984 kam die Präsentation amerikanischer Vorbilder. Sie begann wieder mit einer Märklin-Ikone, nämlich der F-7-Diesellok, die Jahrzehnte lang das H0-Programm zierte. Damit wagte die kleine Spur den Sprung über den Großen Teich. Es war ein Schritt, der sich auszahlen sollte. In einigen Eigenheiten kam nämlich die kleine Spur der besonderen amerikanischen Variante des Modellbahn-Hobbys entgegen. Wer jemals amerikanische Anlagen gesehen hat, ist immer wieder verblüfft über das hohe Maß an Realismus, das hier erzielt wird. Das liegt an dem häufig geübten Verzicht auf umfangreiche Spielmöglichkeiten zugunsten maßstabsgerechter Proportionen von Gleisanlagen und Landschaft. Und wenn dann eben doch gespielt werden soll, dann wird die Anlage so groß geplant, dass der Realismus darunter möglichst nicht leidet. Hier kommen die Vorteile des ganz kleinen „mini-club“-Maßstabs voll zum Tragen. Großzügige und großräumige Landschaften lassen sich ebenso gut auf verhältnismäßig kleinem Raum nachbilden wie Züge mit Mehrfachtraktion und nahezu unendlich vielen Güterwagen.

Genau das Richtige dafür war die F7 – jene Lokomotive, die dem Dampfbetrieb in den Vereinigten Staaten den Garaus machte, lange bevor dies in Europa der Fall war. Für den Modellbahnhersteller bot sie darüber hinaus den Vorteil, dass sie in den Farben unzähliger Bahngesellschaften verkehrte, und das über Jahrzehnte. So musste Märklin, um auf Anhieb bunte Vielfalt auf der US-Anlage zu erreichen, nur die Form anders lackieren und beschriften. Das Fahrwerk stammte ohnehin von der Bundesbahn-Elektrolok der Baureihe 111. Deshalb ist das F-7-Modell auch etwas zu lang im Vergleich zum Vorbild.

Die Maschine ist aus der Eisenbahngeschichte Nordamerikas ebenso wenig wegzudenken wie der berühmte Golden

Rechts und unten: *Sie ist der Klassiker auf US-Schienen schlechthin: die F7. Zudem ist sie eine dankbare Lok, kann sie doch in vielen Varianten gefertigt werden. Besonders gelungen war sie in den Farben der Amtrak, hier mit passendem Personenzug.*

Die „Commodore Vanderbilt“ ist eine überaus elegante Erscheinung. Selbst im Maßstab 1 : 220 kann sie gefallen.

Mit der GG1 gelangte die erste E-Lok nach US-Vorbild in das Sortiment von Märklin Z.

Unten: *Kein Güterzug ohne Caboose, den Güterzugbegleitwagen in Amerika.*

Spike, der in die Schwelle genagelt wurde, als sich im Mai 1869 die Central Pacific und die Union Pacific Railroad in Promontory Point in Utah trafen. Eine Nachbildung dieses goldenen Nagels gab es übrigens auch von Märklin, als Zugabe zu einem Güterzugbegleitwagen in Z – allerdings nicht im Maßstab 1 : 220. 1994, zum 125-jährigen Jubiläum lag er in einer Schachtel neben dem Caboose in den Farben der Union Pacific Railroad. Er maß immerhin 46 mm. Das war genau ein Millimeter mehr als die Länge der anfangs erwähnten Dampflok der Baureihe 89.

Märklin lieferte also mit der F-7-Diesellokomotive und einigen Standardmodellen für Güterwagen in vielen Varianten die Grundausstattung für das Modellbahn-System, im Maßstab 1 : 220. 1985 folgte ein Reisezug der staatlichen Amtrak-Gesellschaft, im Jahr darauf die Mikado-Güterzugdampflok. 1989 krönte Märklin die F-7-Parade mit einem echt versilberten Luxuszug-Modell des California Zephyr. 1993 kam die B-Unit der F7 dazu, das führerstandslose Modell, mit dem vorbildgerechte Mehrfachtraktionen zusammengestellt werden konnten. 2004 bot Märklin die erste US-Elektrolokomotive an: die riesige GG1.

Zwei Super-Dampflokomotivmodelle nach US-Vorbild müssen noch erwähnt und hervorgehoben werden: Das ist einmal eine „Mogul“ in den Farben der Denver & Rio Grande Western Railroad. Unten herum hatte diese Lokomotive die Baureihe 24 als Basis, aber Kessel und Führerhaus waren völlig neu geformt und überaus reich detailliert. Das galt auch für die noch filigranere „Ten-Wheeler“, Achsfolge 2’C, die bislang in zwei Varianten als klassische Streckenlok im Wildwest-Design erschien. Hier wurde das Fahrwerk der P 8 mit einem Dampflok-Chassis im Wildwest-Livree geadelt: einmal in der Ausführung als „Casey Jones“ in Erinnerung an den legendären Lokführer, der sich bei einem Zugunglück opferte, um Schlimmeres zu verhindern, und einmal als „Diamond Special“ der Illinois Central Railroad.

Oben rechts: *Gut getroffen war auch die elegante Neubau-Dampflokomotive der Deutschen Bundesbahn, die Baureihe 10.*

Mitte: *Zur Fußball-WM 2006 in Deutschland hatte der VT 08 in der Ausführung als WM-Zug von 1954 seine erfolgreiche Premiere.*

Beide gab es nur als einmalige Auflagen in Zugpackungen jeweils mit drei Pullman-Personenwagen und einem kombinierten Personen-/Gepäckwagen.

Die Kleine wird erwachsen

Auch in der Alten Welt wurde die „mini-club" erwachsen. Zur Oberleitung gesellten sich 1973 ein komplettes Brückensortiment, 1977 die Schiebebühne sowie 1984 die Drehscheibe und der Ringlokschuppen, sodass dem Bau von Großanlagen nichts mehr fehlte. Was Märklin nicht wagte, war die Digitalisierung. Einmal, 1988, war es fast so weit. In einem schicken kleinen schwarzen Katalog war sie angekündigt. Als erste Modelle sollten ein Schienenbus in der Variante der Chiemsee-Bahn und eine Mikado-Dampflok nach dem Vorbild der New York Central Railraod kommen. Aber sie erschienen dann doch ausschließlich in der analogen Variante. Märklin vertrat nach ausgiebigen Versuchen den Standpunkt, die Risiken der Digitalisierung in den kleinen Maschinen seien größer als die Vorteile, und die Betriebssicherheit sei noch nicht auf einem Niveau, wie es für eine System-Modellbahn unabdingbar sei. Die Göppinger haben bis heute keine Digital-Loks in der Nenngröße Z auf den Markt gebracht. Wer es dennoch riskieren will, muss sich in der Zubehörindustrie umschauen. Diese bietet inzwischen Decoder an. Einige von ihnen lassen sich durch einfaches Austauschen der Platine in die vier- und sechsachsigen Lokomotiven einklipsen, bei anderen werden Lötarbeiten notwendig, die nur geübten Händen zu empfehlen sind. Inzwischen gibt es auch neue Signale, die eine vorbildgerechte Kontrolle des Bahnbetriebs ermöglichen. Der Fuhrpark hat sich selbstverständlich mit dem Vorbild weiterentwickelt, sodass es neben modernsten Loks und Wagen für Güter- und Personenzüge auch den ICE 3, das Flaggschiff der Deutschen Bahn, im Z-Sortiment gibt.

Die Luxusmodelle

Was mit dem Schienenzeppelin angefangen hatte und mit dem California Zephyr und anderen Modellen fortgeführt worden war, wurde in der zweiten Hälfte der 80er Jahre beinah zu einem Alleinstellungsmerkmal der „mini-club": die Luxusmodelle. Damit sind nicht nur Modelle luxuriöser Züge wie etwa die des Orient-Express und Rheingolds gemeint – diese gab es 1988 und 1990 ebenfalls -, sondern Modelle in luxuriösen Ausführungen, oft unter Verwendung edler Materialien. Als Erstes wäre der Hofzug des sagenumwobenen bayerischen Königs Ludwig II. zu nennen, der aus Messingguss gefertigt, hinsichtlich der Detaillierung und Materialqualität alles Bisherige in den Schatten stellte.

1992 lag es nahe, das 20-jährige Jubiläum mit einem Luxusmodell zu feiern. Es wurde eine Tenderlok der Baureihe 78 mit einem Gehäuse aus echtem Sterling-Silber. Sie war zwar fahr- und spieltauglich wie ihre profanen Schwestern, aber in der richtigen Annahme, dass die meisten Käufer das Kleinod doch eher in einer Vitrine behalten würden, lieferte Märklin diese gleich mit. Zum nächsten runden Jubiläum 1997 kam dann eine Lok der Baureihe 10 der Bundesbahn.

Oben links: *Neben den hier gezeigten Güterwagen rollen auch Getreidewagen und die vierachsigen Planenwagen auf Z-Gleisen.*

Mitte: *Es ist wohl leicht nachvollziehbar, dass es auch ein Z-„Krokodil" gibt.*

Unten: *Modell der Baureihe 85.*

Obwohl es sich um ein „silbernes" Jubiläum handelte, wurden ihre Aufbauten in feinster Handarbeit aus 18-karätigem Gold gefertigt. Puffer, Räder und Gestänge der voll funktionsfähigen Lok erhielten ebenfalls einen hauchdünnen Goldüberzug. Dort, wo beim Vorbild Spitzenlaternen und Rücklichter saßen, funkelten bei der Jubellok in Weißgold gefasste Brillanten und Rubine.

> Legende in Gold

In aufwändiger Handarbeit wurde die Baureihe 10 aus 18-karätigem Gold gefertigt. Die „Beleuchtung" der Lok übernahmen Brillanten und Rubine.

Für die bislang letzten Luxusmodelle müssen wir weit in die Vergangenheit zurückblicken: Einerseits haben sie etwas mit der griechischen Antike zu tun, andererseits mit den ersten Jahren der Spur Z. Wie bereits erwähnt, hatte Märklin einiges damit zu tun, die Vorurteile zu entkräften, eine so kleine Modelleisenbahn könne gar nicht zuverlässig funktionieren. Man brachte sich deshalb 1978 mit einer Rekordfahrt ins Guinness-Buch, die jahrelang immer wieder erwähnt wurde und den Ruf märklin-typischer Zuverlässigkeit für die „mini-club" nachhaltig festigte. Ein Modell der Baureihe 03 war vor sechs Schnellzugwagen in 1219 Stunden ohne Pause 720 km weit gefahren.

Von dieser Schnellzugloktype entstand 2004 ein Dreierpack, das ein Exemplar in Gold, eines in Silber und eines in Bronze enthielt. Das Fahrwerk war bei allen drei Loks vergoldet. Als Anlass wählte Märklin die Olympischen Spiele mit dem Argument, auch das Geburtsjahr der kleinen Bahn 1972 sei ein Olympiajahr gewesen. Alle drei Loks wurden ähnlich aufwändig hergestellt wie die Baureihe 10 und nur auf Bestellung. Wie die 10 wurden sie auch in einem Holzkästchen ausgeliefert, dem ein Paar weißer Handschuhe beilag.

Was Sammler wollen

Natürlich sind diese Modelle nach wie vor viel Geld wert. Allein der Goldpreis hat sich seit 2004 verdoppelt. Die stolzen Besitzer, wenn sie denn an dieser Wertfrage interessiert

Oben: *Ausschnitt aus der bekannten Anlage „Geislinger Steige", die von Bernhard Stein geschaffen wurde.*
Rechte Seite oben: *Es ist schon verblüffend, wie authentisch heute Anlagen in der Baugröße Z ausschauen können.*

sind, können ihr Vermögen täglich anhand der Edelmetallkurs-Tabellen der Börsen überprüfen. Die Gefahr eines Verlustgeschäfts ist also gering, wenn man sich wirklich darum kümmert. Daneben gibt es aber Lokomotiven und Wagen, die wegen ihrer geringen Auflage und der hohen Nachfrage am Sammlermarkt hohe Preise erzielen und somit auch als Wertanlage gelten. Vielfach hat Märklin durch strenge Limitierung dafür gesorgt, dass das Angebot hinter der Nachfrage zurückbleibt. Wer solche Modelle wegen der Wertanlage sammelt, geht ein hohes Risiko ein, denn es kann der Zeitpunkt kommen, wo es eben keine Nachfrage mehr gibt, sei es wegen äußerer Einflüsse wie der aktuellen Krise, sei es, weil die Preise einfach in sich zusammenfallen, wie es etwa vor Jahren bei den Telefonkarten geschah.

Bei diesen Modellen spielt der Materialwert höchstens eine untergeordnete Rolle. Dafür haben sie oft eine Geschichte. Das berühmteste Exemplar in der Spur Z ist das „Goldene Krokodil" von 1983. Märklin hatte ja vier Jahre zuvor die schweizerische Gebirgslok auch auf die kleinsten Schienen rollen lassen. Bei einer Pressekonferenz verschenkten die Göppinger Manager 50 vergoldete Exemplare dieser Maschine an die Gäste. Noch am selben Tag erhielten die Beschenkten von Sammlern Angebote im vierstelligen D-Mark-Bereich für diese Lokomotiven, und inzwischen soll ihr Wert über 5000 Euro betragen. – Auch später wurden immer wieder limitierte Sonderauflagen verschenkt und am

> Das vergoldete Krokodil

Bei Sammlern steht das nur in 50 Exemplaren gefertigte Krokodil aus dem Jahre 1983 hoch im Kurs. Anlässlich einer Pressekonferenz wurde den anwesenden Journalisten dieses einzigartige Präsent überreicht.

Markt angeboten, und selbst wenn die Auflagen so gering waren wie bei der Goldlok, so hat es doch bislang kein „mini-club"-Modell mehr mit solcher Symbolkraft für Wertigkeit gegeben. Ungeachtet dessen gibt es aber sehr wohl einige Modelle, die im Marktwert die Tausend-Euro-Grenze überschritten haben, ohne dass sie im Laden so viel gekostet hätten: Zu nennen wären eine Dampflok der Baureihe 18 in einer Acrylvitrine (1991) oder das Eisenbahnmuseum von 1992 mit einer silbernen Baureihe 89. Bei beiden bewegte sich die Auflage in zweistelligen Höhen. Genaue Zahlen nennt Märklin nicht.

Bei Modellen aus der normalen Produktion sind dramatische Wertsteigerungen seltener als bei den großen „alten"

> ## Berühmte Rhein-Anlage
>
> Nicht minder bekannt ist die Rhein-Anlage „Loreley" von Bernhard Stein. Ein Projekt, das in der Baugröße H0 so nicht umsetzbar wäre. Trotz der Winzigkeit von Z konnte ein authentischer Zugbetrieb aufgenommen werden.
>
> 

Spuren. Um das zu verstehen, muss man sich ins Bewusstsein rufen, dass sich der hohe Wert einiger Vorkriegsmodelle der größeren Spuren nur deshalb ergeben hat, weil die historischen Katastrophen der ersten Hälfte des 20. Jahrhunderts die Menge der hergestellten Exemplare stark dezimiert haben. Wer aber 1972 mit der „mini-club" begann, der wird sie nicht bis zur Unkenntlichkeit bespielt haben. Während viele Großväter ihre Loks und Wagen in Inflations- oder gar Kriegswirren verloren haben, behandelten die Besitzer der Spur Z ihre Kleinodien in der Regel pfleglich. Auf dem ohnehin kleineren Sammlermarkt ist also für ein ausgewogenes Verhältnis von Angebot und Nachfrage gesorgt. In der Konsequenz heißt das: Wer Märklin-Z-Modelle sammelt, sollte nicht auf dramatische Wertsteigerung spekulieren. Aber er kann auch relativ sicher sein, dass seine Modelle eine Wertanlage darstellen.

Die Super-Anlagen

War den oben erwähnten Edelmodellen trotz voller Funktionsfähigkeit eher ein Leben in der Vitrine oder im Safe vorgezeichnet, mussten andere, wie das erwähnte Rekordmodell, Stunde um Stunde auf Anlagen Züge schleppen. Wenn diese Anlagen für die Öffentlichkeit bestimmt waren, hatten die Modelle perfekt zu funktionieren und dauerhaft belastbar zu sein. Wenn die Anlagen von Märklin selbst zur Schau gestellt wurden, zum Beispiel bei Messen oder in der Erlebniswelt, mussten auch sie höchsten Ansprüchen genügen. Um diese Standards zu erreichen, verließ sich Märklin auf professionelle Modellbauer.

Einer von ihnen, der sich 1980 am Albaufstieg bei Geislingen bei Wanderungen und sogar im Flugzeug ein Bild von der Landschaft machte, war Bernhard Stein. Sein Auftrag lautete: die Geislinger Steige, den wohl berühmtesten Abschnitt der Eisenbahnstrecke Stuttgart – Ulm, im Modell zu gestalten. Die Größe der Anlage war vorgegeben: Die Geislinger Steige sollte in den Ausstellungsstand der Nürnberger Spielwarenmesse 1981 passen. Das bedeutete, sie musste 8 m x 0,7 m groß sein.

Oben: *Der Anhalter Bahnhof in der Baugröße Z. Noch nie hat es ein so monumentales Gebäude als Bausatz in dieser Größe gegeben.*

Mitte: *Auch wenn es nicht ganz korrekt ist, darf sogar die Württemberger C samt Schnellzugwagen in den Anhalter Bahnhof einfahren. Vorbildgerecht hingegen ist die kleine 89, die in Berlin als Rangierlok diente.*

Rechte Seite oben: *Mit einer entsprechenden Kulisse kommt Großstadtflair auf. Passendes Zubehör wie die Automobile runden das Gesamtbild ab.*

Unten: *So schaut die gewaltige Halle von der anderen Seite aus. Sechs Gleise führen in das Gebäude. Gleich zwei SVT-Züge warten auf Reisende.*

Stein hatte drei Monate Zeit für ein Unternehmen, das es in dieser Präzision, mit diesem Umfang und mit dieser Öffentlichkeitswirkung noch nicht gegeben hatte; ein Unternehmen, das praktisch nur im Maßstab 1 : 220 realisierbar war. Stein brauchte 100 kg Modellgips, um die Schwäbische Alb und den die Anlage dominierenden Berg „Alter General" nachzubilden, und bohrte Löcher für 2500 Mini-Fichten. An den Enden der Anlage verschwinden die Züge jeweils im Berg. Drinnen fahren sie jeweils in einen zweigleisigen Schattenbahnhof und pausieren erst einmal, damit nicht die gerade eingefahrene Lok sofort als „Gegenzug" wieder zum Vorschein kommt. Vielmehr startet ein zweiter Zug vom Nebengleis, sodass immer eine andere Garnitur erscheint als die, die gerade hineingefahren ist. Insgesamt sind vier Züge auf der Strecke.

Nahezu ebenso spektakulär ist eine Anlage Steins, die das rechte Rheinufer nahe der Loreley wiedergibt. Sie wurde ebenfalls für den Märklin-Messestand gebaut. Die Deutsche Bundesbahn erstellte eine Anlage im „mini-club"-Maßstab, mit der sie die Umgebung des Hauptbahnhofs von Fulda nachbaute. Damit versuchte sie den Anliegern zu verdeutlichen, dass sie mit Lärmschutzmaßnahmen die akustischen Nebenwirkungen der Neubaustrecke Würzburg – Fulda so gering wie möglich halten würde, um Widerstand gegen die Baumaßnahme zu vermeiden.

Berühmt wurde auch eine Spur-Z-Anlage, die gleich die ganze Bundesrepublik zeigte. Nicht ganz maßstabsgetreu, versteht sich, aber immerhin auf einem Messestand bei der deutschen Industrieschau in Tokio 1984. IC-Züge fuhren durch alle Metropolen des Landes und demonstrierten so nicht nur den hohen Stand der Infrastruktur in unserem Land, sondern auch den der feinmechanischen Industrie.

Eine weitere Geislinger Steige bauten vor wenigen Jahren 13 Männer für das Geislinger Heimatmuseum. Sie legten dabei weniger Wert auf die modellbahntechnischen Funktionen als vielmehr auf die Präzision der Topographie. Von März 1998 bis Juni 2000 steckten sie ungefähr 3000 Arbeitsstunden in ihr Modell, das die 7,2 Streckenkilometer vom Gaswerk Geislingen bis kurz hinter dem Bahnhof Amstetten wiedergibt. Im Modell sind das 25,8 m x 1,4 m.

Die beiden Hauptgleise dieser Anlage sind betriebsfähig. An beiden Enden der Anlage können die Züge nach Passieren eines „Wendekastens" auf dem Gegengleis wieder zurückfahren. Die Weichenzungen auf der Strecke sind zwecks Verringerung der Unfallgefahr festgelötet.

Der Anhalter Bahnhof

2003 baute Märklin selbst eine größere Bahnanlage des Vorbilds in der kleinen Spur nach und kam mit einem im wahrsten Sinn des Wortes großen Auftritt auf den Markt. Die Göppinger boten den Anhalter Bahnhof als Bausatz für die Spur Z an. Es war ein Teil des Konzeptes, die Spur Z nach Themen weiterzuentwickeln, also ein möglichst komplettes Angebot aus Bahn und Zubehör anzubieten. Sie stießen mit dem Vorbild des monumentalen Berliner Kopfbahnhofs an die Grenzen dessen, was für Modellbahner zumutbar war. Das galt einmal für die Dimensionen des Gebäudes: 87 cm x 46 cm Grundfläche und 18 cm Höhe – da wird schon für den Bahnhof allein ein Couchtisch fällig. Was im Katalog vorsichtshalber mit den Worten „Anspruchsvoller Bausatz" umschrieben war, hieß im Klartext: „Sie sollten kein Anfänger sein und viel Platz zum Zusammenbau haben. Nehmen Sie sich Zeit. Sie brauchen Geduld und

Oben: *Auch verschiedene Modelle des TAURUS haben Eingang in das Sortiment gefunden, so auch die DB-Ausführung in Gestalt der Baureihe 182.*

Mitte: *Die Baureihe 39 zählt zu den schönsten Modellen der letzten Jahre.*

Unten: *DR-Güterwagen und das Modell der Baureihe 58.*

Ausdauer." Wer die Voraussetzungen erfüllte und die Aufgabe schließlich meisterte, wurde praktisch mit einem kompletten Diorama belohnt. Das Modell des 1875 bis 1880 erbauten Hallenbahnhofs bot das ideale Ambiente zur Darstellung des Personenverkehrs der Epochen I und II, also der späten Länderbahnzeit und des 20. Jahrhunderts zwischen den Weltkriegen. Länderbahn-Rollmaterial hatte Märklin in der kleinen Spur schon ziemlich früh angeboten. Zu nennen wäre hier der preußische Personenzug, bestehend aus Abteilwagen mit farblich voneinander abgesetzten Klassen und einer T 12, der späteren Baureihe 74. Dieser Zug war von 1981 an elf Jahre im Programm. Darüberhinaus erschien auch die für Fahrgäste etwas komfortablere Variante mit Langenschwalbacher Wagen und einer T 18, der späteren Baureihe 78.

Die Reichsbahnzeit der 1920er und 30er Jahre war durch eine stetig wachsende Typenvielfalt der Einheitslokomotiven gekennzeichnet, welche die Länderbahnmaschinen verdrängten. Was den Wagenpark anbelangte, so standen Abteil- neben Schürzenwagen, Donnerbüchsen neben Hechten und nicht zu vergessen schnelle Triebwagen neben seltenen Exemplaren wie dem Henschel-Wegmann-Zug.

Märklin bot ein überaus reichhaltiges Programm an. Es begann mit der eingangs erwähnten Ikone der Göppinger „Fabrik feiner Modellspielwaren", der Baureihe 89. Sie war nach mehrjähriger Abwesenheit 2001 in der vorbildgerechten Reichsbahn-Ausführung wieder aufgelegt worden. Die Vorbilder erledigten einst tatsächlich im Anhalter Bahnhof Rangieraufgaben. Eine typische Berliner Lokomotive war auch die Baureihe 74, die Vorort- und S-Bahn-Züge vor der Elektrifizierung zog. Die dazugehörigen Abteilwagen, seien sie drei- oder vierachsig, finden sich ebenfalls im Märklin-Programm.

Legendäre Züge

Die Abteilwagen-Familie wurde gekrönt von einem Reichsbahn-Ensemble aus vier Vierachsern, das mit Post- und Gepäckwagen ergänzt werden konnte. Mit seinen 51,6 cm Länge hatte es die richtige Dimension für die imposanten Hallen des Anhalter Bahnhofs. Gezogen wurde es von einer Lok der Baureihe 39, die lange vor ihrem Auftauchen in der H0-Welt (2009) auf den Gleisen der Kleinsten fuhr. Und für den Fall, dass es einmal am Anhalter Bahnhof schneien sollte, hatte Märklin einen motorbetriebenen Schneepflug vor einer Reichsbahn-41 zur Aufrechterhaltung des geordneten Zugbetriebs bereitgestellt.

Für Schnellzüge aus einer Zeit, in der die Reisezeit zwischen dem Anhalter Bahnhof und München konkurrenzlos kurz war, hielt Märklin die Baureihe 03 als schnelle Einheitslok oder die Schwester 03.10 mit ihrer Stromlinienverkleidung

Oben: *Der legendäre Henschel-Wegmannzug mit der stromverkleideten Dampflok der Baureihe 61.*

Mitte: *2004 erschien das wunderbare Modell des SVT 137 in der Baugröße Z.*

in drei Varianten – grau, blau und rot – bereit. Die Pacific-Loks zogen D-Zugwagen, die meist in Reichsbahn-Grün gehalten waren, wurden aber auch, wenn die stromlinienverkleideten Tenderloks der Baureihe 61 mal ausfielen, vor den Henschel-Wegmann-Wagen eingesetzt. Auch für epochegerechte exotische Züge war im Anhalter Bahnhof Platz: 2004 boten die Göppinger einen Reichsbahn-Personenzug mit der dieselpneumatischen Druckluftlok V 32/V 120 an, die als Einzelmodell 2000 für Insider produziert worden war. Die Krönung war aber der SVT 137, der „Fliegende Hamburger". Dieser Schnelltriebwagen, mit dem die Reichsbahn ein Netz hochklassiger Städteverbindungen in Deutschland betrieb, erschien 2004 in der DRG-Variante, nachdem er zuvor als Insider-Modell in der Bundesbahn-Variante für Aufsehen gesorgt hatte – übrigens auch vor der H0-Version. Die Reichsbahn-Ausführung war im Anhalter Bahnhof so gut wie zu Hause. Sie fuhr einst in Doppeltraktion aus der riesigen Halle bis nach Nürnberg. Dort wurde sie in Windeseile getrennt; ein Triebzug fuhr nach München, der andere nach Stuttgart weiter. Die damaligen Reisezeiten blieben noch Jahrzehnte nach dem Zweiten Weltkrieg unerreicht.

Perspektive

Nach dem 150-jährigen Märklin-Jubiläum steht die Spur Z gut aufgestellt in einem sich radikal ändernden Markt. Neben der Grundversorgung mit der Infrastruktur wie Gleis- und Oberleitungssystem bietet Märklin nach wie vor ein reichhaltiges Sortiment. Der Katalog 2008/2009 zeigt dem Anfänger zwei zunächst gleich gewichtete Betätigungsfelder: Er kann sich zwischen je zwei Startpackungen für die deutsche (Bundes-) Bahn oder für US-amerikanische Vorbilder entscheiden. „A la carte" stehen ihm Modelle aller fünf Epochen ebenso zur Verfügung wie Modelle aus verschiedenen europäischen Ländern. Die Zugpackungen decken nostalgische Bedürfnisse mit dem internationalen Luxuszug aus Frankreich ab, aber auch moderne Systeme wie den ICE oder die TAURUS-Familie. Dennoch wünschen sich die Z-Bahner eine Komplettierung des Gleissystems um den noch fehlenden Radius 2 und eine doch etwas ausgefeiltere Steuerung bei den Dampflokomotiven.

Wer Zubehör sucht, findet im Fachhandel und im Märklin Magazin kundige Beratung für Ausbaustufen jeder Dimension. Es gibt kleine und kleinste Anbieter, die teils auf der Basis von Märklin-Modellen, teils aber auch mit kompletten Eigenentwicklungen das Märklin-Z-System um das ergänzen, was ein großer Hersteller aus wirtschaftlichen Gründen nicht anbieten kann oder wo er ein zu großes Risiko für den allgemeinen Markt sieht. Das gilt auch für die Digitalisierung des Systems.

Darüber hinaus hat sich die internationale Spur-Z-Gemeinschaft in zahlreichen Clubs und Stammtischen, aber auch in Internet-Foren und Zeitschriften Plattformen geschaffen, auf denen über Ländergrenzen und Kontinente hinweg Meinungen ausgetauscht und Ratschläge gegeben werden. Die kleine Spur war nie etwas für die Massen, sondern stets für jene, die das besondere Hobby lieben und dafür auch neue Wege zu gehen bereit sind.

märklin
digital
keyboard
layout
memory
setup
F1
km/h
km/h
BR 64 250
101 200-4
64 250

Innovative Steuerungstechnik

Die Entwicklung des Märklin-Digitalsystems. Von Frank Mayer

Keine andere Technik hat die Modelleisenbahn in den letzten 25 Jahren wohl so extrem verändert wie die digitale Mehrzugtechnik. Bis zur Einführung des Digital-Systems war der Wunsch nach dem gleichzeitigen Betrieb mehrerer Fahrzeuge auf einer Anlage mit einem hohen schaltungstechnischen Aufwand verbunden. So mussten zum Beispiel nebeneinander mehrere Versorgungskreise aufgebaut werden, die jeweils von einem eigenen Fahrgerät versorgt wurden. Ein Kreuzen dieser Versorgungskreise war aber ohne gegenseitige Beeinflussung der Fahrzeuge nicht möglich. Nur der zusätzliche Aufbau einer Oberleitung gestattete es dem Modellbahner, auf einem Gleis zwei Lokomotiven unabhängig voneinander zu steuern. Davon musste aber ein Modell gezwungenermaßen eine E Lok mit funktionierendem Pantographen sein. Alternativ konnte man eine Anlage auch in möglichst viele kurze Abschnitte einteilen, um diese dann dem zuständigen Fahrgerät jeweils zuzuteilen. Die Bedienungsoberfläche einer solchen Anlage erforderte daher häufig ein langes Training, um einen einigermaßen reibungslosen Betrieb zu gewährleisten.

Die zunehmende Miniaturisierung der Elektrotechnik ließ natürlich schon früh den Wunsch nach dem Einbau von geeigneten Empfängern in Lokomotiven aufkommen. Von Märklin wurden daraufhin verschiedene Techniken, wie die Ultraschall-, Infrarot- oder Tonfrequenzsteuerung, auf ihre Tauglichkeit hin überprüft. Die Nutzung all dieser Systeme wurde jedoch wegen spezifischer Nachteile verworfen. Nur die aufstrebende Digitaltechnik bot die Aussicht, in Zukunft eine passende Antwort zu finden.

Mit der Central Station 2 ist Märklin ein großer Wurf gelungen. Design und Funktionalität sind für den Alltagsbetrieb abgestimmt. Somit haben Märklinisten eine zukunftsfähige Zentraleinheit, mit der gefahren und gesteuert werden kann. Mit Updates ist zudem stets eine Optimierung möglich.

Vom Prototypen zum serienreifen Digitalsystem

Bereits 1980 präsentierte Märklin den Prototypen eines voll funktionstüchtigen digitalen Steuerungssystems. Diese Technik war damals für die Umsetzung aber noch zu teuer. Die schnelle Weiterentwicklung der Elektronikbausteine führte jedoch bereits 1982 dazu, dass intern der Startschuss zur Entwicklung eines komplett neuen digitalen Steuerungssystems gegeben wurde. Das System sollte so aussehen, dass über einen Sender die an den Bediengeräten eingegebenen Steuerungsbefehle über das Gleis an einen in der Lok integrierten Empfänger gesendet werden. Dort werden die Informationen entschlüsselt und umgesetzt. Von Anfang an war das System dahingehend konzipiert worden, dass sich nicht nur Steuerungsbefehle für Lokomotiven, sondern auch Schaltbefehle für Weichen und Signale übertragen ließen.

Neben der reinen Informationsübermittlung musste ein Übertragungsformat gefunden werden, das gleichzeitig auch die Leistungsversorgung der Modelle sicherstellte.

> Klassische Digital-Geräte

Sie war für viele Märklinisten der Einstieg in die digitale Welt: die Control Unit 6021 Mit ihr stand ein ausgereiftes und bis heute voll funktionsfähiges Gerät zur Verfügung. Leider lassen sich mit der Control Unit die vielen Sonderfunktionen nur eingeschränkt abrufen. Da jedoch bis zu 80 Lokomotiven gesteuert werden können, ist diese klassische Digitalwelt auch in unseren Tagen noch gut verwendbar.

Das sonst übliche Digitalsignal kennt zwei Zustände: Spannung ein und Spannung aus, was den Zuständen 1 und 0 entspricht. Würde man jetzt jedoch sehr häufig hintereinander den Zustand 0 senden, wäre gleichzeitig keine Spannung am Gleis und die Fahrzeuge würden unweigerlich anhalten.

Daher wählte Märklin für sein Digitalsystem ein spezielles Übertragungsformat, das von der Firma Motorola entwickelt wurde. Das war der Grund dafür, warum später das Märklin-Digitalsystem auch als „Motorola-System" bezeichnet wurde. Dieses Übertragungsformat bietet eine hohe Übertragungssicherheit und ist auch gegen Störeinflüsse gut geschützt. Das sind wichtige Voraussetzungen für eine sichere und fehlerfreie Übertragung der Steuerinformationen bei einer fahrenden Lok.

Beim Motorola-Format wird zum Teil ein so genannter Trinärcode verwendet, der drei verschiedene Zustände unterscheidet. Bei der Festlegung der maximalen Anzahl an Lokadressen ergab sich daher eine Anzahl von 3^4, was 81 Adressen entspricht. Hiervon wurden dann 80 Adressen auch tatsächlich benutzt. Diese Zahl fand sich auch im Namen des Fahrpults „Control 80" wieder.

Präsentiert wurde das Digitalsystem 1984 auf der Spielwarenmesse in Nürnberg zum 125. Firmenjubiläum. Es bestand aus folgenden Komponenten:

- ❑ Zentraleinheit (6020) mit der Bezeichnung „Central Unit". Dieses Gerät wertet die Steuerbefehle der Bedienge-

Rechts: *Mit dem Memory können Fahrstraßen geschaltet werden. Hier ist ein Modellbahner gerade dabei, diese anzulegen. Zuvor wurden die einzelnen Schritte niedergeschrieben. Eine optische Rückmeldung findet dabei nicht statt.*

Rechte Seite oben und unten: *Gerade Bw-Besitzer können die Vorteile einer Mehrzugsteuerung nützen. Viele kurze Rangier- und Versorgungsfahrten stehen an. Diese können auch gleichzeitig durchgeführt werden. Zudem sorgen die Zusatzfunktionen wie Licht oder Rauch und Sound für eine tolle Stimmung.*

Rechts: *Auch ein modernes E-Lok-Bw hat seine Reize. Dank der Zusatzfunktionen erklingt auch bei den modernen Maschinen das Betriebsgeräusch. Findige Bastler können nicht belegte Funktionen nützen, wie z. B. die Führerstandsbeleuchtung am TAURUS, die mit f1 an der 6021 geschaltet werden kann. Mit f2 sind die typischen TAURUS-Geräusche abrufbar.*

Unten: *Doppeltraktionen, wie sie beim Vorbild alltäglich sind, können mit allen digitalen Geräten (6021, CS 1 und CS 2) im Modell realisiert werden.*

räte aus und sendet entsprechende Informationen an die Decoder (Empfänger). Die Central Unit besitzt keine Bedientastatur. Nur eine LED gibt Auskunft über den Betriebszustand des Systems.

❑ Schaltpult (6040) mit der Bezeichnung „Keyboard". Dieses Gerät besitzt 16 Tastenpaare zum Stellen einer entsprechenden Anzahl an Magnetartikeln wie Weichen und Signalen mit zwei verschiedenen Schaltzuständen. Es können bis zu 16 verschiedene Keyboard-Adressen unterschieden werden, sodass die Systemgrenze bei insgesamt 16 x 16 = 256 doppelspuligen Magnetartikeln liegt.

❑ Fahrpult (6035) mit der Bezeichnung „Control 80". Dieses Fahrgerät besitzt eine Zehnertastatur zur Eingabe der Lokadresse und zwei Taster zum Ein- und Ausschalten einer Lokfunktion.

❑ Versorgungstransformator (6002) mit dem Namen Transformer, der eine maximale elektrische Leistung von 52 VA liefert.

❑ Nachrüstempfänger für Lokomotiven (6080) mit der Bezeichnung „Decoder c80", der zum Nachrüsten analoger Märklin-Lokomotiven mit einem Allstrommotor ausgelegt ist.

- Empfänger für Magnetartikel (6083) mit der Bezeichnung „Decoder k83“, an den vier Weichen oder Signale angeschlossen werden können.
- Leistungsverstärker (6015) mit der Bezeichnung „Booster“, der bei höherem Leistungsbedarf der Anlage benötigt wird.

Zusätzlich wurden eine ganze Reihe von Fahrzeugen bereits ab Werk mit einem eingebauten Lokdecoder angeboten. In dieser Anfangszeit erschienen diese Modelle sowohl in analoger als auch in digitaler Version. Diese unterschieden sich nicht nur durch ihr technisches Innenleben, sondern wiesen auch unterschiedliche Betriebsnummern auf. Bei der Schweizer „Lok 2000“ wurde bei der Digitalversion sogar eine andere Designvariante realisiert. Wenige Jahre später produzierte Märklin dann nur noch Modelle in der Digitalversion.

Konsequenter Ausbau des Digitalsystems

Der Vorteil der Digitaltechnik besteht nicht nur darin, dass man jede Lok individuell auf der Anlage ansprechen und ihr unabhängig von den übrigen eingesetzten Fahr-

Rechts: *Mit dem Memory wurde die Fahrstraße für diesen Güterzug gestellt. Leider lässt sich der Sound der 218 drucktechnisch nicht wiedergeben. Warmweiße Dioden sorgen für eine feine Spitzenbeleuchtung.*

Rechte Seite: *Der letzte Zug des Tages rollt in einen Endbahnhof ein. Sound und Beleuchtung machen den Schienenbus der Baureihe 798 zu einem besonderen Fahrzeug. Dank Digital ist die Innenbeleuchtung konstant hell.*

zeugen eine eigene Geschwindigkeit und Fahrtrichtung vorgeben kann. Zusätzlich gibt es noch die Möglichkeit, eine schaltbare Funktion in der Lok zu betätigen. Bei den meisten Modellen war dies anfangs die fahrtrichtungsabhängige Stirnbeleuchtung. Aber auch die Telex-Kupplung oder ein Rauchgenerator wurde als schaltbare Funktion realisiert.

Memory – das Fahrstraßenstellpult

Digital-Modellbahner freuten sich darüber, dass die Wageninnenbeleuchtungen konstant und geschwindigkeitsunabhängig eingeschaltet war. Da ja nicht mehr die Spannungshöhe, sondern gesendete Daten die Steuerung der Fahrzeuge bewirkten, war diese Dauerbeleuchtung im Prinzip eine zusätzliche Besonderheit der Digitaltechnik. In den Folgejahren wurde das Digitalsortiment konsequent ausgebaut und erweitert. Mit dem „Memory" (6043) wurde ein Fahrstraßenstellpult in das Digitalsortiment aufgenommen. Wie ein Tonbandgerät nahm dieses Gerät verschiedene Schaltvorgänge auf und führte diese anschließend auf Knopfdruck immer wieder durch. Sich immer wiederholende Schaltvorgänge konnten so mit einem Knopfdruck ausgeführt werden: Ein Zug soll vom Einfahrsignal sicher in das Bahnhofsgleis 5 gelangen? Durch Drücken eines Tasters auf dem Memory werden alle dafür notwendigen Weichen und Signale hintereinander sicher geschaltet. Doch das Memory lässt sich, falls gewünscht, auch über den Zug selbst steuern. Halb- und vollautomatische Abläufe wie Blockstreckenbetrieb oder Schattenbahnhofsteuerung waren somit jetzt einfach zu realisieren. Während bei der analogen Technik die erforderlichen Schaltungen nur sehr aufwändig unter Einsatz von Relais und sonstigen elektronischen Bauteilen umsetzbar sind, können diese Abläufe durch entsprechende Eingaben im Memory leicht verknüpft werden.

> Moderne Technik

Nachdem das Metallgehäuse der Baureihe 210 abgenommen ist, ergibt sich der Blick auf das Innenleben der Lok mit der Platine und dem mfx-Decoder. Für den exzellenten Vortrieb sorgt der Softdrive Sinus in kompakter Form.

Als weiteres Gerät kam noch das „Interface“ (6050) hinzu, mit dem eine Verbindung zum Heimcomputer hergestellt werden konnte. Zur damaligen Zeit stammten die Computer, die dafür in Frage kamen, noch von Commodore, Atari oder Schneider. Der Siegeszug des PC im Heimbereich begann erst einige Zeit später. Zur Einbindung eines Gleisstellwerks diente das „Switchboard“ (6041). Technisch wie ein Keyboard aufgebaut, wurde bei diesem Gerät die Keyboard-Tastatur durch externe Taster und Anzeigeleuchten ersetzt.

Im Decoderbereich kam ein „Nachrüstdecoder c81“ für Modelle mit Gleichstrommotor hinzu und der „Decoder k84“ ermöglichte das Schalten von Dauerströmen. Er war daher nicht nur ein Signalersatz in verdeckten Bereichen sondern konnte auch Motoren in Zubehörartikeln wie Seilbahnen etc. in die digitale Welt integrieren.

Parallel zur Präsentation von Märklin Digital wurde in den ersten Jahren auch ein spezielles Programm für den Schulunterricht angeboten. Unter der Marke „Märklin Training“ wurden Startsets mit PC-Anbindungsmöglichkeit für den Unterricht in Schulen angeboten. Da die dort eingesetzten Fahrzeuge mit durchsichtigen Kunststoffgehäusen ausgestattet waren, gehören sie heute zu den gesuchten Sammler-Raritäten.

Bereits sehr früh kamen auch komplette Digital-Startsets auf den Markt. Die darin enthaltene Zentraleinheit mit der Bezeichnung „Central Control“ unterschied sich in der Oberfläche von der Central Unit 6020. Während die Central Unit 6020 keinerlei Bedienungselemente besaß, war die Oberseite der Central Control mit einem Fahrgerät zur Anwahl von vier verschiedenen Lokomotiven und einem Keyboard für ebenfalls vier verschiedene doppelspulige Magnetartikel ausgerüstet. An dieses Gerät konnten aber wiederum weitere Fahrgeräte und Schaltpulte angeschlossen werden, sodass von der Leistungsfähigkeit her keine Einschränkungen vorhanden waren. Die Startpackung 2602 war mit einer großen M-Gleisanlage ausgestattet und beinhaltete zwei komplette Güterzüge. Der Mehrzugbetrieb war daher von Anfang an möglich. Das Digital-Set 2620 hingegen war so konzipiert, dass man eine bestehende Anlage damit auf den Digitalbetrieb umrüsten konnte. Nur wenige Jahre ergänzte ab 1988 auch ein Gleichstrom-Digitalsystem, das speziell für den Betrieb auf Zweischienen-/Zweileiteranlagen konzipiert war, das Angebot. Da es sich jedoch nicht bewährte, wurde es bereits 1993 wieder eingestellt. Für den Spur-1-Bereich, der anfänglich auf dasselbe System zurückgriff, wurde dann auch das Motorola-Format eingeführt.

Funktionen schalten, Fahreigenschaften einstellen

Ein Gerät, das parallel zum Gleichstrom-Digitalsystem auf den Markt kam, veränderte die Möglichkeiten in der Märklin-H0-Welt. Mit dem neu eingeführten Fahrpult

„Control 80f" (6036) war es nun möglich, bis zu fünf schaltbare Funktionen abzurufen. Zuerst wurden hierzu entsprechende Spielfunktionen in so genannten Funktionswagen realisiert. Im Panoramawagen 4999 konnte nicht nur die Innenbeleuchtung ein- und ausgeschaltet werden. Auf Knopfdruck bewegte sich sogar die Figur eines Kellners im oberen Panoramabereich zu den einzelnen Sitzreihen hin. Im Tanzwagen 4998 hingegen konnten neben verschiedenen Lichteffekten auch Musikstücke ausgewählt werden, die dann von der integrierten Elektronik wiedergegeben wurden. Dazu bewegten sich dann auf Knopfdruck tanzende Paare im entsprechenden Bereich des Wagens. Diese beiden Wagen gehören heute übrigens zu den gesuchtesten Sammlerstücken.

Ein weiteres Beispiel für schaltbare Funktionen ist der Drehkran 7651. Dank Digitaltechnik ließen sich bei diesem Modell Ladevorgänge vorbildgetreu nachspielen, da alle Funktionen wie Drehen, Heben und Senken stufenlos in der Geschwindigkeit variiert werden konnten.

Mit der Integration der Spur 1 in das Märklin-Digitalsystem wurde 1993 eine neue Zentraleinheit präsentiert: Die „Control Unit" 6021. Dieses Gerät dominierte die folgende Dekade. Sein auffälligster Unterschied zur Central Unit 6020 war das integrierte Fahrpult. Aufgrund des erweiterten Sendeformats (Motorola II) konnte die Control Unit zusätzlich mit einer Fahrtrichtungsanzeige aufwarten. Intern wurde auch die Übertragung von Schaltbefehlen für Lokfunktionen neu geregelt. Damit stand dem Vorhaben, in Lokmodellen mehr als eine schaltbare Funktion realisieren zu können, nichts mehr im Wege.

Parallel dazu erfolgte eine bahnbrechende Entwicklung in der Antriebstechnik. Märklin präsentierte in dieser Zeit mit dem „Decoder c90" den digitalen Hochleistungsantrieb mit folgendem Wirkprinzip: Eine integrierte lastabhängige Regelung erkennt unterschiedliche Belastungszu-

> Central Station 2

Die mfx-Loks melden sich selbstständig an der CS 2 an und sind inzwischen mit bis zu 16 schaltbaren Funktionen ausgestattet. Neben diversen Lichtfunktionen, der Telex-Kupplung oder einem schaltbaren Rauchgenerator sind es heute die vielfältigen abrufbaren Geräusche, die das Modellbahnspiel interessant machen.

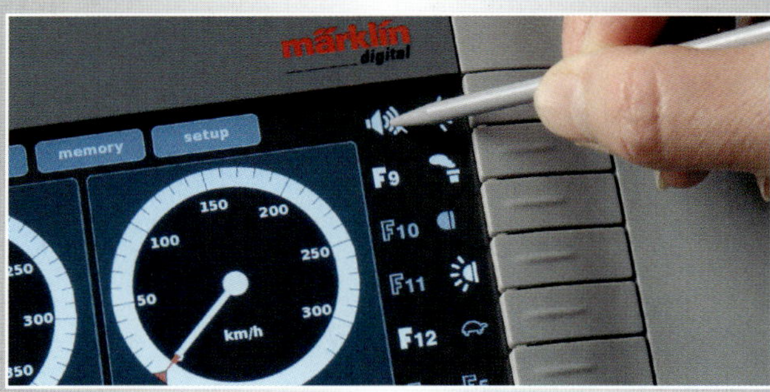

Linke Seite unten: *Der Senator rollt mit seinen aktiven Zusatzfunktionen in den Bahnhof ein: Sound, und Beleuchtung sind gelungen. Mit der CS 2 können auch Fahrstraßen angelegt und geschaltet werden.*

Links: *Zeitgleich können zwei Lokomotiven gefahren werden. Während die V 100 bereits beschleunigt hat, wird die V 60 gleich ein Rangiermanöver durchführen.*

stände des Motors und regelt den Motorstrom entsprechend. Wird der Motor durch eine Steigung belastet, erhöht sich die zur Verfügung gestellte Leistung. Bei einer Fahrt im Gefälle erfolgt umgekehrt eine entsprechende Anpassung. Auch unterschiedliche Belastungen durch angehängte Wagen lassen sich ausgleichen. Zusätzlich bietet dieser Decoder die Möglichkeit, die Höchstgeschwindigkeit des Modells nach eigenen Vorstellungen zu verändern. Eine eingebaute Anfahr- und Bremsverzögerung simuliert die Masseträgheit des großen Vorbilds. Viele bisher vermisste Fahreigenschaften bei den Modell-Fahrzeugen sind dadurch auf einen Schlag Wirklichkeit geworden.

Vom digitalen Mehrzugbetrieb zu Märklin Systems

Im Einsteigerbereich machte ein zweites Mehrzugsystem auf sich aufmerksam: Das Märklin-Delta-System. Eine vereinfachte Zentraleinheit bot die Möglichkeit, vier Loks unabhängig voneinander anzusprechen. Es konnte noch ein zusätzlicher Fahrregler angeschlossen werden, damit eine andere Person eine weitere Lok auf der Anlage steuern konnte. Der eingebaute Delta-Decoder erkannte weniger Lokadressen als ein Digital-Decoder und besaß auch keine schaltbare Funktion. Das Sensationelle an diesem System war jedoch, dass der Kunde es zum selben Preis wie die analoge Version erhielt. Die Mehrzugfähigkeit gab es für den Märklin-Fahrer also quasi kostenlos als Dreingabe. Nach kurzer Zeit fanden sich nur noch mehrzugfähige Modelle im Märklin-H0- und Spur-1-Sortiment. Die meisten Startpackungen beinhalteten bereits eine Delta-Zentrale und waren daher mehrzugfähig.

Doch Analogfahrern steht der spätere Weg in die Digitalwelt ebenfalls offen. Da die Fahrzeugmodelle ja bereits mit einem Mehrzugempfänger ausgestattet sind, muss später nur das Steuerungssystem dazu gekauft werden. Das Nachrüsten der Loks mit einem Decoder ist nicht mehr notwendig. Dieser Punkt ist sicher mit dafür verantwortlich, dass sich bei Märklin H0 das Digitalsystem als das führende Betriebssystem durchgesetzt hat. Mehr als die Hälfte aller in Deutschland betriebenen Märklin-Modellbahnanlagen werden inzwischen über diese Technik gesteuert. Damit ist das Märklin-Digitalsystem übrigens auch das am meisten verbreitete Mehrzugsteuerungssystem im Modellbahnbereich überhaupt.

Zu dieser Familie gehören auch die seit 2004 unter dem Namen „Märklin Systems“ angebotenen Nachfolgeprodukte. Mit der „Central Station 1“ (60212) für den fortgeschrittenen Modelleisenbahner und der „Mobile Station“ (60652) für den Einsteigerbereich sowie der weiter entwickelten „Central Station 2“ (60213) wurde ein neues Konzept in der Bedienungsoberfläche eingeführt. Die neu entwickelten „mfx-Decoder“ (mfx = Multifunktionsdecoder) in den Lokomotiven melden sich selbstständig bei den Systems-Steuergeräten an. Ähnlich wie bei einem

„Drunter und drüber" geht es auf dieser Anlage zu. Zwei lange Güterzüge begegnen sich auf der zweigleisigen Hauptstrecke. Trotz der Neigung von 15 ‰ fahren die Loks dank der lastgeregelten Decoder mit konstanter Geschwindigkeit. Zugleich strebt eine V 90 mit zwei leeren Holzwagen zu einem Nebenbahnhof. Dort wird sie, dank ihrer eingebauten Telex-Kupplung, einige Rangieraufgaben durchführen.

Telefon, bei dem der Teilnehmer heute aus Anruferlisten und nicht mehr durch Eingabe einer Telefonnummer ausgesucht wird, werden bei Märklin Systems die Loks aus Loklisten ausgewählt und nicht mehr über ihre Adresse eingegeben. Die Bildschirme in diesen beiden Geräten erlauben eine verständlichere Darstellung der Betriebszustände, sodass eine komfortable und übersichtliche Modellbahnsteuerung ermöglicht wird.

Die mfx-Loks haben bis zu 16 schaltbare Funktionen

Bisherige Krönung dieser Entwicklung ist die aktuelle Central Station 2 (60214). Dieses Gerät bietet gegenüber der Central Station 1 einen farbigen Bildschirm mit einer deutlich feineren Auflösung. Klar gegliederte Fahrpulte sind genauso integriert wie auch die Möglichkeit, Magnetartikel in Form von Schaltpulten oder als Gleisbildstellwerk zu überwachen und zu schalten. Eine große Anzahl an halb- und vollautomatischen Schaltungen ergänzen die Möglichkeiten dieses Gerätes. Man kann mit ihm Loks automatisch zwischen zwei Endpunkten verkehren lassen, einen Blockstellenbetrieb und eine Schattenbahnhofsteuerung umsetzen. Die mfx-Loks sind inzwischen mit bis zu 16 schaltbaren Funktionen ausgestattet. Neben diversen Lichtfunktionen, der Telex-Kupplung oder einem schaltbaren Rauchgenerator sind es heute die vielfältigen abrufbaren Geräusche, die das Modellbahnspiel interessant machen. Die Lokomotiven lassen auf Knopfdruck hin aber nicht nur ihren Motor brummen oder geben das Stampfen der Dampfkolben wieder, auch Lokhörner, Glocken, Pfeifen oder das Geräusch von kuppelnden Fahrzeugen sind am Steuergerät abrufbar. Darüber hinaus bietet eine Reihe von einstellbaren Parametern dem Modellbahner die Möglichkeit, sein Modell von den Fahreigenschaften her auf seine individuellen Wünsche hin abzustimmen. Auch die früher begrenzte Anzahl der Adressen ist nun quasi pulverisiert. Mit 255 Digital-Lokadressen, zusätzlich 16.384 mfx-Adressen und fast 10.000 DCC-Adressen werden die Grenzen einer Anlage heute durch andere Parameter bestimmt.

Märklin Digital hat in allen Bereichen der Modellbahn deutliche Spuren hinterlassen. Nicht nur die Fahreigenschaften der Modelle haben sich enorm gewandelt. Im Betriebsablauf sind heute ganz andere Möglichkeiten gegeben, als die, die wir als Jugendliche kannten. Und dank interessanter Funktionsmodelle, wie dem Drehkran, dem „Goliath" oder dem Turmtriebwagen, hat auch das Spiel „neben der Bahn" deutlich an Reiz hinzugewonnen.

DB Cargo
DB Cargo
PORSCHE
VTG

294 075-7
RAILION
Logistics
Cargo
F

64 250

Präzision auf höchstem Niveau

Modelle der Spitzenklasse aus den Jahren 1990 bis heute, vorgestellt von Klaus Eckert

Viele Märklinisten waren nach Auslieferung der Württemberger C im Jahr 1987 der Meinung, dass mit diesem vorzüglichen Modell nun der Standard für H0-Lokomotiven für viele Jahre festgelegt sein würde. Doch die rasante Entwicklung im technischen Bereich belehrte sie eines Besseren. In gut zwei Jahrzehnten – von 1990 bis in unsere Tage – brachte das Göppinger Unternehmen in großer Fülle Modelle allerfeinster Qualität hervor. In Sachen Detaillierung und Fahreigenschaften bleiben mittlerweile fast keine Wünsche mehr offen. Die hervorragend gestalteten, robusten Gehäuse lassen zudem eine Optimierung in der heimischen Werkstatt zu. So können diejenigen, die über ein entsprechendes handwerkliches Geschick verfügen, mit Zubehörteilen weiter am Erscheinungsbild der Schienenstars feilen. Es ist zwar ganz und gar nicht nach dem Geschmack mancher Sammler, wenn geschickte Hände die wunderbaren Modelle aus Göppingen mit Farben und Zurüstteilen „kosmetisch" aufarbeiten. Für den genießenden Betrachter vorzüglicher Anlagen hingegen ist es ein besonderes Erlebnis, wenn keine schachtelfrischen Modelle, sondern Loks und Wagen mit realistischen Alterungsspuren über präzise eingeschotterte Schienenwege rollen, die aus dem K- und/oder C-Gleis aufgebaut wurden. So sind auch in diesem Kapitel immer wieder Fahrzeuge zu sehen, die nicht mehr ganz dem Lieferzustand entsprechen. Zudem konnte auch nicht jede Variante berücksichtigt werden. Denn insbesondere im hier beschriebenen Zeitabschnitt war die Neuheitenflut teilweise enorm, sie würde den Rahmen dieses Kapitels sprengen. Somit galt es, eine Auswahl zu treffen, was zugegebenermaßen nach subjektiven Maßstäben erfolgte. Es sind vor allem solche Modelle dabei, die jeweils einen Meilenstein in puncto Antriebstechnik und Fertigung darstellen. Dabei finden sich nicht nur die Lokomotiven im Blickpunkt, sondern auch die Güter- und Personenwagen aus dem Hause Märklin.

Linke Seite oben: *Inzwischen sind mehrere Varianten der V 90 ausgeliefert worden. Besonders ansprechend wirkt die aktuelle Variante als Güterbahnlok. Das Modell verfügt über eine Telex-Kupplung, die das Fahrzeug zum Rangiermeister macht.*

Linke Seite unten: *Wer eine Nebenbahn bauen will, der wird um den Schienenbus und die Baureihe 64 nicht herumkommen. Beide Modelle wurden fachgerecht gealtert und sind auf diese Weise zu Unikaten geworden.*

Eine neue V 200 – zuerst in Epoche IV, dann III

Nachdem sich die gute alte V 200 von den Katalogseiten hat verabschieden müssen, war die Fangemeinde gespannt, ob und wann es einen würdigen Nachfolger dieses zwar leicht in die Jahre gekommenen, aber immer noch beliebten Klassikers geben würde. Schon 1990 schmückte eine neue V 200 den Neuheitenprospekt. Wie nicht anders zu erwarten, war die Lokomotive komplett aus Metall gefertigt. Allerdings dachten die hauseigenen Strategen damals in eine wenig gute Richtung: Die Lok erschien zunächst im ozeanblau-beigen Farbkleid der Epoche IV! Damals war dieses Farbschema bei Eisenbahnfreunden ziemlich „out". Heute, im Zeit-

Oben: *Aus dem Jahr 1997 stammt die V 200 018, die es wahlweise mit Delta-Elektronik oder digitalem Hochleistungsantrieb gab.*
Unten: *Am Modell der 01 1053 fanden selbst scharfzüngige Kritiker nichts mehr zu meckern. Hier die MHI-Ausführung von 2004 .*
Rechte Seite unten: *Die Baureihe 50 zählte immer schon zu den beliebtesten Märklin-Modellen. Die 50 2448 wurde kräftig gealtert.*

alter der „roten" Züge freut man sich darüber wieder mehr. So ändern sich eben die Wahrnehmungen. Es war klar, dass es nicht lange dauern sollte, bis eine „richtige" V 200, also im leuchtenden Rot und dem legendären V-förmigen Zeichen auf der runden Lokfront erscheinen sollte. Bereits 1991 rollte das entsprechende Modell in Gestalt der 221 107 in die Fachgeschäfte und weiter in die Vitrinen und auf die Anlagen. Doch immer wieder entstanden, bis in unsere Tage, Modelle nach einem schwer nachvollziehbaren Marketingkonzept. Auch der Schienenbus, der „Retter der Nebenbahnen", erschien zunächst in der Epoche-IV-Ausführung, ehe er als Sommerneuheit 2009 auch den Freunden der beliebten Epoche III angeboten wurde. Macht nichts, dachte sich so mancher H0-Freund – und erwarb dann einfach beide Modelle …

Eine gute Sache: die Modellpflege

Im Laufe der Jahre betrieb Märklin auch eine intensive Modellpflege, womit die Optimierung bestehender Artikel gemeint ist. Auslöser dafür waren die sich weiterentwickelnden und neuen Fertigungstechniken. Sie erlaubten

> Schienentrabi

Die Wiedervereinigung zeigte sich 1993 auch im Märklin-Programm. Die liebevoll als „Schienentrabi" bezeichnete DR-Baureihe 243 gelangte damals in den Westen. Als Märklin-Modell kam zunächst die 242 897 ganz aus Metall in den Handel. Zahlreiche Varianten folgten im Laufe der Jahre, darunter eine S-Bahn-Garnitur mit der 143 606. Als jüngste Ausführung mit mfx-Decoder erschien die 143 052.

eine Überarbeitung des Sortiments, sodass verbesserte Versionen entstanden. Manchmal war auch die wenig löbliche Darstellung eines Modells in der Fachpresse der Grund dafür, nochmals über die Formen und Werkzeuge zu gehen. Dies traf beispielsweise bei einer Dampflok der Baureihe 012 des Modelljahres 1984 zu. In diesem Fall hatten die Strategen, ökonomisch nachvollziehbar, den Aufbau der Dreizylinderlok auf das nicht korrekte Fahrgestell einer 003 aufsetzen lassen. Als korrigierte Version kam daher 1991 die völlig überarbeitete 011, die kohlegefeuerte Schwester der 012, mit filigranen, schwarz vernickelten Rädern auf den Markt. Statt der Zahnräder übertrugen feine Kuppelstangen die Zugkräfte von der Treib- auf die Kuppelachsen. Die Attrappen der Scherenbremsen hatten nun ebenfalls die richtige Form gefunden.

Aus eigenem Antrieb nahm sich Märklin dagegen im Jahr 2000 der Baureihe 50 an. Dieser Klassiker des H0-Programms wurde völlig überarbeitet und dabei sowohl optisch als auch technisch auf den neuesten Stand gebracht. Die auffälligsten Veränderungen betrafen das Fahrwerk. Steuerung, Kreuzkopf und Gestänge fielen jetzt zierlicher aus und entsprachen dem heutigen Standard. Den guten Eindruck verstärkte die Brünierung der Radreifen und der Stangen. Auch die Aufbauten des Modells erfreuten mit vielen Details das Auge des Betrachters. Leitungen und Zubehör waren separat am Kessel angesetzt. Nicht minder interessant war die Tatsache, dass sich der Abstand zwischen Tender und Lok einstellen ließ. Das ermöglichte einen vorbildgerecht engen Tenderabstand auf Anlagen mit großen Radien. Bei größerem Abstand durchfährt das Modell auch enge Bögen. Eine Digital-Version des Modells wurde mit dem bewährten Hochleistungsantrieb ausgeliefert. Die Lok besaß einen so genannten Kabinentender und präsentierte sich damit im Zustand der Epoche III. Beim Vorbild hatte die Bundesbahn nämlich, um

Oben: *Zu den von Märklin im Modell wiedergegebenen ICE-Triebzügen zählte auch der 1996 vorgestellte ICE 1 mit der Triebkopfnummer 401 018. Er war mit einem geregelten Hochleistungsantrieb ausgestattet.*

Unten: *Ein Jahr später, 1997, folgte ein ICE der zweiten Generation, der sich durch die Position der Frontlichter und Lüftergitter am Triebkopf vom ICE 1 unterschied.*

den Güterzugbegleitwagen einzusparen, bei einigen dieser Loks ab 1958 entsprechende Zugführerkabinen in die Tender eingebaut.

Die ICE-Familie aus Göppingen

Bereits 1985 wurde der Prototyp des weißen Flitzers im Modell präsentiert. Dieser Triebzug hatte es in sich und glänzte mit vielen bis dato nicht gekannten Attributen. Ein siebenpoliger Hochleistungsmotor mit Glockenanker aus dem Hause Faulhaber sorgte für Tempo. Hervorragend gelöst wurden die Wagenübergänge – ein Gustostückerl, das man sich viele Jahre später auch beim TEE „Gottardo" gewünscht hätte: Die voll funktionsfähigen, kalottenartigen Wagenübergänge stellten eine feinmechanische Meisterleistung dar und sorgten auch in engen Kurven für ein geschlossenes Zugbild.
Weniger aufwändig konstruiert rollte 1992 das Modell des ICE 1 (Baureihe 401) an. Wie beim Prototyp kam ein schweres Metallfahrwerk, das zusammen mit dem leichten Kunststoffgehäuse einen besonders tiefen Schwerpunkt bildete, zur Anwendung. Märklin gab sich nobel und spendierte sämtlichen Mittelwagen eine unterschiedliche Inneneinrichtung. Dies galt auch für die ICE-Züge der zweiten Generation. 1997 stellte Märklin den nur auf den ersten Blick ähnlichen ICE 2 der Baureihe 402 aufs Gleis. Die Aufbauten von Steuerwagen und Triebkopf, aber auch die Inneneinrichtungen wurden neu entwickelt. Mit separat erhältlichen Wagen und dem neuen Speisewagen, er hatte den markanten Buckel eingebüßt, ließ sich der ICE 2 auf das achtteilige Vorbildmaß verlängern.
Schließlich gelangte ab 1999 mit dem ICE 3 auch die nächste Generation der weißen Flitzer oder „Weißwürste", wie manche Fans die Vorbildzüge leicht despektierlich zu bezeichnen pflegen, ins Sortiment. Der für die Neubau-

ICE
DB
401 018-7

strecke Frankfurt – Köln entwickelte ICE 3 überzeugte im Modell durch einen kraftvollen Antrieb und vielfältige, im Digitalbetrieb schaltbare Zusatzfunktionen. Aber auch die internationalen Ausführungen dieser Züge können überzeugen.

Schweizer Spezialitäten

Die Eidgenossen haben seit je her ein besonderes Faible für die Modelle der Göppinger. Es mag wohl an den gediegenen Aufbauten aus Metall liegen, denn Kunststoffprodukte sind den Schweizern vermutlich nicht wertig genug. So werden bei Märklin traditionell immer wieder aufwändig konstruierte Modelle für den Schweizer Markt gefertigt. Das „Krokodil" in der Baugröße H0 war natürlich von Anfang an ein Modell, das Sammler wie Betriebsbahner einfach haben mussten. Ähnliches galt später für die Modelle der Ae 6/6. Sie sorgte 1991 als komplette Neukonstruktion, die mit dem Modell von 1964 nichts mehr gemein hatte, für Schlagzeilen. Für den sehr schlanken Lokkasten hatten die Göppinger extrem dünne Seitenwände aus Zinkdruckguss gefertigt. In puncto Zugkraft gehört die Ae-6/6-Modellfamilie zu den leistungsstärksten Fahrzeugen überhaupt. Die jüngste Neuentwicklung, mit mfx-Technologie, wurde 2008 auf den Markt gebracht.

Zum 150-jährigen Jubiläum der Schweizer Bahnen im Jahr 1997 präsentierte man nicht nur den Eidgenossen, sondern auch den Freunden gigantischer Maschinen ein Prachtexemplar von Lokomotive: die weitgehend aus Metall gefertigte Gotthard-Doppellok Ae 8/14. Wer schwächliche Brücken auf seiner Anlage hatte, dem war geraten, hier vorsichtshalber Langsamfahrstellen einzurichten und

Links: *Die Schweizer Doppel-E-Lok der Reihe Ae 8/14 erschien 1997 anlässlich des 150-jährigen Jubiläums der schweizerischen Bahnen.*

Linke Seite unten: *Eine „Re 10/10", wie die Re 4/4 II und Re 6/6 als Doppelpack im Eisenbahnerjargon heißen, lässt sich voraussichtlich ab 2010 bilden. Dann ist die Re 6/6 (hier ein Baumuster) für alle Märklinisten verfügbar.*

> Ferrari auf Schienen: die Serie 460 der SBB

Im Jahr 1992, das Vorbild war noch kaum richtig im Einsatz, kündigte Märklin bereits das Modell der schweizerischen Re 460 an. Ein Jahr später war die Lokneuheit auf dem Markt. Dieser Mut zahlte sich aus. Denn die 460 avancierte, nach anfänglichen Kinderkrankheiten und entsprechender Schelte seitens der Schweizer Fachpresse, die das Fahrzeug despektierlich als „Goggi-Büx" (deutsch: „Cola-Dose") verspottete, zu einer der erfolgreichsten E-Loks in Europa. Für die elegante Silhouette der Lok zeichnete Ferraris Chefdesigner Pininfarina persönlich verantwortlich. In der Folge schuf Märklin eigene Vorbild-Loks dieser Reihe. Dabei entstand gleich eine ganze Palette kunstvoll gestalteter Lokmodelle, deren Gestaltungsmotive stets die Beziehung zwischen großer und kleiner Eisenbahn symbolisierten. Die SBB vermarkteten daraufhin einige ihrer entsprechend dekorierten Loks zu Werbezwecken. Mit ihren farbenfrohen Motiven brachten sie Abwechslung in den oftmals eintönigen Eisenbahnalltag. Im Jahr 1999 rief Märklin die „Swiss Collection" ins Leben. In der Folge erschienen über die Dauer von fünf Jahren fünf besonders gestaltete Kunstlokomotiven. Die Erste zeigte das Gestänge des legendären Krokodils. Unvergessen sind aber auch die „Heizerlok" oder die „Albaufzug", deren bunte Motive für Aufsehen sorgten. Sollte die Zahl der Werbe- und Kunstloks anfangs im überschaubaren Rahmen bleiben, uferte die Geschichte später langsam aber sicher aus. So fanden sich im Märklin-Sortiment weit über 30 (sic!) verschiedene Varianten der Serien 460/465. Das war, bei aller Liebe zu der gelungenen Lok, dann doch des Guten zuviel.

den Lauf dieses Giganten sorgsam zu beobachten. Zwei auf je zwei Achsen wirkende Motoren verliehen dem Modell Bärenkräfte. Während das Sondermodell von 1997 dem museal erhaltenen Vorbild entsprach, gaben die nachfolgenden Varianten (ab 1999) den Zustand der 1950er und 1960er Jahre mit zwei Dachstromabnehmern und geänderten Stirnlampen sowie Sandkästen wieder. Die jüngste Ausgabe war maschinengrün lackiert. In diesem Farbkleid war die Vorbild-Doppellok jedoch nur eine Zeit lang unterwegs gewesen.

Doch nun zu einer „Allerweltslok", der Re 4/4 II. Sie sollte aufgrund ihrer Allgegenwärtigkeit auf Schweizer Schienen im H0-Programm eines jeden ambitionierten Herstellers enthalten sein. Allerdings kam sie bei Märklin erst Mitte der 1990er Jahre, dafür aber seidenweich, angerollt. Der Fünf-Sterne-Antrieb sorgte für ein exzellentes Fahrverhalten. Kaum ein anderes Modell konnte mit einer solchen Fülle an Details aufwarten, wie der unscheinbare Vierachser. Im Führerstand war sogar der Fahrplanhalter nachgebildet. Spezielle Miniatur-Leuchtdioden sorgten für eine vorbildgerechte Beleuchtung des Metallmodells und das gemäß dem helvetischen Usus.

Zum absoluten Glück der Märklinisten fehlt eigentlich nur noch die Re 6/6. Doch Vorfreude ist bekanntlich die schönste Art des Wartens. In 2010 war es soweit: Vorbildorientierte Modellbahner, die eine Gebirgsanlage nach Schweizer Vorbild besitzen, konnten endlich eine Re 10/10, so heißt die Kombination aus einer Re 6/6 und Re 4/4 im Eisenbahner-Jargon, vorbildgetreu vor langen Güterzügen auf Rampenstrecken einsetzen.

Dampflokomotiven der Spitzenklasse

Ein Glockenankermotor, viel Metall und wenig Kunststoff, kurzum: fast schon ein Kleinserienstandard. So präsentierte sich die G 8 alias Baureihe 55, die ab 1999 ein Glanz-

Oben: *Märklin brachte im Jahr 2002 die DRG-Version der ehemaligen Württembergischen K heraus.*
Rechts: *Zwei ehemalige Loks der Länderbahnzeit (T3 und Bayerische B VI) bereicherten im Reichsbahn-Livree als Baureihe 89.70 bzw. 34 in den Jahren 2005 bzw. 2000 das Sortiment.*

Links: *Die Baureihe 55 fand erstmals im Jahr 1999 Eingang in das Märklin-Programm.*

Mitte: *Das MHI-Modell einer ölgefeuerten Dampflok der Baureihe 43 erschien 1998.*

> Bayerisches Kleinod

Ab 1992 präsentierte Märklin immer wieder Dampfloks der bayerischen Gattung B VI in Länderbahn- sowie DRG-Ausführungen. In der Länderbahn-Version trugen diese Loks noch Namen, wie „Tristan", „Murnau" oder „Tölz", die jeweils seitlich am Kessel angeschrieben waren. Einige Loks dieser Type verfügten über eine Torffeuerung und waren auch mit einem entsprechenden Tender ausgestattet. Das galt beispielsweise auch für die „Klopstock", deren Modell 2005 in einer Holzkassette einmalig ausgeliefert wurde. Das Fahrzeug hatte einen mfx-Decoder an Bord und besaß verschiedene Soundfunktionen wie das Betriebsgeräusch, die Lokpfeife und Pumpe.

licht im Sortiment der Schwaben war. Kurz darauf legte Märklin nach. Seit dem Erscheinen der Württemberger C wurden Hoffnungen auf eine weitere Länderbahnlok geschürt: die Württemberger K. Sie war die erste und einzige deutsche Dampflok mit sechs Kuppelachsen. Dank dieser Achsfolge erbrachte sie die erforderliche Zugkraft, um die Steilstrecken der schwäbischen Alb und des Schwarzwaldes mühelos zu bezwingen. Zum Jubiläum „150 Jahre Geislinger Steige" im Jahr 2000 produzierte Märklin das H0-Modell dieser Güterzuglok in limitierter Auflage. Auffällig war die ungewöhnliche Farbgebung des Modells in Dunkelgrau und Stahlblau. Die Beschriftung wies sie als Lok der Königlich Württembergischen Staatseisenbahn aus. Kenner dieser Loktype erfreuten sich an den vielen Details. Die einzeln angesetzten Handläufe, Handräder und Aggregate, das zierliche Gestänge und die dunklen Radsätze wussten zu beeindrucken. Lok und Tender waren eng gekuppelt. Im Inneren des Führerstands war die Nachbildung einer Inneneinrichtung zu erkennen. Der Glockenanker-Hochleistungsmotor fand im Kessel Platz und wirkte über eine Zahnradkombination auf sechs Achsen, von denen vier mit Haftreifen versehen waren. Ein Spezialfahrwerk mit seitenverschiebbaren Achsen ermöglichte auch das Befahren kleinerer Radien. Ein schnöder Knickrahmen hätte dieser edlen Lok nun wirklich schlecht zu Gesicht gestanden. Im Lauf der Jahre kamen noch Varianten nach Vorbildern der Deutschen Reichsbahn und der österreichischen BBÖ hinzu.

Aber nicht nur Neukonstruktionen rollten in diesen Jahren an. So kehrte 1996 ein Klassiker in das Sortiment zurück: die Baureihe 44. Der „Jumbo" wurde zeitgemäß konstruiert, reichte in seiner Ausführung jedoch nicht an die Klasse der C oder K heran. Im täglichen Anlagenbetrieb hat sich dieses Modell jedoch sehr gut bewährt.

Zunächst nur für Insider

Als herausragende Neukonstruktionen und perfekte Nachbildungen ihrer großen Vorbilder erschienen zu Beginn des neuen Jahrtausends die Baureihen 45 und 10.

Linke Seite oben: *Das 2002 vorgestellte, neu konstruierte MHI-Modell der Baureihe 45 mit einstellbarer Lok-Tender-Kurzkupplung.*
Oben: *Die Baureihe 10 erschien 2000 als Neukonstruktion mit interessanten Funktionen erstmals im Märklin-Programm (MHI-Produkt).*
Linke Seite unten: *Im Jahr 2001 präsentierte Märklin den „Big Boy", ein Modell der Extra-Klasse mit zwei Digital-Decodern.*

Dank den immer besser werdenden Möglichkeiten, digitale Spielereien unterzubringen, glänzten die beiden so unterschiedlichen Dampfloks mit feinem Sound und einem Rauchgenerator. Die Baureihe 10 verfügte sogar über eine Triebwerksbeleuchtung. Über die Fahreigenschaften der beiden Metall-Modelle muss nicht viel geschrieben werden: einfach toll! So wurde die Baureihe 10 zu einer der erfolgreichsten Konstrukionen in der jüngeren Märklin-Geschichte. Waren die Loks zunächst nur den Mitgliedern der Kundenclubs vorbehalten, erschienen sie im Rahmen der Bellingrodt-Edition nochmals in abgewandelter Form und wiederum einmaliger Auflage. Gleiches galt für das sicherlich herausragendste Fahrzeug, das jemals in der Stuttgarter Straße produziert worden ist: den „Big Boy".

Der „Big Boy": Schienengigant aus den USA

Für Unmut sogte die Entscheidung, dass der erstmals 2001 geschaffene Schienengigant auch in einer Startpackung und dann nochmals 2004 und 2005, wenn auch nur für Insider, angeboten wurde. Sicherlich rechtfertigten ökonomische Überlegungen diesen Schritt, wirklich nachvollziehbar war er für so manchen Insider jedoch nicht. Aber: Das, was die Leute für ihr Geld bekommen haben, war erstklassig. Neben dem Big Boy wirkte sogar eine „Jumbo"-Lok der Baureihe 44 unscheinbar. Getreu der Devise „Von nichts kommt nichts" ging man in Göppingen fleißig ans Werk. Allein der Rechercheaufwand war enorm. Als Erstes reiste man in die USA, um den acht noch erhaltenen (leider nicht mehr betriebsfähigen) Dampfgiganten – ursprünglich waren es 25 Stück – einen Besuch abzustatten. Tausende Fotos entstanden, Pläne wurden eingesehen und umgesetzt. Das Pflichtenheft für dieses Super-Modell sah Folgendes vor: Fahrwerk, Kessel, Führerhaus und Tender aus Metall. Mit an Bord: gleich zwei Decoder, die eine Fülle bislang nicht dagewesener Geräusche und Effekte abrufbar machten. Um auch allen Märklinisten, auch denjenigen, die aus welchen Gründen auch immer „teuflisch" enge Radien verbaut hatten, den Einsatz des Big Boys zu ermöglichen, wurde der befahrbare

> Bügeleisen

Im Jahr 2003 kam ein uriges Gefährt auf die H0-Gleise: ein französisches „Krokodil". Die Lok verdankt ihr ungewöhnliches Aussehen vor allem den Stromabnehmern, die auf langen Auslegern jeweils vor dem Führerhausdach angebracht sind. Es waren diese Merkmale und die langen Vorbauten, die der vierachsigen Lok den treffenden Spitznamen „Bügeleisen" einbrachten.

Rechts: *Der vierteilige VT 11.5 mit seinem markanten Triebkopf erschien 2002 mit beleuchtbarer Inneneinrichtung und Sound.*

Unten: *Mit schaltbarer Innenbeleuchtung und Geräuschelektronik wurde der SVT 137 „Fliegender Hamburger" 2004 angeboten.*

Rechte Seite unten: *„Adler"-Zug (2006) mit Spendenanteil zum Aufbau des verbrannten Vorbilds.*

Mindestradius auf 360 mm festgelegt. Deshalb sind die beiden mittleren Treibachsen der Fahrwerksgruppen federnd gelagert. Dennoch sollte der Anlagenbetreiber, ehe er das über 1,4 kg schwere Ungetüm auf die Anlage lässt, sicherstellen, dass Signale, Oberleitungsmasten und Tunneleinfahrten eine Fahrt auch wirklich zulassen, denn die US-Lok benötigt entschieden mehr Platz im Gleisbogen als europäische Fahrzeuge.
Auch wenn das edle Teil in der Vitrine absolut schön anzuschauen ist, so richtig gut kommt das schwere Stück erst auf einer Anlage zur Geltung. Wer es kann und wer es wagt, das teure Stück zu altern, der wird den Höchstgenuss erleben. Ist der Big Boy dann aufgegleist, kommt der spannende Moment, in dem sich das Fahrzeug in Bewegung setzt: Der Big Boy beginnt seine Fahrt langsam und ruhig. Einem schlängelnden Reptil gleich windet sich das stattliche Modell durch Weichenstraßen und Bögen. Steigungen schrecken die Maschine nicht. Die zuschaltbare Geräuschkulisse ist beachtlich, darunter Glocke und klassische Western-Pfeife. Radsynchron gibt das Modell die Dampflok-Betriebsgeräusche seines großen Vorbilds eindrucksvoll wieder. Gleich zwei Qualmerzeuger haben im Big Boy Platz gefunden … – doch genug der Rede! Der Leser soll hier nicht mit weiteren Aufzählungen gelangweilt werden. Die glücklichen Besitzer eines solchen Metall-Kolosses werden die Vorzüge des Super-Modells schon kennen. Zum Schlus sei nur noch gesagt, dass das Spielen mit dem Big Boy auf Anlagen mit zu den aufregendsten und schönsten Erlebnissen zählt, die sich ein Märklinist gönnen kann.

Der Zug mit der langen Nase

Kann ein Zug eine Nase haben? In den Augen der Kinder ganz sicher. Denn als ich zum ersten Mal mit der Tochter 1988 einen VT 11.5 lichtbildnerisch festhielt, rief die damals Dreijährige bei der Annäherung des brummenden Zuges, heftig in desses Richtung deutend: „Ohh, Zug mit langer Nase!" Dass Züge ein Gesicht haben, das ist ja wohl nicht zu leugnen. Ein besonders markantes besaß zweifelsohne der legendäre TEE. Lediglich im Jahr 2002 rollte der Zug auch in das Märklin-Sortiment. Er war nahezu komplett aus Metall gefertigt, Bedruckung und Farbgebung waren makellos. Die kugelgelagerten Motoren in beiden Triebköpfen sorgten daür, dass der Antrieb auch bei Fahrten auf Rampenstrecken, wenn der Zug mit dem dreiteiligen Ergänzungsset auf die Länge von sieben Teilen gebracht wurde, nicht schlapp machte. Ein akustischer Leckerbissen war das ausgetüftelte Soundspektrum. Es ließ sich dank digitaler Technik über zwei Lautsprecher zum Tönen bringen. So entstand beim Starten eine kurze, vorbildgetreue Pause zwischen dem Dieselgeräusch des ersten und zweiten Triebkopfes. Nahm der Zug dann die Fahrt auf, war der Klang beider Motoren gut zu hören.

Die Wagen verfügten über eine Innenbeleuchtung. Um den hierfür nötigen Strom bereitzustellen, verliefen in diesem Zug insgesamt zwei Leitungen, die als stromleitende Kurzkupplungen (zehnpoliger Verbindungsstecker) ausgeführt waren. Die Krönung war jedoch der Fahrgenuss: ruckfreies Anfahren und ein perfektes Erscheinungsbild selbst im üblen 360-cm-Radius, dank überaus vorbildgetreuer Wagenübergänge. Die betreffenden Elemente waren an einem Fahrzeugende jeweils als Form nachgebildet, am anderen als kulissengeführtes Kunststoffteil angebaut. Die Variante mit Gasturbine, bei der Bundesbahn als Baureihe 602 gelistet, kam 2005 ins Sortiment. Der kräftige Sound der Gasturbine gehörte zu den digital abrufbaren Funktionen. Dieser Zug hatte bereits einen mfx-Decoder an Bord.

> Sondermodell „Adler"

Die 3333 verkauften Märklin- und 999 Trix-„Adler"-Züge mit einem jeweiligen Spendenanteil von 50 Euro zeugten vom hohen Zuspruch seitens der Modellbahner. Angeboten wurden die Modelle in einer Sammlerkassette für 499 Euro. Der Erlös aus der Aktion betrug 216.600 Euro. Er wurde in der Konzernzentrale der Deutschen Bahn AG an Bahnchef Hartmut Mehdorn überreicht. Märklin hatte 2005 kurz nach der Nürnberger Brandkatastrophe die Auflage des „Adlers" angekündigt.

Der „Fliegende Hamburger"

Während der VT 11.5 die beliebte Epoche III bereicherte, stellte der SVT 137, auch „Fliegender Hamburger" genannt, die Liebhaber der Epoche II zufrieden. Märklin präsentierte den Zug 2004 in einer Sonderserie. Die seidenmatte, saubere Lackierung in Violett und Beige stand

Oben: *Mit einem besonderen „Clou" konnte die 2003 vorgestellte MHI-Lok der Baureihe 103 aufwarten: Dank zweier Piezo-Motoren waren die Pantographen digital heb- bzw. senkbar.*

Mitte: *„Porsche-Taurus" 182 004 von 2006 mit C-Sinus-Antrieb und mfx-Decoder, der das Schalten des Rangiergangs, der Fernscheinwerfer und des Signalhorns ermöglicht. Beim Fahren ertönen die typischen Taurus-Betriebsgeräusche.*

> 50 Jahre TEE

Im Rahmen der Serie „50 Jahre TEE" stellte Märklin 2007/2008 den legendären „Rheinpfeil" der DB in einer einmaligen Auflage auf die H0-Gleise. Die Packung enthält eine E-Lok der Baureihe 112, zwei Abteilwagen der Gattung Avümh 111, den Aussichtswagen Adümh 101 und den Speisewagen WRümh 131. Die makellose Lackierung der Fahrzeuge in den TEE-Farben Rot/Beige und die Bedruckung weisen den Zug als Vertreter der Epoche IV aus. Das Modell der Bügelfalten-E-10 ist mit verkleideten Pufferbohlen und Schnellfahr-Drehgestellen unterwegs. Für den kraftvollen und leisen Vortrieb sorgt der Softdrive-Sinus-Motor. Die gut gestalteten Wagen sind im Längenmaßstab 1 : 93,5 gehalten. Detailliert zeigen sich die Drehgestelle der Bauart Minden-Deutz, die Schürzen sind mit feinen Nachbildungen von Klappen und Hebeln versehen. Um eine einmalige Auflage handelte es sich bei den TEE-Fahrzeugen der SNCF für die Baugröße H0 (Bild links). Dazu gehört das Modell der Elektrolok der Serie 40100. Die sechsachsige Maschine erschien in Metallausführung mit mfx-Sounddecoder und Soft-Drive-Antrieb. Im edlen Inox-Design zeigen sich die neu konstruierten, maßstäblichen Wagenmodelle.

Oben: *Zu den preiswerten Einsteiger-Digital-Loks aus dem Hobby-Programm gehört die 2008 präsentierte „Ludmilla" mit Vierachsantrieb und nachgebildeter Inneneinrichtung.*

Mitte oben: *Ebenfalls aus dem Hobby-Sortiment stammt die 2008 vorgestellte Digital-Lok der Baureihe 24 mit eingebautem Rauchsatzkontakt.*

Mitte unten: *Zur abwechslungsreichen Lokpalette des Hobby-Programms gehört auch die Baureihe 2016 der ÖBB, genannt „Hercules". Das Modell besitzt vier über Kardan angetriebene Achsen.*

dem knapp 48 cm langen Zug ausgesprochen gut. Fehlerfrei waren die zahlreichen Zierlinien geraten. Vorbildgerecht wies das glatte, windschnittige Gehäuse nur wenige Details auf. Der Aufbau bestand aus Metall. Hinter den bündig eingesetzten Fenstern konnte der Märklinist die Nachbildung einer Inneneinrichtung erkennen. Die Triebzughälften stützten sich auf das mittlere Jakobs-Drehgestell. Hier wirkte der lastgeregelte Hochleistungsantrieb auf beide Achsen. Kraftvoll und ruhig ging der Motor seiner Arbeit nach. Je nach eingestelltem Wert beschleunigte der Zug ruckelfrei bis zur gewünschten Höchstgeschwindigkeit. Digital schaltbar waren die Front- und Schlussbeleuchtung sowie das Licht in den Fahrgasträumen. Auf Knopfdruck erschallte das Signalhorn.

> Bunte Hobby-Lok

In einer limitierten Auflage war die Elektrolok der Baureihe 185 aus dem Hobby-Programm als H0-Sondermodell über den Bahn-Shop 1435 erhältlich. Neben dem Schweizer Wappen und einem Edelweiß trug sie seitlich den Schriftzug „... unterwegs in der Schweiz".

Neues Konzept: in Zügen denken

Nicht mehr die Modelle von Exoten, wie zum Beispiel die Nachbildung des „Henschel-Wegmann-Zuges", sondern beliebte und bekannte Fahrzeuge prägen das Märklin-Programm der jüngsten Zeit. Darüber hinaus werden auch passende Wagen angeboten. „In Zügen denken" lautet nun auch die Devise der Marketingabteilung, die ihr Konzept dem Produktmanagement verordnet hat. Seither hat das Haus Märklin verschiedene attraktive Schienenklassiker präsentieren können wie das Modell der Baureihe 01. Die Zweizylinder-Schnellzuglok mit der Achsfolge 2'C1' wurde ab 1925 an die Deutsche Reichsbahn Gesellschaft (DRG) abgeliefert. Rasch avancierte sie zum Sinnbild der Eisenbahn schlechthin. Daher verwundert es nicht, dass

bei Märklin immer wieder Modelle dieser Lok in verschiedenen Baugrößen entstanden sind. Die 2006 ausgelieferte 01 setzt somit die lange Reihe der Traditionsmodelle aus Göppingen fort, ähnlich wie die E 18 oder das Gotthard-Krokodil.

Die weitgehend aus Metall gefertigte Maschine weist neben feinen Gravuren zahlreiche angesetzte Kleinteile auf. Dazu gehören Leitungen, Ventile, Lichtmaschine und Luftpumpe. An den Pufferbohlen finden sich winzige Zughaken und die Rangierergriffe unter den Pufferhülsen. Der Führerstand besticht durch eine Inneneinrichtung. Setzt man entsprechende Figuren ein, ergibt sich sofort eine lebendige Szenerie. Ohne Tadel sind die Fahreigenschaften der Lok. Seidenweich und in jeder Geschwindigkeit gleichbleibend leise verläuft die Fahrt. In der Vollausstattung bringt die mit mfx-Decoder ausgerüstete Maschine etliche Zusatzfunktionen mit. Dazu gehören acht Geräusche, unter anderem das Dampflok-Fahrgeräusch, die Lokpfeife, Bremsenquietschen oder Dampf-Ablassen. Die Soundkulisse ist von guter Qualität und vorbildgetreu. Als weitere schaltbare Funktion glimmt der Feuerschein der Feuerbüchse im Führerstand auf. Wer auf Spezial-Effekte verzichten möchte, erhält das schöne Modell auch ohne erweiterte Soundfunktion. Und spart dabei noch. Wer jedoch auf sämtliche Funktionen Wert legt, erhält viel Gutes für sein Geld: eine Lok mit elf ab Werk einprogrammierten Funktionen, darunter auch das Kohleschaufelgeräusch, die sich mit der Central Station abrufen lassen.

Weitere Modelle zielen in dieselbe Richtung. So war die Freude über die bestens gelungene Diesellok der 2007 präsentierten Baureihe 218 natürlich sehr groß. Schließlich gehört sie zu den wichtigsten Zugpferden im Modellbetrieb der meisten Märklinisten. Den Auftakt machte eine Maschine in Lack und Bedruckung der DB-Epoche IV. Zu ihren Details gehören ein fein gestaltetes Lokgehäuse aus Metall, das Dach mit den Abgashutzen und die eingerichteten Führerstände. Im Inneren der Lok mit mfx-Technik arbeitet der Softdrive-Sinus-Antrieb. Der mittig gelagerte Motor mit Schwungmasse gibt seine Kraft über Kardanwellen auf alle Achsen ab. Die Fahreigenschaften können voll überzeugen. Seidenweich setzt sich die rund 450 g schwere Lok in Bewegung. Erfreuliches gibt es in Sachen

Linke Seite oben: *Das mfx-Modell der 01 147 erschien 2006 mit Altbaukessel und Witte-Blechen.*

Oben: *Eine 218 von 2007 als Epoche-IV-mfx-Modell mit/ohne Geräusch-Modul.*

Mitte: *Kittel-Triebwagen von 2009.*

Linke Seite unten: *die neu konstruierte Insider-05 von 2007.*

Beleuchtung zu melden. Für das schaltbare Spitzensignal kommen warmweiße Leuchtdioden zum Einsatz, außerdem besitzt die Maschine Schlusslichter, die auf Wunsch ausgeschaltet werden können, denn warum sollen die roten Lichter den ersten Wagen anstrahlen? Auf Knopfdruck ertönen das Diesellok-Fahrgeräusch, der Lokpfiff und das Bremsenquietschen. Wer das Getöse der 218 nicht haben wollte, für den stand ein Modell ohne Sound mit anderer Betriebsnummer bereit.

Dass die Märklin-Freunde eine Dampflok am liebsten in Schwarz und Rot sehen, ist sicherlich nicht als politische Meinungsäußerung zu verstehen. Aber, Hand aufs Herz, so schauen die Dampfrösser auch wirklich gut aus! Klar, eine elegante Länderbahnlok hat natürlich auch ihren Charme. Möglicherweise fehlt uns da aber der rechte Zugang. – Mit dem Modell der Baureihe 05 lieferte Märklin 2007 den Insidern eine Maschine, die genau nach deren Geschmack war. Dank der großen Treibräder, dem langen Kessel und eng gekuppelten Tender machte die Neuentwicklung einen sehr eleganten Eindruck. Freistehende Leitungen, angesetzte Teile wie Generator und Handräder und die detaillierte Steuerung wissen zu gefallen. Neben der schaltbaren Beleuchtung mit warmweißen LED gehören das Flackern der Feuerbüchse und Soundfunktionen zur Ausstattung. Acht Geräusche ertönen beim Einsatz der Central Station: darunter Dampfloksound, Lokpfeife und Bremsenquietschen.

Perfektes Spielzeug: der Turmtriebwagen

„Wir spielen immer, wer es weiß, ist klug." Dieser viel zitierte Schluss-Satz des „Paracelsus", aus dem gleichnamigen Einakter von Arthur Schnitzler, ist vieldeutig. Auch wir Modellbahner könnten ihn für uns deuten ... – doch das sei jedem selbst überlassen. Fest steht aber, dass alle, die gern spielen, mit dem Turmtriebwagen der Baureihe 701 ein digitales Spielzeug vom Feinsten erhalten haben. Dabei tritt das Fahren dank zahlreicher Zusatzfunktionen zwar ein wenig in den Hintergrund. Dafür erfreuen aber die verschiedenen realistischen Funktionen.

Betrachten wir das auf dem beliebten Schienenbus basierende Fahrzeug nun im Detail. Das größte Bauteil ist die Arbeitsbühne samt klappbarem Geländer. Ein feiner Scherenstromabnehmer, eine Beobachtungskanzel, feine Tritt-

Rechts: *Faszinierendes Funktionsmodell mit Sound: der ab 2008 angebotene Turmtriebwagen (Baureihe 701 der DB). Bühne und Stromabnehmer sind digital steuerbar.*

Rechte Seite oben: *Die 150 in der Umbauversion ohne Regenrinne erschien 2008 mit mfx-Decoder und zentral verbautem Kompaktmotor mit Schwungmasse.*

Rechte Seite unten: *Anlässlich des 150-jährigen Firmenjubiläums legte Märklin für 2009 das Modell einer Lok der Baureihe 120.1 für die Mitglieder des Insider-Clubs auf. Angesetzte Griffstangen und weitere Details zeichnen das mfx-Modell aus. Zu den Sound-Funktionen gehören Lokpfeife und Bahnhofsansage.*

> Güter auf die Bahn

Angesichts der großen Menge vorzüglicher Lokomotiv- und Triebwagen-Modelle bei Märklin stand das Güterwagen-Sortiment immer etwas abseits des Blickwinkels. Dabei kann es in puncto Detaillierung und vorbildgetreuer Gestaltung durchaus mit dem Standard der Triebfahrzeuge mithalten. Erfreulich ist auch die Tatsache, dass sich das Produktmanagement in den letzten Jahren erfolgreich darum bemüht hat, die in allen Epochen noch vorhandenen Lücken, was die Wiedergabe der verschiedenen Wagenbauarten angeht, zu schließen. So erschienen beispielsweise Schüttgutwagen der Bauart Fc 90 (Bild unten links) und Vertreter der 19,9-m-Wagenfamilie, wie der oben zu sehende Rungenwagen. Sehr vorbildgetreu fiel auch die Gestaltung der Chemie-Kesselwagen von 2008 (unten) aus. Die Fahrzeuge in Epoche-V-Ausführung überzeugen durch ihre filigranen Leitern und Aufstiege sowie die detaillierten Fahrgestelle. Auch die aufwändige Bedruckung der Wagen ist sauber ausgeführt.

bleche und die funktionslosen Arbeitsscheinwerfer vervollständigen die Ausrüstung. Gehäuse und Fahrgestell des 16 cm langen Fahrzeugs bestehen aus Metall. Für den Antrieb ist der kompakte C-Sinus-Motor zuständig, der beide Achsen des gelben Brummers antreibt. Die Fahreigenschaften sind vorzüglich. Als mfx-Modell meldet sich der Triebwagen selbstständig bei der Mobile oder Central Station an. Ist dies geschehen, zeigt eine ganze Reihe von Symbolen die Vielzahl der Zusatzfunktionen an, bei denen die Geräusche den Schwerpunkt bilden: Ob Fahrgeräusch, Bremsenquietschen, Signalhorn, Hämmern, Schweißen, Winkelschleifer oder Sägen, an alles ist gedacht. Es gilt nur noch, eine Baustelle auf der Anlage zu suchen. Diese ist sicher rasch gefunden, das Spiel nimmt seinen Lauf: Bühne rauf, Bühne drehen, Bühne ab, zum nächsten Mast rollen, Bühne drehen usw. bis zum Feierabend. Es wird nie langweilig. Nach Arbeitsschluss rollt der gelbe Brummer zurück ins Depot.

An dieser Stelle endet nun unser Reigen der ausgewählten Glanzlichter aus fast zwei Jahrzehnten. Dabei haben wir die wunderschöne E 18, die grandiose Baureihe 96, das „doppelte Lottchen" und so manch anderes gute Teil nicht unter den Tisch fallen lassen wollen. Es sind einfach zu viele Modelle in höchster Präzision geschaffen worden.

Traditionsmarke Trix kommt zu Märklin

Die Übernahme brachte Synergien und neue Produkte. Von Hans Zschaler und Klaus Eckert

Wolfgang Topp, damals Chef der Märklin Holding GmbH in Göppingen, sagte bei der Bekanntgabe der Übernahme von Trix am 14. Oktober 1996: „Trix ist eine schöne alte Marke, die gut zu uns passt." Märklin hatte sich mit der Übernahme des traditionsreichen deutschen Modellbahnherstellers Trix eine weitere, bestens eingeführte Marke ins Firmenprogramm geholt. Somit waren alle gängigen Baugrößen in der Holding vertreten. Über Verkaufsabsichten des bisherigen Eigentümers, der Familie Mangold, war ja schon länger spekuliert worden. Nach einer Neuordnung des bisherigen Unternehmens – der Trix Schuco GmbH – übernahm mit Beginn des Jahres 1996 die Märklin Holding GmbH in Göppingen den nun als Trix-Modelleisenbahn GmbH & Co. KG firmierenden Nürnberger Modellbahnhersteller. Die Kooperation zwischen Märklin und Trix hatte allerdings schon 1988 begonnen, also weitaus früher.

Wegbereiter seit 1935

Mit der Übernahme zog eine eigenständige Modellbahnwelt ins Haus Märklin ein. Zwar waren Trix und Märklin ab 1935 gleichermaßen große Wegbereiter der H0-Tischbahn in Deutschland und ganz Europa. Diese Nenngröße sollte sich später sogar zur weltweit beliebtesten entwickeln. Doch die Trix-Express-Bahn war von Anfang an ein eigenständiges System, das aufgrund der Radsatz-Hausnorm, des Zwei- bzw. Dreizugsystems und der Umschaltung nach dem Stromunterbrechnungs-Prinzip (bis 1953) auch heute noch keine Kombination mit anderen Systemen zulässt.

Mit den Cowpertürmen, der Laser-Bausatz wurde nachträglich verbessert und authentisch gealtert, ist ein markantes Bauwerk der erfolgreichen Themenbausatz-Reihe „Vom Erz zum Stahl" aufgelegt worden. Weitere Elemente werden folgen.

Waren die Trix-Produkte der Jahre 1935/36, deren Entwicklung ja bereits um 1933/34 begonnen wurde, noch reine Spielbahnerzeugnisse, so sollte sich dies ab 1937 grundlegend ändern. Bereits Ende 1936 stand das Handmuster einer 2C1-Schnellzuglokomotive entsprechend der Baureihe 01 der DRG zur Begutachtung zur Verfügung. 1937 wurde dann die Lok zusammen mit einem zweiteiligen vierachsigen Triebwagenzug der DRG sowie neu entwickelten D-Zug-Wagen, Einheitspersonenwagen und Güterwagen als „Modell"-Serie präsentiert. Der 1935 eingeführte enge Standard-Gleisradius von 335 mm wurde jedoch beibehalten, was die Arbeit der Konstrukteure im Bereich von Puffer und Kupplungen (nicht vorbildgetreues Ausschwenken) erheblich behinderte.

Ein Jahr später wurde die 2C1-Lok technisch weiter aufgewertet. Die Techniker rüsteten den Tender mit einer ferngesteuerten Entkupplungs-Einrichtung (Trix-Automatic) aus, die über den Fahrtrichtungs-Umschalter in der Lok und demzufolge über den Fahrtregler gesteuert wurde – eine neuartige, patentierte Einrichtung die seinerzeit viel Aufsehen erregte.

Neu konstruierte Loks – einschließlich der vorhandenen E 94 – wurden ab 1954 von Trix mit dem neuen Permo-Einheitsmotor bestückt.

Ferngesteuerte Entkupplungseinrichtung

Die Rassenpolitik der Nationalsozialisten zwang die bisherigen Trix-Eigentümer 1938 zur Emigration nach England. Daraufhin wurde das Unternehmen am 16. Mai 1938 von dem Fürther Fabrikanten Ernst Voelk, u. a. auch Besitzer der Distler-Blechspielwarenfabrik, sowie sechs Teilhabern übernommen. Die bisherigen Eigentümer gründeten mit Unterstützung von Altmeister W. C. Basset-Lowke in England ein neues Fertigungsunternehmen unter dem Namen „Trix Twin Ltd". Anfang 1938 trat ein Mann als Entwicklungschef in die Firma Trix ein, der die Weiterentwicklung der Trix-Bahnen in den nächsten drei Jahrzehnten maßgeblich prägen sollte: Rudolf Insam. Unter seiner Führung setzten die Trix-Konstrukteure bereits 1940 noch eins drauf. Eine neu entwickelte DRG-Tenderlok der Baureihe 71, die letzte Neuheit bis 1950, erhielt nun an beiden Enden eine ferngesteuerte Entkupplungseinrichtung, die als „Trix-Super-Automatic" bezeichnet wurde.

Zerstörung und Neubeginn

Bereits ein Jahr später, 1941, musste die bisherige Produktion unterbrochen und auf kriegswichtige Produkte umgestellt werden. Während der Luftangriffe der Alliierten auf Nürnberg wurde die Fabrik fast völlig zerstört. In weiser Voraussicht hatte man jedoch die Werkzeuge und Formen in eine Jugendherberge nach Spalt bei Nürnberg ausgelagert. Nur durch diese Maßnahme war es überhaupt möglich, dass 1948 nach dem Wiederaufbau der zerstörten Gebäude in Nürnberg an die Vorkriegsproduktion angeknüpft werde konnte. Die Konstrukteure unter Leitung von Rudolf Insam legten sich sofort mächtig ins Zeug, und so konnten bereits auf der ersten deutschen Spielwarenmesse 1950 in Nürnberg die ersten Neuentwicklungen gezeigt werden. Es waren die in kombinierter Zinkdruckguss-Feinblech-Ausführung gefertigten vierachsigen Einheits-Leichtkesselwagen (Elk) der DB. 1951 erschien die passende Zuglok in Form einer allradgetriebenen E 94 der DB, natürlich mit beidseitiger ferngesteuerter Entkupplung. Die Lok wurde zusätzlich auch mit Rädern nach NMRA-Norm (NMRA = „National Model Railroad Association"/Zusammenschluss amerikanischer Modellbahner und Modellbahnclubs) angeboten. Leider war die Zeit in Deutschland damals noch nicht reif für weitere Fahrzeugmodelle in dieser Ausführung.
Da die auf Stromunterbrechung basierende Umschaltung der Wechselstrom-Motoren besonders bei unsauberer Gleisoberfläche nicht sicher genug war und es zu ungewollten Umschaltungen kommen konnte, entschied man sich ab 1953 zur Ausrüstung der Motoren mit Stabmagneten, also für Gleichstrombetrieb und zur Fahrtrichtungs-

> Ausweg England

Die Rassenpolitik der Nationalsozialisten zwang die bisherigen Trix-Eigentümer 1938 zur Emigration nach England. Sie gründeten dort ein neues Fertigungsunternehmen unter dem Namen „Trix Twin Ltd". Unter anderem entstand diese schöne Dampflokomotive samt Wagenmaterial in dieser Firma.

Im Maßstab 1 : 180 wurden 1959 unter der Bezeichnung Minitrix einige Rollmodelle angeboten. Ein Gleissystem war nicht vorhanden.

änderung mittels Polwendung. Neu konstruierte Lokomotiven – einschließlich der vorhandenen E 94 – wurden ab 1954 von Trix mit dem neu entwickelten Permo-Einheitsmotor bestückt.

Auch das alte Bakelit-Gleismaterial wurde in den Jahren 1953/54 durch ein äußerst preiswertes Schwellenbandgleis ersetzt, bestehend aus Hohlprofilschienen, dünnem Mittelleiter und montiert auf bitumierter Radiopappe. Mit den neuen D-Zug-Wagen der ersten 26,4-m-Gruppe, im Modell um ca. 20 Prozent verkürzt, und einer Nullserien-E-10 war man in der ersten Hälfte der fünfziger Jahre mehr als aktuell. Den vierachsigen Gussgüterwagen folgten ab 1953 auch Zweiachser. Manches Lok-Wunschmodell, wie z. B. die Baureihe 42, die V 36 oder die E 50, wurde von Trix realisiert. Ab 1959 erfolgte die Fertigung der Aufbauten bei Güterwagen-Neukonstruktionen endgültig aus Kunststoff. Mit Modellen der Baureihe 18.6, dem dreiteiligen VT 08 und der V 100, welche in der ersten Hälfte der 1960er Jahre erschienen, traf Trix bei den Modellbahnern weiterhin ins Schwarze.

Minitrix – einen Schritt weiter in der Miniaturisierung

In puncto Miniaturisierung ging Trix 1959 nochmals einen Schritt weiter. Aus Zinkdruckguss mit einer Blechbodenplatte gefertigt, wurden im ungewöhnlichen Maßstab 1 : 180 einige Rollmodelle unter der Bezeichnung Minitrix angeboten, die zum Spielen und Sammeln geeignet waren. Die Verbindung der Fahrzeuge erfolgte über Haken und Ösen, ein Gleissystem war nicht vorhanden. Viele Modellbahner hatten natürlich den Wunsch, dass Trix die kleinen Modelle auch motorisieren und durch ein Gleissystem betriebsfähig machen sollte. 1964 war es soweit: Trix hatte einen kleinen Motor entwickelt, der sogar in das winzige Modell der T 3 passte. Bald darauf erschienen auch Wagen, Gleise, Weichen und ein Minifahrpult unter dem Namen „Minitrix-electric", nun im Maßstab 1 : 160, die als Baugröße N mittlerweile ebenfalls genormt war.

1964 war auch das Geburtsjahr des Trix-International-Sortiments in H0. Fast der gesamte Trix-Express-Fahrzeugpark wurde ab 1964/65 zusätzlich im Zweischienen-Zweileiter-System nach NEM angeboten. Für beide Systeme entwickelte man unter Beibehaltung der alten Gleisgeometrie auch gleich neue Gleissysteme mit Neusilber-Profilschienen auf Polystyrol-Schwellenband. In Zusammenarbeit mit Willi Ade, dem Gründer der Firma Wiad, der bereits seit geraumer Zeit für Trix konstruierte und Formen für Wagenmodelle aus Kunststoff fertigte, wurde eine neue Generation von Waggonmodellen geschaffen. Sie hatten einen Detaillierungsgrad erreicht, den man bei Großserienmodellen bis dahin nicht kannte. Etwas später sorgten die ersten 26,4- bzw. 27,5-m-Reisezugwagen im Längenmaßstab 1 : 100 für beachtliches Aufsehen. Die Zusammenarbeit zwischen Trix und Ade endete 1968. Willi Ade vertrieb seine Modelle unter dem Firmennamen Röwa bis 1977 selbst. Zwischenzeitlich wurde auch das N-Bahn-Sortiment bei Trix stark ausgebaut.

Ende der sechziger Jahre wurde Trix an die Firma Schildkröt (WASSAG) verkauft. Die Weiterentwicklung des H0-Sortiments stagnierte. Die neuen Besitzer sahen ihr Heil in erster Linie – zum Leidwesen der „Hanuller" – in der Nenngröße N. Schildkröt verlor jedoch bald das Interesse an der Modellbahn und verkaufte das Unternehmen 1971 an den Fürther Spielwarenhersteller Mangold (Markenname Gama).

Unter dem neuen Besitzer wurde dem H0-Sortiment zwar wieder mehr Aufmerksamkeit gewidmet. Dennoch favorisierte auch er das N-Bahn-Programm. Dies hinderte ihn jedoch nicht daran, in H0 (und später auch in N) ein beispielhaftes Sortiment an Länderbahn-Fahrzeugen – mit Schwerpunkt Bayern – auf den Markt zu bringen. Technische Innovationen gab es mit dem so genannten „EMS-

Aus Kunststoff-Bausätzen wurde dieser H0-Hochofen gebaut. Er gehörte zum ersten, sehr erfolgreichen Thema „Vom Erz zum Stahl".

System" ebenfalls. Dieses ermöglichte den Betrieb einer zusätzlichen Lok pro Stromkreis; im Dreileiter-Express-System können auf einer Anlage mit Oberleitung also bis zu sechs Loks auf einem Gleis unabhängig voneinander fahren. EMS war der Vorläufer der heutigen Digitalsysteme, zu denen auch Selectrix gehört.

Kooperationen gegenüber war Trix schon immer aufgeschlossen. So markierte der „bayerische Schnellzug" von 1988 (E-Lok EP 5 von Märklin, D-Zug-Wagen von Trix) den Beginn der Kooperation mit Märklin. Ab 1992 nahmen beide Firmen auch die Entwicklung, Konstruktion und Fertigung kostspieliger Projekte, die für einen Hersteller allein bzw. für nur eines der Systeme finanziell nicht machbar gewesen wäre, gemeinsam in Angriff.

Das erste Ergebnis dieser vertieften Zusammenarbeit war der „König-Ludwig-Zug", gezogen von einer preußischen Schnellzuglok der Gattung S 10, die mit einem Glockenankermotor im Kessel ausgestattet war. Diese Lok sowie die sechs vier- und sechsachsigen Salonwagen zählen zu den Spitzenerzeugnissen der Modellbaukunst! So waren bis zu 90 Farbdruckvorgänge pro Wagen erforderlich, die das drucktechnische Know-how von Trix unter Beweis stellten. Gemeinsam mit Trix ist Märklin heute auf breiter Front im Modellbahnsektor vertreten: beim Dreileiter-Wechselstrom- und Zweileiter-Gleichstrom-System, in den Nenngrößen Z, N, H0 und 1. Entbehrlich wurde die Produktlinie HAMO für das Zweileiter-Gleichstrom-System, die künftig durch Trix-International abgedeckt wird.

Synergien erfolgreich nützen

Es dauerte eine gewisse Zeit, ehe sich alle Mitarbeier in Göppingen darüber im Klaren waren, dass Trix nun nicht mehr in den Reihen der Mitbewerber stand, sondern eine hauseigene Marke mit viel Potential darstellte. Eine Neuausrichtung war angesagt, wie sie in einer solchen Situation immer erstrebenswert ist. Doch wie sollte es gelingen, die fortan in der bewährten Märklin-Philosophie (Metall statt Kunststoff) gebauten Modelle auch den Freunden der Zweileiterbahnen näher zu bringen? Zumal ja bekannt war, dass sich, im Gegensatz zum Märklinisten, der Gleichstromer nicht unbedingt nur bei einer Firma bedient, da seine Markenbindung deutlich schwächer ausgeprägt ist. Ferner war nun plötzlich auch die Baugröße N mit im Spiel, die ja auch im Hause Märklin einst entwickelt worden war, aber nie das Licht der Welt erblicken durfte. Spannende Jahre lagen also vor den Verantwortlichen in Göppingen und Nürnberg. Doch die Synergien machten sich bald positiv bemerkbar: Durch den Zusammenschluss haben nun beide Marken Zugriff auf alle bereits vorher separat entwickelten H0-Fahrzeugmodelle. Neukonstruktionen werden gemeinsam entwickelt und, wenn es sinnvoll ist, von beiden Marken genutzt. Mit dem Erwerb von Trix verfügt Märklin über das digitale System Selectrix. Dessen Weiterentwicklung ist schwer zu beurteilen. In die Marke Minitrix wurde zunächst erheblich investiert, um die Bahn beispielsweise durch den Einsatz von Glockenankermotoren und die Fertigung von Lokomotivgehäusen aus Zinkdruckguss den Ansprüchen der Gegenwart und Zukunft anzupassen.

Eine aus den USA stammende Idee wurde bald unter der Marke Trix auf europäische Gegebenheiten übertragen: Spezial-Themen zur Integration in die Modellbahnanlage oder als Motiv für ein Diorama. Mit Industrieanlagen unter dem Motto „Vom Erz zum Stahl“ und „Feuer und Wasser“ hatte die Serie begonnen. Im Jahr 2003 wurde sie u. a. mit den Themen „Tor zur Welt“ und „Rübenkampagne“ fortgesetzt. Es folgte der herrliche Bahnhof „Hamburg Dammtor“. Mit dem „Werk“ und einem weiteren Thema aus dem Bereich der Schwerdindustrie ging man völlig neue Wege: Die Bauteile wurden nicht aus Kunststoff, sondern mittels Laser aus einem speziellen Karton ausgeschnitten. Eine absolut zukunftsweisende Technologie.

Alles, was für die Darstellung der verschiedenen Themen an Gebäudemodellen und Ausrüstung benötigt wird, liefert Trix in Form von Bausätzen. Diese können entweder genau nach Vorlage oder in variabler Abwandlung zusammengebaut und, was gerne gemacht wird, gealtert werden. Solche mittels Farbe aufgebrachten Betriebsspuren machen sich an den Industriebauten sehr gut. Trix produziert auch zum Thema passende Wagen- und Lokmodelle.

„Vom Erz zum Stahl“ und dann zu „Feuer und Wasser“

Die zu einem bestimmten Thema gehörenden Produkte erscheinen in erster Linie in H0. Bestimmte Modelle sind auch in der Baugröße N erhältlich. Beim Thema „Vom Erz zum Stahl“ geht es beispielsweise darum, wie Eisenerz und Kohle für die Stahlgewinnung in Spezialgüterwagen zu den Stahlwerken transportiert werden. Der im Modell-Schmelzofen gewonnene, imaginäre Stahl wird in „flüssiger“ Form innerbetrieblich in einem speziellen Roheisentransportwagen, einem 18-achsigen Torpedopfannenwagen, befördert. Der Abtransport der bei der Stahlgewinnung anfallenden Schlacke zur Halde geschieht mittels spezieller Schlackenwagen. Dieser Reststoff kann gegebenenfalls für den Straßenbau genutzt werden. Für die beschriebenen Betriebsabläufe hält Trix alle nötigen Gebäude und Wagenmodelle bereit. Im Jahr 2009 kam nochmals ein sechsachsiger Schwertransportwagen hinzu, auf dem Coils und andere Stahlfertigprodukte verladen werden können.

Von Anfang an war auch ein Hochofenmodell dabei. Der 410 Teile umfassende Bausatz lässt sich zu einem 70 cm langen und 55 cm hohen Industriegebäude zusammensetzen, das mit seinen Dimensionen einen imposanten Mittelpunkt auf der Modellbahnanlage bilden kann. Wer das Umfeld des Hochofens vorbildnah gestalten möchte, sollte für die Ausdehnung noch einmal fast die doppelte Länge einplanen, damit die Gleisanlagen für die Erzbrücke und die Schlackenkippen Platz finden. Reizvolle Effekte

> Erfolgreiche Themen

Eine aus den USA stammende Idee wurde bald unter der Marke Trix auf europäische Gegebenheiten übertragen: Spezial-Themen zur Integration in die Modellbahnanlage oder als eigenständiges Motiv für ein Diorama. Dazu zählte auch der Kornspeicher. Trix konstruierte dazu passende Getreidewagen.

Rechts und rechte Seite oben: *Das monumentale Empfangsgebäude des Trix-H0-Bahnhofs kann in maßstäblicher Länge oder verkürzt gebaut werden. Es besteht natürlich auch die Möglichkeit, die Halle abweichend vom Vorbild noch weiter zu verlängern, für den Fall, dass längere Züge in der Halle halten sollen. Das herrliche Gebäude wurde dezent mit Farben gealtert.*

lassen sich durch das Beleuchten des Eisen- und Schlackenkanals erzielen. Durch das Licht entsteht der Eindruck, hier fließe wirklich eine glühend heiße Masse. Die Industrieanlage kann mit Hilfe weiterer Bausätze zu einem gigantischen Komplex erweitert werden, der allerdings das Raumangebot einer durchschnittlichen Zimmeranlage ausfüllen dürfte. Als Ergänzung zum Hochofen ist eine Kokerei erschienen. Im Vorbild dient diese Industrieanlage als Spezialofen zur Gewinnung von Koks aus Steinkohle. Zwischen der Kokerei und dem Hochofen kann der Modellbahner Transportfahrten mit entsprechenden Güterwagen und beispielsweise einer Dampfspeicherlokomotive durchführen. Als weiteres themenspezifisches Modell erschien auch der Bausatz einer Werkhalle zur Darstellung einer Gießerei oder eines Walzwerkes. Selbstverständlich gehörte auch eine Zechenanlage zum Programm „Vom Erz zum Stahl". Ebenfalls zum genannten Themenkreis bzw. zu den Industrieanlagen zählte der Tragschnabelwagen, einen für den Transport schwerster Güter, wie zum Beispiel eines Transformators, konstruierten Spezialwagen. Mit ihm kann der Trafo vom Hersteller zum E-Werk und umgekehrt zur fälligen Überholung befördert werden. Mit seinen 32 Achsen ist dieser Trix-Wagen der wohl längste serienmäßig gebaute Modellgüterwagen in H0.

Für die Fortführung des Themas „Vom Erz zum Stahl", der Serie „Feuer und Wasser", erschienen weitere, äußerst interessante Fahrzeuge, die nicht zum alltäglichen Inventar einer Modellbahnanlage gehören dürften. Der Schiffsbausatz erlaubt die Nachbildung eines 67 m langen Wasserfahrzeugs, das für das Erscheinungsbild der Rheinschifffahrt charakteristisch ist. Das Binnenschiff kann je nach Belieben entweder als 770 oder 400 mm langes Modell gefertigt werden. Der ebenfalls zum Thema „Feuer und Wasser" gehörende Bausatz eines Getreidespeichers ist zwar in erster Linie als Ausstattungselement eines Binnenhafens gedacht. Alternativ können Silogebäude aber genauso gut auch auf ländlichen Bahnanlagen stehen. Gerade auf dem flachen Land finden sich immer wieder Getreidespeicher mit dazugehörenden Lade- und Abstellgleisen für die entsprechenden Güterwagen. Im Modell kann ein Ensemble, bestehend aus dem Silogebäude und den Gleisanlagen, schon vielfältige Spielszenen ermöglichen: Wagen werden mit einer Streckenlok gebracht und abgehängt. Eine Rangierlok übernimmt dann den Verschub des leeren Getreidewagens zum Gebäude hin, wo der Ladevorgang erfolgt. Danach wird der Wagen wieder fortgezogen, auf ein Abstellgleis geschoben oder in einen Zug eingereiht. Die Realitätsnähe der Szenerie ergibt sich dann, wenn Getreidespeicher und Wagen mit Alltagsspuren versehen wurden. Der Getreidespeicher erschien sowohl in der Baugröße H0 als auch in N.

Speicherstadt Hamburg: „Tor zur Welt"

Der Transport von Rohstoffen und Fertigprodukten auf dem Wasserweg war praktisch schon die Überleitung zum Thema „Tor zur Welt", das im Jahr 2003 realisiert wurde. Mit dem „Tor zur Welt" ist die Hansestadt Hamburg gemeint, die mit ihren umfangreichen Hafen- und Industrie-

anlagen eine Nachbildung im Modell – wenn auch in bescheidenerem Rahmen, – geradezu aufdrängt. Wer Hamburg kennt, weiß, dass zwischen historischer Altstadt und dem umfangreichen Hafengebiet mit den Kais, Lagerschuppen und Krananlagen die historische Speicherstadt angesiedelt ist. Früher gehörte sie zum Freihafengebiet – ein Ambiente ziegelgemauerter Lagerhäuser für den Umschlag von beispielsweise Kaffee, Tee, Tabak, exotischen Gewürzen und Teppichen, die mittels außen liegendem Lastenaufzug ins Innere der Gebäude gelangten. In der Speicherstadt wurden die Waren zwischengelagert, sortiert und abgefüllt. Der Weitertransport erfolgte per Eisenbahn, Pferdefuhrwerk oder Lastwagen. Heute befinden sich in dem mittlerweile unter Denkmalschutz stehenden Ensemble ein Museum, Büros und Ausstellungszentren. Zu Letzteren zählt beispielsweise das weit über die hanseatischen Grenzen hinaus bekannte „Miniatur-Wunderland", eine Modellbahnanlage der Superlative.

Trix hat 2003 im Maßstab 1 : 87 die ersten drei Gebäude der Speicherstadt in Bausatzform herausgebracht. Durch die variablen Elemente der Wandfassaden, Dach- und Gaubenausführungen lässt sich daraus eine Vielzahl unterschiedlicher Gebäude erstellen. Da Trix bei der Konzeption der Speicherstadt an alles gedacht hat, lassen sich die Ladeszenen durch Holzpaletten, Kaffeesäcke, Teekisten, Schiffsausrüstungsteile und vieles mehr realistisch gestalten. Güterwagen-Sets und typische Automodelle, deren Originale in den sechziger Jahren in Hamburg – teilweise mit entsprechenden Aufschriften – zu finden waren, sind ebenfalls verfügbar.

> Speicherstadt

Aus verschiedenen Bausätzen konnten die Gebäude der Speicherstadt in Hamburg nachgebaut werden. Passendes Zubehör und ausgewählte Wagen rundeten das Thema „Tor zur Welt" ab. Findige Bastler nützen die Modelle auch in abgewandelter Form.

Monumentales Gebäude: Hamburg Dammtor

Das Thema „Tor zur Welt" umfasst natürlich nicht nur den Frachtumschlag im Hamburger Hafen, sondern betrifft auch den Personenverkehr. In Bezug auf einen passenden Personenbahnhof fiel die Wahl auf den Bahnhof „Hamburg Dammtor". Neben dem Hauptbahnhof und den Bahnhöfen Altona und Harburg ist der 1903 erbaute Dammtor-Bahnhof eine wichtige Haltestation im City-

bereich. Grundlegend renoviert, bildet die viergleisige Bahnhofshalle zusammen mit dem repräsentativen Empfangsbereich ein nicht allzu häufig anzutreffendes Vorbild für den Modellbahnhof einer Großstadt. In voller Länge misst der Trix-H0-Bahnhof 1,34 m. Jeweils zwei Gleise in der Halle dienen dem Fern- und dem S-Bahn-Verkehr. In der Vergangenheit waren so wohlklingende Namen, wie TEE „Blauer Enzian“ und „Helvetia“ dabei. Heute sind es neben den IC die ICE, die hier einen Halt einlegen. Das wirkungsvolle Empfangsgebäude des Trix-Bahnhofs kann in maßstäblicher Länge oder verkürzt gebaut werden. Es besteht natürlich auch die Möglichkeit, die Halle abweichend vom Vorbild noch weiter zu verlängern, für den Fall, dass längere Züge in der Halle halten sollen. Die Deutsche Bahn AG behalf sich beim Vorbild mit verlängerten, überdachten Bahnsteigen. Für eine Nachbildung dieser Situation im Modell stehen im Handel zahlreiche Bahnsteige zur Verfügung.

Herbstliches Leben auf Nebenbahnen: Rübenkampagne

Autofahrer in ländlichen Gegenden konnten bis Ende der 1980er Jahre ein Lied davon singen: Vor ihnen ein langsam fahrender Traktor mit zwei voll beladenen Rübenanhängern auf dem Weg zur nächsten Verladestelle auf dem Güterbahnhofsteil eines Landbahnhofs – und keine Überholmöglichkeit. Doch die angesprochenen Verkehrshindernisse waren ja nur saisonbedingt unterwegs. Zudem sorgten sie für ein nicht unerhebliches Frachtaufkommen bei der Bahn. An den Verladestellen wurden die Zuckerrüben mittels Schüttanlagen oder Transportbändern auf offene Güterwagen umgeladen, die ihre Fracht wiederum zu den über das Land verteilten Zuckerrübenfabriken transportierten. Ein interessantes Thema, das im Jahr 2003 als Modell umgesetzt wurde.

Die „Rübenkampagne“ von Trix kann mit diesen Modellen realistisch nachgestellt werden: mit dem Bausatz „Zuckerfabrik“, dem Zubehörset „Zuckerfabrik“, zu dem diverse Förderbänder und ein Traktor mit zwei Anhängern gehören, und dem Wagenset „Zuckerrübentransport“, das farblich gealtert und mit Zuckerrüben en miniature beladen ist. Die DB benutzte hierfür in den späteren Jahren ältere offene Güterwagen mit den Aufschriften „Nur für Zuckerrüben, darf den Bereich der DB nicht verlassen“. Diese Aufschriften sind an den Modellen zu lesen.

Ein neuer Fahrweg musste her

Für die Baugröße N hat Trix ein eigenes, inzwischen aber schon etwas in die Jahre gekommenes Gleissystem im Sortiment. Für den H0-Bahner hingegen gab es nur den Gang zu Fremdprodukten. Nach der erfolgreichen Einführung des C-Gleises bei Märklin, hofften viele darauf, dass dieses robuste und vielseitige Gleis auch bei Trix erscheinen würde. Und 2005 war es soweit: Das C-Gleis fand sich endlich im Trix-Sortiment. Für die Geichstromfraktion war es optisch sogar noch etwas verfeinert worden. Insgesamt besitzt es folgende Eigenschaften:

- klare ausbaufähige Geometrie,
- mechanisch stabile Click-Verbindung für schnelles Auf- und Abbauen,
- trittfestes, fein-detailliertes Schotterbett,
- realistische Optik mit niedrigem Schienenprofil,
- hohe Laufruhe und Zuverlässigkeit.

Oben: *Der Schienenbus erschien nicht nur bei Märklin, sondern auch bei Trix: ein angenehmer Synergieeffekt.*

Rechts: *Der gealterte „Lange Heinrich" als H0-Modell.*

Unten: *Die E 50, ein Modell, das es bei Märklin und Trix gab. 2009 wurde die Lok dann mit Glockenankermotor ausgeliefert.*

> Süße Knollen

Mit dem Bausatz „Zuckerfabrik", dem Zubehörset „Zuckerfabrik", zu dem diverse Förderbänder und ein Traktor mit zwei Anhängern gehören, und dem Wagenset „Zuckerrübentransport", das farblich gealtert und mit Zuckerrüben en miniature beladen ist, lassen sich schöne Szenen darstellen.

Vor allem die schlanken Weichen können überzeugen, wenn auch, wie bei Märklin, eine schlanke Doppelkreuzungsweiche immer noch schmerzlich vermisst wird.

Innovative Lasertechnologie

Im Jahr 2006 fanden neue Themenbausätze rund um das Motto „Das Werk" Eingang in das Trix-Sortiment. Es handelte sich dabei um vier Industriebauten, welche dank ihres einheitlichen Baustils harmonisch zueinander passten und beliebig erweitert werden konnten: ein typisches Verwaltungsgebäude, ein kleines, aber dennoch absolut maßstäbliches Pförtnerhaus, eine Produktions- und eine Shed-Dachhalle. Alle Gebäude sind gelblich verputzt und weisen farblich abgesetzte hellgraue Sockel und Eckelemente auf. Auch die Fensterstürze sind dargestellt. Die Bausätze bestehen aus stabiler Architekturpappe. Wo es sinnvoll ist, weisen die Wandteile farbige Putzstrukturen auf. Die Laser-Technologie erlaubt die Darstellung von Mauerfugen. Für den Zusammenbau lag den Trix-Bausätzen rund um „Das Werk" jeweils eine Tube mit schnell abbindendem Expressleim bei. Bei wenig Raum auf der Anlage konnte man bereits mit den vier Modellen eine typische Fabrikkulisse aufbauen. Wer über mehr Raum verfügte, besorgte sich einfach eine weitere Hallen.

Wer Kartongebäude altern will, sollte Folgendes bedenken. Man sollte keine wasserlöslichen Produkte, sondern Farben auf Lösungsmittel- oder Alkoholbasis verwenden. Gute Erfahrungen haben Modellbauer mit Künstler-Ölfarben oder Pulverfarben gemacht.

Für alle Freunde der Schwerindustrie wurde übrigens ein neues Stahlwerk konzipiert. Die dazugehörigen Bauten werden ebenfalls in der Laser-Technologie gefertigt. Neben einem riesigen Gasometer und Winderhitzer präsentierte Trix für 2009 auch noch eine Gusshalle. Damit kann ein fantastisches Ensemble für die Anlage geschaffen werden. Passendes Rollmaterial wird ebenfalls angeboten.

Die neue Produktlinie im Ho-Bereich

Zwar konnten in den letzten Jahren immer wieder sehr erfolgreiche Synergien zwischen Märklin und Trix genutzt werden, letztlich war aber die Gemeinde der Zweileiterbahner mit den ihnen angebotenen Fahrzeugen nicht im-

Oben und Mitte links: *Ausschnitte aus dem „Werk", ein schönes Thema, das auch bei einem begrenzten Platzangebot umgesetzt werden kann. Wer will, kann mit einer Innenbeleuchtung für stimmungsvolle Momente sorgen.*
Mitte rechts: *Der große Gasometer kam 2008 ins Sortiment. Er gehört zur neuen Generation der Trix-Bausätze.*

mer einverstanden. Vor allem die immer noch zahlreichen Analogfahrer konnten den Antriebskonzepten wenig abgewinnen. So entschloss man sich 2008 dazu, eine eigene, von Märklin unabhängige Produktlinie aufzubauen. Nach den unvermeidlichen Anlaufproblemen kam mit der 1012 der ÖBB ein erstes Fahrzeug dieser neuen Produktlinie auf den Markt. Der fünfpolige Motor und die Schnittstelle entsprachen dem Geschmack der Zweileiterbahner. Weitere Loks, wie die der beliebten TRAXX-Familie, werden nun nach und nach umgesetzt. Die gemeinsam mit Märklin entwickelten Fahrzeuge erhalten aber anstelle der im Analogbetrieb oft kritischen Soft-Drive-Motoren vielfach einen Glockenankermotor mit Schwungmasse sowie eine Schnittstelle, mit welcher der Modellbahner dann auch in die digitale Welt einsteigen kann. Diese Komponenten kamen zum Beispiel bei der Baureihe 218 und der E 50 in der grünen Epoche-III-Ausführung zur Anwendung. Wünschenswert wäre auch eine Rückbesinnung auf alte Tugenden. Damit sind die vorzüglichen Modelle der Länderbahnen gemeint, mit denen Trix im Bereich des rollenden Materials einst seinen guten Ruf begründete.

Glückliche N-Bahner

Die kleinen Nöte der H0-Bahner kennen die Minitrix-Freunde nicht. Hier ist das Programm vielfältig und ausgewogen. Zu den sehr gelungenen Modellen der letzten Jahre zählen der Schienenbus, die Baureihe 798, und die teils

Oben: *Diese Anlage wurde mit dem Trix-C-Gleis gebaut. Die Modelle der ÖBB-Reihe 1012 erschienen mit zwei verschiedenen Betriebsnummern. Sie zählen zu den nach neuem Konzept produzierten Fahrzeugen in der Baugröße H0.*
Unten: *Das fabenfrohe Modell der 189 von Minitrix. N-Bahner können dank toller Modelle entspannt in die Zukunft blicken.*

sehr farbenfrohen Varianten der modernen E-Lok-Baureihe 189. Besonders die Epoche-V-Fahrer können sich über zahlreiche Güterwagen-Sets freuen, mit denen praktisch alle Fahrzeuge, die heute auf Europas Güterbahnen rollen, zu haben sind. Somit ist derjenige, der in der Baugröße N plant, baut und spielt, immer im Vorteil. Er braucht viel weniger Platz und kann dabei großzügiger gestalten. Enge Gleisbögen, auf denen die schönen Garnituren quietschend und gequählt ihre Bahnen fahren, müssen da nicht sein. Und weil die Zubehörindustrie seit einiger Zeit ihre Hausaufgaben gemacht hat, sind auch die Anlagenlandschaften äußerst naturnah gestaltbar. Eine begrüßenswerte Entwicklung, denn die Lokomotiven und Wagen in der Nenngröße N haben in Sachen Detailreichtum kräftig zugelegt und verlangen geradezu nach einem entsprechend schön gestalteten Umfeld. Und gut fahren tun sie auch, vor allem dann, wenn sie einen Glockenankermotor an Bord haben. Auf Wunsch sind sie auch digital unterwegs, denn eine Schnittstelle lässt nahezu alle Optionen offen. Ein besonders schönes Modell ist der exklusiv für die Mitglieder im Trix-Profi-Club gefertigte Turmtriebwagen der Baureihe 701. Er besitzt sogar einen Decoder unter seinem gelben Gehäuse, der die Digitalsysteme DCC/Selectrix und den Analogbetrieb selbstständig erkennt. Modernen Güterverkehr bringen die TRAXX-Lokomotiven und die Wagen-Packung „Alpentransit" auf die Anlage. Letztere besteht aus 20 verschiedenen Güterwagen führender europäischer Bahnverwaltungen und ermöglicht eine absolut vorbildgerechte Zugbildung. N-Bahner können aber nicht nur auf eine vorzügliche Modellpalette zurückgreifen, sie hatten im Jahr 2009 auch allen Grund zum Feiern: „50 Jahre Minitrix".

So scheint die Marke Trix vor allem mit der Minitrix auch für die nächsten Jahre gut aufgestellt zu sein. Inwieweit sich im H0-Bereich die eingeleiteten Veränderungen in nächster Zeit positiv bemerkbar machen, wird sich zeigen. Wünschenswert wäre eine klare Ansage in Sachen Digital. Warum nicht das überaus bewährte und zuverlässige Selectrix-System weiterentwickeln? Dieser Punkt ist sicher mehr als nur eine Überlegung wert.

023 033-4

BAYERISCHE ZUGSPITZBAHN

Primex: Sortiment für Supermärkte

Eine Erfolgsstory – ohne Happy End. Von Dietmar Kötzle

Am 31. März 1992 endete offiziell die Vertriebstätigkeit der Primex Spielwaren GmbH. Gegründet im Jahre 1969 und mit Sitz in Göppingen, waren alle GmbH-Anteile stets im Besitz von Märklin. Bei Primex handelte es sich also um eine 100%ige Märklin-Tochtergesellschaft und eine so genannte Zweitmarke.
Als man im Jahre 1969 das Primex-Sortiment bei Märklin aus der Taufe hob, hatte sich zuvor die Handelslandschaft in der Bundesrepublik Deutschland gravierend verändert. Auf der grünen Wiese entstanden in den sechziger Jahren – fast im Monatstakt – große SB-Lebensmittelgeschäfte und verdrängten immer mehr die Vertriebsform des Tante-Emma-Ladens oder des Kolonialwarenhandels. Neben Lebensmittel führten diese SB-Märkte zunehmend auch so genannte Non-Food-Artikel, wie z. B. Waschmittel, Geschirr oder eben auch Spielwaren.
Der Ruf aus diesem Handelsegment nach Märklin-Produkten und der Wunsch von Märklin, über diesen neuen Vertriebsweg Modellbahnen zu verkaufen, führte die Parteien rasch zusammen. Es war zum damaligen Zeitpunkt beiden Seiten aber sofort klar, dass das riesige, beratungsintensive und nicht SB-gerecht verpackte Märklin-Sortiment dafür nicht in Frage kam. Die Erschließung eines zweiten Vertriebsweges, den man im Übrigen natürlich auch nicht den Mitbewerbern aus dem Zweileiter-Lager überlassen wollte, führte deshalb folgerichtig zur Gründung der Primex Spielwaren GmbH und der Gestaltung eines geeigneten Sortimentes von Märklin-Produkten für den (S)elbst(B)edinungs- („SB") und (C)ash+(C)arry-Handel („CC"), die SB-Variante für Großverbraucher.

Oben: *Nachdem die Baureihe 23 aus dem Märklin-Sortiment verabschiedet wurde, erlebte sie unter der Marke Primex eine weitere erfolgreiche Zeit.*

Unten: *Modelle der Zugspitzbahn gab es hingegen nur als Primex-Artikel zu kaufen.*

Die Primex-Produkte waren märklin-kompatibel

Mit dem Sortimentsaufbau betraute man im Jahre 1968 Dr. Willi Enderle. Den Markennamen „Primex" hatte sich Märklin bereits seit längerem schützen lassen. Er war also frei. Somit konnte man die Firma unter der Bezeichnung „Primex" führen und das betreffende Sortiment „Primex 2000" nennen. Mit großer Beharrlichkeit und gegen viele Widerstände und Rückschläge innerhalb und außerhalb des Hauses baute Dr. Enderle nach und nach ein geeignetes Sortiment auf. Er bereiste an fünf Tagen der Woche unermüdlich SB-Zentralen und Großhändler in ganz Deutschland und erledigte samstags seine Büroarbeiten. Seiner Hartnäckigkeit ist es zu verdanken, dass sich „die Primex" bereits in den Anfangsjahren prächtig entwickelte. Als Willi Enderle 1977 in den Ruhestand ging, hatte er die Basis für eine Erfolgsgeschichte geschaffen.
Zum Sortimentsstart bot man ein recht übersichtliches Portfolio an, das vorwiegend aus vereinfachten bzw. weniger detaillierten Modellen bestand. Das allererste Produkt

überhaupt war eine Startpackung mit einer von Hand umschaltbaren DHG 500 und zwei braunen Niederbordwagen (Artikel-Nummer 2710). Ein Gleisoval sowie ein Trafo ermöglichten damit den Einstieg in das Märklin-Wechselstromsystem.

Der erste Prospekt mit dieser Güterzugpackung, ein DIN-A4-Blatt gefaltet, wurde 1969 in Farbe aufgelegt. Dies war damals noch nicht alltäglich und in den nächsten Jahren wechselte man deshalb wieder auf den günstigeren Schwarz-Weiß-Druck. Ab 1976 legte man pro Jahr neben dem Händlerprospekt zusätzlich einen farbigen Verbraucherprospekt auf.

Durch die Nutzung vorhandener Werkzeuge, die teils weniger detaillierte Ausführung der Modelle sowie die niedrigeren Personal- und Standortkosten des SB-Handels war es möglich, die Primex-Artikel zu günstigen Preisen an die Konsumenten zu verkaufen.

Sämtliche Primex-Produkte waren jedoch stets voll kompatibel zum Märklin-System und in dieses mit eingebunden. Während ihrer Fertigung liefen sie über genau dieselben Bänder in Göppingen oder Schwäbisch Gmünd wie alle anderen Märklin-Artikel auch.

Der Weg zum Vollsortiment

Das Primex-Gleissystem, bestehend aus allen wichtigen und wesentlichen Komponenten des Märklin-M-Gleises, wurde zur Unterscheidung andersfarbig gestaltet. Der gewählte Grauton war – im Nachhinein betrachtet – nicht ganz optimal und einer der wenigen Kritikpunkte bezogen auf das Gesamtsortiment. Zur Abgrenzung gegenüber dem Fachhandelsortiment war dieses Vorgehen zur damaligen Zeit aber unumgänglich. Auf größeren Anlagen stand der funktionalen und geometrischen Kompatibilität mit dem Märklin-M-Gleis daher leider oft ein farbliches Durcheinander gegenüber.

Das Thema „Inventurdifferenz“ war und ist im SB-Bereich immer wieder ein großes Thema. Als ein wesentlicher

> Vollsortiment bei Primex

Ab dem Jahr 1985 konnten Kunden bei Primex viele Artikel finden, die sie zur Ausgestaltung ihrer Anlage benötigten. Es gab Büsche und Bäume, sogar Häuschen. Besonders gut kam der Zirkus „Sarrasani“ an. Zu diesem Thema erschien auch ein Straßentransporter. Einsteiger freuten sich insbesondere über die Startpackungen. So fanden sich oft Weichen und auch etwas Zubehör in den leuchtend roten Verpackungen. Sie brachten Spielspaß und ermöglichten eine erste Begegnung mit Märklin-Produkten.

Oben: *Der klassische Schienenbus erschien im Farb-Design der „Chiemgau-Bahn".*
Linke Seite oben: *Auch die 01 gab es bei Primex.*
Mitte links: *Schönes Thema: der Circus „Sarrasani".*
Mitte rechts: *Farbiger Primex-Prospekt.*

Erfolgsfaktor erwies sich bei den Primex-Produkten die relative Diebstahlsicherheit. Über mehrere Evolutionsstufen wurde nämlich eine Verpackung entwickelt, die Langfinger zwar nicht völlig, aber doch erheblich in ihrem frevelhaften Tun einschränkte.
Ab 1978 verzichtete man auf den Zusatz „2000" im Sortimentsnamen. Neben vereinfachten Modellen gab es nun auch immer mehr komplett ausgestattete und detaillierte Produkte. Highlights wie die Baureihe 141 (Artikel-Nummer 3033), die Baureihe 01 (3193) oder als Einmalserie die Baureihe 23 (3191) lösten vermehrt die abgespeckten Märklin-Varianten ab. Und sogar Neukonstruktionen, exklusiv für das Primex-Sortiment, wurden realisiert. Besonders erwähnt seien hier die Baureihe 132 (3192), die Berliner S-Bahn/Baureihe 275 (3017) oder die Bayerische Zugspitzbahn (3185). Die S-Bahn und Zugspitzbahn waren Metallkonstruktionen mit Gehäusen aus Feinblech. Im Lauf der Jahre konnte man Primex-Produkte dann immer mehr in kleineren Kaufhäusern und sogar hinter den Theken vieler Modellbahn-Fachhändler entdecken.
Im Jahre 1985 avancierte Primex zum „Vollsortimenter" in Sachen H0-Modellbahn. Neben rollendem Material, Schienen etc. hielten „Bäumchen, Häuschen und Schäfchen" Einzug in das Sortiment. Dieses Landschaftszubehör machte es dem Handel und dem Verbraucher einfach. Zum Bau einer kompletten Modellbahnanlage konnte sich der geneigte Modellbahner nun komplett aus einer Hand eindecken.
Auf dem Sortimentshöhepunkt gab es bei Primex über 150 verschiedene Produkte, darunter sogar ein Atomkraftwerk (ohne Funktion).

Primex-Spielwelt fürs ganze Jahr

Ein Problem im SB-Handel war für den Primex-Außendienst immer der Kampf um eine Ganzjahresplatzierung. Üblicherweise wurde Saisonspielzeug, zu welchem die Einkäufer auch die Modellbahn rechneten, nur eine Zeit lang geführt. Die Folge: In vielen SB-Märkten gab es von März bis Oktober keine Primex zu kaufen. So kam man 1985 auf die Idee, eine neue Spielwelt in Form einer Zirkusserie zu kreieren, die auch in der „modellbahnlosen" Zeit der SB-Märkte präsent sein konnte. Es gelang, die Einkäufer zu überzeugen, und so gab es die „Zirkus-Sarrasani"-Serie auch zu Ostern oder zum Schulanfang zu kaufen. Im Lauf der Jahre konnten sich die Kunden somit einen kompletten Zug samt Lok und Zirkustieren zusammenstellen. Primex war eben stets seiner Zeit voraus.
Als jedoch Anfang der 1990er Jahre ein großes Versandhaus und einige große SB-Märkte darauf drängten, ein Original-Märklin-Sortiment zu erhalten, gab die damalige Geschäftsführung diesem Ruf nach. Damit war das Ende von Primex gekommen. Man wollte im SB-Bereich nicht zweigleisig fahren und so ging das Primex-Sortiment im „Märklin-Hobby"-Programm auf, das in diesem Marktsegment allerdings nie richtig Fuß fassen konnte.
1992 hatte der Verfasser dieser Zeilen als damaliger Primex-Vertriebsleiter, die „traurige Pflicht", eine Ära zu Ende zu bringen. Von vielen wird „Primex" in der Summe seiner Eigenschaften auch heute noch als geradezu ideales Sortiment für den Einstieg in die Märklin-Welt gesehen. Viele gestandene Modellbahner haben einst mit der Primex ihre Modellbahn-Karriere begonnen.

Mehr Power mit Parcel InterCity
Ein gemeinsames Projekt von Deutsche Post World Net und Railion
DHL
railion
182 009-1

Rangierspiele unter dem Fahrdraht

Nahe am Vorbild: Die aktuelle Märklin-Oberleitung. Von Klaus Eckert

Rasch aufgebaut ist das neuere, 2004 vorgestellte Oberleitungssystem von Märklin. Es bietet vor allem den Märklin-E-Loks mit Piezo-Antrieb ein vorbildgerechtes Ambiente, auf dem sich das Schauspiel ihrer sich automatisch hebenden und senkenden Pantographen spektakulär in Szene setzen lässt. Die Bemühungen der Märklin-Produktmanager gingen damals offensichtlich dahin, ein möglichst praktikables Oberleitungssystem auf den Markt zu bringen. Die Grundpackung 70000 enthielt alle Elemente, mit denen der rasche Aufbau einer Fahrleitungsanlage in Verbindung mit einer Startpackung möglich war: Gittermasten mit Auslegern, Fahrdrähte in unterschiedlichen Längen und ein Anschlussgittermast für die eventuelle Stromeinspeisung. Die Gittermasten ließen sich mit Hilfe von kleinen Blechhaltern problemlos am Böschungskörper des C-Gleises anklipsen und hier wenn nötig verschieben, um die Mastenposition zu korrigieren. Wer das Fahrleitungsmaterial bleibend montieren wollte, der fand in der Grundpackung Mastpositions- und Abweichungslehren als Hilfsmittel vor.

Linke Seite oben: *Eine E-Lok der Baureihe 111 bei der Ausfahrt aus einem Bahnhof, der mit der aktuellen Märklin-Oberleitung überspannt ist. Das Sortiment bietet alles, was man zum Aufbau einer vorbildgerechten Fahrleitung benötigt. Auch ein Turmmast mit Lampe ist dabei (Artikel 74141 aus dem Leuchten-Sortiment).*

Linke Seite unten: *Eben rollt der farbenfrohe DHL-Taurus über eine schöne Brücke. Dieser Streckenabschnitt ist mit modernen Betonmasten ausgerüstet.*

Abgesehen von der Grundausstattung brachte Märklin einen Brückenmast, ein Ausgleichsstück, einen Streckentrenner, eine Fahrdrahtkreuzung, einen Turmmast mit Beleuchtung, Quertragwerke in zwei Breiten sowie Betonmasten auf den Markt. Die Palette der bislang erschienenen Oberleitungselemente reicht aus, um die unterschiedlichsten Gleisbilder und Geländegegebenheiten auf den Modellbahnanlagen mit Fahrdraht zu überspannen. Dort, wo spezielle Anpassungen nötig sind, wie beispielsweise in Bahnhöfen, lassen sich die Masten und Fahrdrähte gegebenenfalls auch modifizieren. Dies geschieht zum Beispiel durch Verlängern oder Verkürzen der Drahtlängen oder Abändern der Quertragwerke hinsichtlich ihrer Spannweite. Die zierlich gestalteten Gitter- und Betonmasten repräsentieren beide die Regelbauart 1950 der Deutschen Bundesbahn, die je nach zugelassener Geschwindigkeit als Re 160, Re 100 oder Re 75 bezeichnet wird. Die auch einzeln erhältlichen Ausleger verfügen über Aufnahmerillen, die es dem Modellbahner ermöglichen, die Fahrdrähte versetzt anzubringen, sodass sich ein leichter Zickzackverlauf ergibt, der sich am Vorbild orientiert.

Patinieren mit Farbe

Sowohl die Gitter- als auch Betonmasten sind aus Metall gefertigt und wirken dank ihrer Feinheit sehr realitätsgetreu. Dieser Eindruck lässt sich noch verstärken, indem man die Fahrdrähte vor ihrem Einbau mit einer grau-

Oben: *Quertragwerke überspannen einen Kopfbahnhof. In Kürze wird die 103 den eingefahrenen IC bespannen. Hier machen Rangierspiele vor allem mit Loks, die einen Piezo-Stromabnehmer besitzen, so richtig Spaß.*

Mitte: *Die 103 ist an den Zug gefahren. Wie beim Vorbild hat sich ihr Pantograph dank Piezo-Antrieb vor dem Kuppeln abgesenkt.*

Rechte Seite oben: *Ladegleise sind in der Regel nicht überspannt. Bei beengten Platzverhältnissen kommt oft der Turmmast mit dem Doppelausleger zum Einsatz.*

grünen Bastelfarben-Patina aus der Airbrush-Pistole überzieht. Der metallische Glanz der neuen Fahrdrahtstücke verschwindet auf diese Weise ganz. Auch die Gittermasten verlieren ihren vorbildwidrigen Schimmer nach einem mattgrünen Farbauftrag. Es genügt auch ein Überzug mit mattem Klarlack. Die Art und Intensität des Farbauftrags richtet sich nach dem Verwitterungs- und Verschmutzungszustand, der auf der Modellbahnanlage dargestellt werden soll (Rost und Bremsstaub zum Beispiel). Die Betonmasten nehmen im Laufe der Zeit einen graubraunen Farbton an. Frisch aufgestellt, erstrahlen sie jedoch noch in einem hellen Betongrau. Dementsprechend sollte man die neuen Masten nur geringfügig, etwa mit verdünnter Schmutzfarbe, behandeln.

Alte und neue Oberleitung verbinden

Die Fahrdrähte gibt es mittlerweile in sieben Längen. Der Längste misst 360 mm, hinzu kommen Drahtstücke mit den Abmessungen 142 mm, 167,5 mm, 172,5 m, 203 mm, 227,5 mm und 252,7 mm. Alle Bauteile der Fahrleitung sind komplett vorgefertigt, Tragseil- und Fahrdraht bilden also im Unterschied zum Vorbild, ähnlich wie beim alten Märklin-Oberleitungssystem, eine Einheit, die eine einfache Montage gewährleistet. Die Fahrleitungsstücke bestehen aus geschweißten, schwarzvernickelten Rundstahldrähten. Dank des verwendeten Materials verfügen die Oberleitungselemente über eine ausreichende Eigenspannung. Ein Abspannen der Fahrleitung, wie es beim Vorbild unabdingbar ist, kann daher entfallen.

Damit der Märklin-Bahner gegebenenfalls die Fahrdrähte und Masten des alten Oberleitungssystems mitverwenden

> Zum Weiterlesen

Märklin hat ein Handbuch herausgebracht, mit dessen Hilfe sich die Standardmontage der neuen Oberleitung leicht nachvollziehen lässt. Es bietet auch zahlreiche Umbau- und Gestaltungsvorschläge, die eine individuelle Anpassung der Fahrleitungselemente an einen bestimmten Gleisverlauf in Wort und Bild ausführlich schildern, ergänzt durch reizvolle Aufnahmen fertiger Anlagen. Das Buch ist in deutscher, englischer, holländischer und französischer Sprache erschienen und im Fachhandel erhältlich.

bzw. eine bestehende Fahrleitung auf seiner Anlage verlängern kann, findet sich im neueren Oberleitungssortiment auch ein rund 142 mm langes Übergangsstück. Eines der beiden Enden verfügt über die neuartigen Aufnahmeösen des jüngeren Systems, das andere ermöglicht die problemlose Befestigung an den älteren Masten.
Als sehr nützlich erweist sich in vielerlei Hinsicht der bereits genannte Turmmast mit Lampe. Dieser rund 17 cm messende Zubehör-Artikel mit der Nummer 74141 ist innerhalb des Märklin-Katalogs vom Oberleitungs- zum Leuchtensortiment gewandert. Er eignet sich für Ergänzungen oder Umbauten. Zu diesem Zweck ist der Turmmast ab Werk an jeder Seite mit Aussparungen für den Einbau von Einzelauslegern versehen. Beim Tausch eines Turmmastes mit Glühlampe gegen den eines Quertragwerks erhält man eine funktionstüchtige Beleuchtung des Gleisfelds. Mit solchen Lämpchen lassen sich im Bahnhof realistisch wirkende Abendstimmungen erzeugen.

Verschiedene Quertragwerke

Das neuere Märklin-Oberleitungssystem umfasst Quertragwerke in zwei Ausführungen. Die kleinere Variante überspannt bis zu drei Gleise und ist mit drei Fahrdrahthängern komplett vormontiert. Diese Aufhängungen sind seitenverschiebbar und erleichtern dadurch das Anpassen an die Gleislage enorm. Die maximale Spannweite dieses Tragwerks beträgt 235 mm.
Das größere der beiden Quertragwerke erlaubt dagegen einen Mastabstand von 312,5 mm. Es verfügt über vier Fahrdrahthänger für die entsprechende Anzahl von Gleisen. Auch hier sind die Hänger seitenverschiebbar und elektrisch voneinander getrennt ausgeführt. Nicht benötigte Fahrdrahthänger lassen sich problemlos entfernen, da sie lediglich eingeklipst sind.
Nicht verzagen müssen Modellbahner, die eventuell eine Elektrifizierung ihrer bestehenden Modellbahnanlage wegen vertrakter Platzverhältnisse bislang unterlassen haben. Die Masten und Fahrdrähte lassen sich weitestgehend modifizieren. Wie dies im Einzelnen vonstatten geht, wird im „Handbuch Oberleitung“ (siehe S. 186 unten) in Schritt-für-Schritt-Bildern ausführlich beschrieben.

Rangierspiele unter Fahrdraht

Dank der beiden wandlungsfähigen Quertragwerke und der einfachen Montage der Masten (zuerst wird der Sockel auf dem Untergrund verschraubt, der Mast lässt sich anschließend aufschieben) gelingt der Fahrleitungsbau speziell in Verbindung mit einer der größeren C-Gleis-Startpackungen auch ungeübten Modellbahnfreunden meist ohne Schwierigkeiten. Dafür sorgen die oben genannten Montagehilfen (Lehren) aus der Grundpackung, die auch einzeln erworben werden können.
Die robusten Märklin-Fahrdrähte erlauben einen reibungslosen Betrieb unter der Oberleitung. Wer beim Aufgleisen seiner Loks versehentlich an den Fahrdraht stößt, wird nicht gleich mit losen Drahtenden bestraft. Das System besitzt eine gewisse Elastizität, die in solchen Fällen die Stabilität aufrecht erhält.
Rangierspiele unter Fahrdraht sind ein Augenschmaus. Insbesondere dann, wenn eine Lok wie die Insider-103 dabei ist, die dank des Piezo-Antriebs ihre Stromabnehmer auf digitalen Knopfdruck hin hebt und senkt.

DB
ANLAGE
Vorsicht!
Grube
Vorsicht!
Grube
38 3389

Die Rückkehr der Königsspur

Die neue Spur 1 – ein stetig wachsendes Angebot voller Innovationen. Von Frank Mayer

In der ersten Hälfte des 20. Jahrhunderts wurden die jeweils vorherrschenden Baugrößen durch eine kleinere Ausführung abgelöst. Die Spur I musste der Spur 0 weichen, während diese wiederum ab Mitte der 1930er Jahre der Spur H0 Platz machen musste. Daher gab es einige Fachleute, die mit der Einführung der Spur N in den 1960er Jahren bereits das Ende der Spur H0 kommen sahen. Nun gibt es Gott sei Dank aber viele Beispiele in der Geschichte, bei denen sich im Nachhinein die Prognosen von Fachleuten als falsch erwiesen haben. Heute wissen wir, dass der Siegeszug der Spur H0 ungebrochen weitergegangen ist. Parallel gab es aber auch in dieser Zeit bereits eine Gegenbewegung, die genau konträr zu der ständigen Verkleinerung der Baugröße verlief: Die Renaissance der großen Spuren.

Diesen Trend vermochte man bei Märklin sehr früh aufzuspüren, was schließlich zu einer Sensation in der Modellbahnwelt des Jahres 1969 führte: Die Spur 1 wurde wiedergeboren. Von der Größe her war die Bahn zwar mit den bis in die 1930er Jahre hin angebotenen Modelle vergleichbar. Technisch gab es jedoch einige gravierende Unterschiede, sodass dieses neue Angebot ein komplett neues System und nicht etwa eine Weiterentwicklung des früheren Sortiments darstellte. Gefahren wurden die Modelle weiterhin mit Wechselstrom. Dadurch war wie im H0-Bereich sicher gestellt, dass die Fahrtrichtung der Lok nicht wie beim Gleichstrombetrieb durch die Polarität der Versorgungsspannung festgelegt wird, sondern von einem elektromechanischen Fahrtrichtungsschalter in der Lok. Damit war gewährleistet, dass auch zwei Lokomotiven, über ein Fahrgerät gesteuert, aufeinander zufahren können. Die Modelle genießen damit einen höheren „Freiheitsgrad“ als er beim Gleichstrombetrieb üblich ist. Dort fahren die Loks auf einem Zweileiter-Zweischienen-Gleissystem. Der Versorgungsstrom wird dabei über die eine Schiene der Lok zugeführt und über die andere wieder zurückgeleitet. Als Kupplung wurde eine neuartige Klauenkupplung eingeführt, die ein einfaches An- und Entkuppeln der Fahrzeuge ermöglichte.

Ein Bahnbetriebswerk hat auch in der Baugröße 1 seine Reize. Allerdings sollte dafür ein genügend großer Bereich auf der Anlage zur Verfügung stehen. Hier ergänzt gerade eine P 8 ihre Vorräte. Der Bekohlungskran ist übrigens voll funktionsfähig und so lässt sich Echtkohle in die Loktender füllen.

Startpackungen – erste Berührung mit der neuen Spur 1

Der Fahrzeugpark bestand bei der Präsentation aus einer Dampflok der Baureihe 80 und einer Industrie-Rangierlok der Reihe DHG 500, die ebenfalls auf dem dreiachsigen Fahrgestell der Dampflok aufgebaut war. Eine möglichst rationelle Fertigung stand sowieso von Anfang an im Pflichtenheft dieser Modelleisenbahn. So waren alle Güterwagen – am Anfang gab es übrigens nur Güterwagentypen ohne konkreten Vorbildbezug – auf einem einheitlichen Grundfahrgestell aufgebaut.

Das Gleissystem bestand hauptsächlich aus einem gebogenen Gleis mit einem Radius von 600 mm, einem geraden

Rechts: *Natürlich gehört auch ein Rundschuppen zu einem richtigen Bw. Dort sind eine Baureihe 38 und eine 78er zu sehen.*

Rechte Seite oben: *Im Diesellok-Bw steht ein Rechteckschuppen. Auf den Gleisen davor warten eine 100 und eine V 60 (Maxi) auf den nächsten Spielauftrag.*

Gleis von 300 mm Länge und einer Links- und Rechtsweiche mit einem abzweigenden Bogen, dessen Radius ebenfalls 600 mm betrug. Mit dieser Geometrie war der Aufbau einer Anlage im Kinderzimmer genauso möglich wie auch das Anlegen einer Gartenbahn im Freien. Die offenen Güterwagen luden dazu ein, den Zug nach Herzenslust mit irgendeiner Fracht zu bestücken und deren Transport mit der Spur-1-Bahn spielerisch zu erledigen. Auch in einer kompletten Startpackung war die Spur 1 von Anfang an erhältlich. Für die Neueinsteiger in die Spur 1 aus dieser Zeit war dies wohl der am häufigsten anzutreffende erste Berührungspunkt mit dieser faszinierenden Baugröße.
Im Folgejahr wurde das Angebot hauptsächlich durch einen neuen zweiachsigen Personenwagen nach württembergischem Vorbild ergänzt. Aber auch mit dem neuen Rungenwagen konnten neue Transportaufgaben von den Spur-1-Bahnern in Angriff genommen werden.

Kesselwagen mit reizvoller Spielfunktion

In den ersten Jahren bis 1978 war die Spur 1 geprägt durch die stetige Ergänzung mit weiteren zweiachsigen Wagenmodellen. Hierzu gehören der bekannte gedeckte Güterwagen sowie der erste Kesselwagen, der die Möglichkeit bot, Flüssigkeiten einzufüllen und über einen kleinen Hahn am unteren Teil des Tanks wieder abzulassen. Dieses Spiel mit Wasser – welches Kind ist nicht davon fasziniert – war natürlich hauptsächlich für den Betrieb draußen im Garten interessant. Die meisten sonstigen Neuheiten aus dieser Zeit bestanden jedoch aus Farbvarianten der bestehenden Fahrzeuge. Eine interessante Variante stellte zum Beispiel die Baureihe 80 in einer Version der „GMEB“ da. Selbst heute langen beim Märklin-Kundenservice sporadisch immer wieder Nachfragen nach dem Standort dieser Eisenbahngesellschaft ein. Dabei stehen diese vier Buchstaben einfach nur für „Große Märklin Eisen-Bahn“.
Im Jahre 1978 präsentierte Märklin eine echte Revolution. Mit dem Modell der Baureihe 38 wurde der Schritt hin zur „echten“ Modelleisenbahn vollzogen. Diese Maschine war gespickt mit technischen Schmankerln der damaligen Zeit. Sie konnte auf Wunsch mit eingebautem Rauchgenerator

> Abteilwagen

Im Wagenbereich wurde das Angebot Anfang der 1980er Jahre erweitert. Es entstanden Modelle dreiachsiger Umbauwagen für die Bildung von Personenzügen. Dabei handelte es sich um drei verschiedene Wagentypen (2. Klasse, 1./2. Klasse sowie Gepäckwagen), die es ermöglichten, typische Nahverkehrszüge der 1960er Jahre darzustellen. Diese Modelle konnten auch mit einer Innenbeleuchtung ausgestattet werden.

und einer Geräuschelektronik eingesetzt werden. Dabei wurde mit einem synthetischen Rauschgenerator das typische Zischen im Arbeitstakt einer Dampflok generiert. Zusätzlich gab es dieses Modell wahlweise in einer Version für den Betrieb mit Gleichstrom und dort dann ebenfalls in einer Ausführung mit und ohne Soundmodul. Insgesamt waren damit vier technisch verschiedene Varianten im Angebot. Ergänzt wurde diese Schlepptenderlok durch passende Personenwagen wie etwa dreiachsige Abteilwagen nach preußischer Bauart in passender Epoche-III-Farbgebung und Beschriftung. Diese Modelle stellten eine gelungene Ergänzung dar und ermöglichten es, einen typischen Personenzug der Deutschen Bahn in Betrieb zu nehmen. Mit ihren vielen beweglichen Türen und der detaillierten Inneneinrichtung begeisterten diese Modelle nicht nur angestammte Spur-1-Freunde. Einige Modellbahner fanden durch diesen Zug überhaupt erst zur „Königsspur“ hin. Die Spur-1-Gemeinde wuchs dadurch stetig.
Doch weder die Lok noch die Wagen ließen sich auf dem 600-mm-Radius einsetzen. Daher wurde mit einem neuen Mindestradius von 1020 mm eine zusätzliche Geometrie in das Spur-1-Gleissortiment aufgenommen. Neben gebogenen Gleisen gehörte auch eine linke und rechte Weiche zum Angebot. Für den Startbereich und für enge Platzverhältnisse wurde jedoch weiterhin der 600-mm-Radius angeboten. Allerdings waren die Nutzer dieser Geometrie dazu gezwungen, auf den Einsatz der Baureihe 38 zu verzichten.

Stetige Angebotserweiterung

Um den Wünschen der immer mehr werdenden Spur-1-Freunde nachzukommen, wurde in den Folgejahren das betreffende Programm mit einer bis dahin nicht gekannten Fülle an neuen Fahrzeugen ausgebaut. Mit dem Modell der Baureihe 78 bot Märklin eine Alternative für den Betrieb vor Personenzügen an. Auch dieses Modell wurde in zwei Varianten für den Wechsel- oder Gleichstrombetrieb im Sortiment geführt. Beschriftet und lackiert war es wie die Baureihe 38 in einer DB-Version der Epoche III.
Mit der V 100 erschien eine Diesellok im Sortiment, die sich sowohl im Personen- als auch Güterzugbetrieb einsetzen ließ. Bald darauf wurde auch ein weiteres Dampflokmodell in Gestalt der Baureihe 55 vorgestellt. Diese Lok eignete sich für den Frachtverkehr. Während die Modelle der 78 und der V 100 auf ein Betriebsgeräusch verzichten mussten, konnte die 55 wahlweise wieder mit dieser Technik erworben werden. Die beiden Dampfloks fuhren lediglich auf einem Mindestradius von 1020 mm. Für die V 100 in der damaligen Ausführung stellte dagegen selbst ein Radius von 600 mm kein Problem dar.
Aber auch im Wagenbereich wurde das Angebot Anfang der 1980er Jahre stetig erweitert. Es entstanden interessante Modelle dreiachsiger Umbauwagen für die Bildung von Personenzügen. Dabei handelte es sich um drei verschiedene Wagentypen (2. Klasse, 1./2. Klasse sowie Gepäckwagen), die es ermöglichten, typische Nahverkehrszüge der 1960er Jahre darzustellen. Diese Modelle konnten wie die bereits früher erschienenen dreiachsigen Abteilwagen auch mit einer Innenbeleuchtung ausgestattet werden. Der befahrbare Mindestradius dieser Fahrzeugfamilie betrug ebenfalls 1020 mm.
Auch bei den Güterwagen gab es interessante Neuentwicklungen. Der Großcontainer-Tragwagen Sgjs 716 (5877) war jahrelang das längste Spur-1-Wagenmodell im Märklin-

Im Jahr 1985 präsentierte Märklin mit der Dampflok „Adler" und den passenden Wagen eine Nachbildung des Zuges, mit dem das Eisenbahnzeitalter in Deutschland einst begann. Das komplette Set wurde in jenem Jahr anlässlich des Bahnjubiläums in zwei Varianten vorgestellt.

Sortiment. Mit dem Eaos (5880) entstand ein weiteres vierachsiges Wunschmodell vieler Spur-1-Freunde. Darüber hinaus wurden mit dem zweiachsigen Drehschieber-Seitenentladewagen (5873) oder dem vierachsigen Drehgestell-Selbstentladewagen (5874) auch Güterwagentypen umgesetzt, die insbesondere mit ihren Spielfunktionen überzeugen konnten. Das Be- und Entladen war mit diesen Fahrzeugen dank drehbarer Rungen, beweglicher Türen oder funktionstüchtiger Entlade-Einrichtungen kinderleicht und bescherte den Spur-1-Freunden viele vergnügliche Spielstunden mit der Modelleisenbahn.

Ergänzt wurde dieses Sortiment durch einige Bausätze, mit denen sich die heimische Anlage erweitern ließ. Dazu gehörten neben einem Bahnhof und einem zweiständigen Lokschuppen weitere eisenbahntypische Bauten wie ein Reiterstellwerk, eine Kleinbekohlungsanlage, eine Dieseltankstelle oder ein Wasserturm, die man heute immer noch häufig auf Spur-1-Anlagen antreffen kann.

Das Schweizer Krokodil und der „Adler"

Im Jubiläumsjahr zum 125-jährigen Bestehen der Firma Märklin erwarteten viele Spur-1-Modellbahner ein besonderes Modell im Neuheitenprogramm – ein Wunsch, dem die Märklin-Leute gerne entgegenkamen. Sie realisierten mit dem Schweizer Krokodil ein Fahrzeug, welches sich bereits in den 1930er Jahren in allen Spurweiten zum Synonym für die Märklin-Modellbahn entwickelt hatte. Diese E-Lok wurde 1984 in drei verschiedenen Ausführungen angeboten. Neben zwei limitierten Versionen in brauner und grüner Farbgebung (5757 und 5758) gab es auch noch das „normale" Serienmodell mit der Artikel-Nummer 5756, welches ebenfalls mit grünem Gehäuse, aber mit einer anderen Beschriftung als die des limitierten Modells (5758) ausgeführt war. Von diesem Serienmodell gab es dann, wie von den Neuheiten der Vorjahre her bekannt, dann auch eine Variante für den Gleichstrombetrieb. Das Fahrzeug war mit zwei Permanentmagnetmotoren ausgerüstet, was ihm eine große Zugkraft bescherte. Es fuhr wahlweise auch im Oberleitungsbetrieb und konnte mit reizvollen Details wie bewegliche Türen oder eine detaillierte Inneneinrichtung überzeugen. Wie alle bisherigen Spur-1-Fahrzeuge besaß dieses Modell ein Metallfahrgestell und ein Gehäuse aus Kunststoff.

Im Jahr 1985 präsentierte Märklin mit der Dampflok „Adler" und den passenden Wagen eine Nachbildung des Zuges,

> Schweizer Eaos

Mit dem Modell des Eaos erschien ein universell einsetzbarer Güterwagen, auf den viele Freunde der Spur-1 gewartet hatten. Das vierachsige Fahrzeug verfügt über zwei Drehgestelle. Besonders gut wirkt der für nicht nässeempfindliche Güter konzipierte Wagen, wenn er eine Ladung erhält. Der Spur-1-Freund Hans-Peter Saller hat seinem Eaos eine Echtholzladung, die aufwändig im Eigenbau entstand, spendiert. Zudem erhielt der Wagen noch einige kleine Ausbesserungsflecken auf der Stirnseite.

Oben und links: *Das legendäre Krokodil darf natürlich in keiner Sammlung fehlen. Dieser wunderbaren Lok auf einer Anlage im Betrieb zuzuschauen, macht besonders Freude. Auch lange Züge werden von ihr absolut zuverlässig gezogen.*

mit dem das Eisenbahnzeitalter in Deutschland einst begann. Das komplette Set wurde in jenem Jahr anlässlich des 150-jährigen Bahnjubiläums in zwei Varianten vorgestellt. Die eine Variante gab den Originalzug mit vier Wagenmodellen wieder, wie er ab 1835 von Fürth nach Nürnberg und zurück verkehrte. Die andere hatte den Nachbau von 1935 als Vorlage, den die damalige Reichsbahn zum 100-jährigen Eisenbahnjubiläum geschaffen hatte.

Neue Zielsetzung für die Spur 1

1987 wurde die Spur 1 in ihrer Zielsetzung neu positioniert. Mit der Bezeichnung „die neue 1" verband Märklin daher auch die Neudefinition einiger Eckdaten. Der generelle Mindestradius der Modelle lag ab sofort bei 1020 mm, was ein Ende der 600-mm-Gleisgeometrie zur Folge hatte. Alle Modelle erhielten Federpuffer. Alternativ zur Klauenkupplung stand nun insbesondere für die Modellpräsentation in Vitrinen eine vorbildentsprechende, funktionstüchtige Schraubenkupplung zur Verfügung. Alle neu produzierten Lokmodelle erschienen zudem mit einer Elektronik, die das Umschalten von Wechsel- auf Gleichstrombetrieb erlaubte.

Viele der bisherigen Lokmodelle wurden in der Folgezeit überarbeitet. Die Baureihe 80 erhielt ein neues Fahrwerk mit einem Permanentmagnetmotor und einem Treibgestänge aus Gussteilen statt gestanzter Blechteile. Diese Überarbeitung bedeutete jedoch gleichzeitig das Ende der DHG 500, da ihr Gehäuse nicht mehr auf das neue Fahrgestell passte. Bei den Wagenmodellen verschwanden die letzten Modelle mit Kunststoffrädern. Neben Metallrädern in Scheibenradausführung hielten auch Speichenräder Einzug in das Spur-1-Wagenprogramm.

Ergänzt wurde diese Entwicklung durch zahlreiche neue Wagenmodelle, wie zum Beispiel die Schweizer Güterwagen, zu denen ein gedeckter Wagen K 3 (5890), ein offener Güterwagen L6 und ein Rungenwagen gehörten, die sogar gefederte Achsen aufwiesen und damit höchste Modellbaukunst repräsentierten.

Nächster Schritt: die Digitalisierung

Ende der 1980er Jahre folgte die Digitalisierung der Spur 1. Die ab 1989 hergestellten Lokomotiven waren für den Wechsel- und Gleichstrom- sowie Digitalbetrieb geeignet.

Zuerst gab es hierfür ein eigenständiges Digitalsystem. Doch ab 1993/94 lieferte Märklin alle Spur-1-Modelle nur noch mit dem einheitlichen Märklin-Digitalsystem aus, welches sich bereits seit 1984 im H0-Bereich bewährt hatte. Das Übertragungsformat dieses auch als „Motorola II" bezeichneten Mehrzugsteuerungssystems wurde ursprünglich von der Firma Motorola entwickelt, besitzt in der umgesetzten Form aber bereits einige Erweiterungen.

Bis zu diesem Zeitpunkt hatten neue Lok- und Wagentypen das Angebot stetig erweitert. Zu den Neuentwicklungen gehörte eine E-Lok der Baureihe E 91, die mit einem dreiteiligen Zinkdruckgussgehäuse glänzte und deren Übergänge zwischen den Gehäuseteilen aus echtem Leder gefertigt waren. Oder das Modell der Köf II, das in verschiedenen Versionen mit geschlossenem und offenem Führerhaus realisiert wurde. Ein anderes Beispiel ist die preußische Tenderlok der Bauart T3, die 1991 zum 100. Jubiläum der System-Eisenbahn entwickelt wurde und ebenfalls ein Gehäuse aus Zinkdruckguss besaß. Mit dem Rottenkraftwagen erschien ein Arbeitsfahrzeug der Deutschen Bahn, das abweichend von der Linie jeweils als Wechsel- und Gleichstromvariante ausgeliefert wurde. Die Wechselstromvariante ließ sich durch Einstellen einer Adresse auf der Elektronik-Platine bereits mit dem neu eingeführten Digitalsystem steuern.

Erstmals Modelle mit Geräuschelektronik

Mitte der 1990er Jahre lag der Schwerpunkt der Neuentwicklungen auf der Dieseltraktion. Modelle wie die Baureihe 218, V 200 oder V 36 wurden zu jener Zeit realisiert. Gleichzeitig hielt eine technische Innovation Einzug: die digitale Geräuschelektronik. Sie vermochte, gespeicherte Vorbild-Geräusche passend zu den Aktionen der Lok wiederzugeben. Das erste Modell mit Sound war die 218. Diese Technik hat wie kaum eine andere das Erscheinungsbild der Spur 1 geprägt. Entsprechend ausgerüstete Modelle sind auf Modellbahn-Ausstellungen ein Publikumsmagnet. Parallel zu diesen Entwicklungen gab es aber auch eine komplett neue Produktlinie.

Die Maxi-Bahn und die Profi-1-Modelle

Mit der Einführung der „Maxi-Bahn" erschien 1994 eine neue Modelleisenbahn im Maßstab 1 : 32, deren Modelle die Blechphilosophie der 1920er und 1930er Jahre wiedergaben. Sowohl die Loks als auch die Wagen wurden so weit wie möglich aus diesem Material gefertigt. Die Vorbilder ent-

> Die Maxi-Bahn

Im Jahr 1994 kam erstmals eine weitgehend aus Blech gefertigte Bahn auf den Markt. Sie erinnerte stark an die Blechmodelle der 1920er Jahre. Im Laufe der Jahre erschienen zahlreiche Modelle, die zu einem interessanten Preis angeboten wurden. Besonders gelungen waren natürlich die Dampflokomotiven, wie die S 3/6 oder der „Glaskasten". Das unten zu sehende Modell wurde nachträglich gealtert und mit weiteren Teilen ergänzt.

Linke Seite oben: *Die V 200 zählt nach wie vor zu den beliebtesten Fahrzeugen der Baugröße 1.*

Links: *Das Modell der Baureihe 218 wurde neben einer Dieselloktankstelle abgestellt.*

Unten: *Ein ganz vorzügliches Fahrzeug erhielt die Spur-1-Gemeinde mit der Dampflok der Baureihe 01. Das von Hans-Peter Saller leicht gealterte Modell, ist eine echte Augenweide.*

stammen allen Traktionsarten, sodass neben typischen Tender- und Schlepptender-Dampfloks auch E-Loks und Dieselloks gefertigt wurden. Die späteren Modelle entstanden jedoch im Zinkdruckgussverfahren und nicht mehr aus gestanztem, gebogenem, pulverbeschichtetem und anschließend bedrucktem Blech. Ursprünglich wurden alle Maxi-Modelle für den Betrieb auf dem 600-mm-Radius konzipiert, der damit seine Auferstehung erlebte und bis heute zum Programm gehört. Das größte jemals gebaute Maxi-Modell, die bayerische S 3/6 bzw. die spätere Baureihe 18.4, konnte hingegen auch nur auf Radien ab 1020 mm eingesetzt werden.

Von Anfang an blieben die Vorbilder der Maxi-Bahn nicht nur auf europäische und überwiegend deutsche Fahrzeuge beschränkt. Viele Modelle wurden auch nach amerikanischem Vorbild gestaltet. Neben historischen Dampfloks fertigte Märklin auch das Modell einer Diesellok der Bauart F7, welches sich auf Wunsch auch mit mehreren A- und B-Units vorbildgetreu kombinieren ließ. Neben verschiedenen typisch amerikanischen Güterwagen wie Boxcars, Tankcars oder Flat Cars und Gondolas gehörte auch stets der passende Güterzugbegleitwagen Caboose zum Maxi-Sortiment. Mittlerweile gibt es die Maxi-Produktlinie zwar nicht mehr. Bestimmte Modelle wie die Diesel-Rangierlok der Baureihe V 60 oder die E-Lok der Baureihe E 44 ergänzen aber bis heute das Spur-1-Angebot.

Die letzten Jahre waren geprägt durch die Konzentration auf die „Profi-1-Modelle", wie das bisherige Spur-1-Sortiment nach Einführung der Maxi-Bahn genannt wurde. Der Höhepunkt dieser Entwicklung war die Präsentation einer Dampflok der Baureihe 01 im Jahre 2004. Mit eingebautem digitalem Hochleistungsantrieb und digitaler Soundelektronik demonstrierte dieses Spur-1-Fahrzeug Modellbau auf höchstem Niveau. Andere Beispiele sind die Güterzugdampflok der Baureihe 44, die Tenderloks der Baureihen 96 und 94 oder das bereits vor der Jahrtausendwende realisierte Modell der Baureihe T9.3, der späteren Baureihe 91. Diese Modelle besitzen alle ein Gehäuse und Fahrwerk aus

Zinkdruckguss. Was ihre technische Ausstattung anbelangt, so erfüllen sie mit ihrem Hochleistungsantrieb und der Geräuschelektronik die Wünsche der Modellbahner. Als richtiges Kleinod gilt dagegen der Württembergische Zug mit der Dampflokomotive „Esslingen“ (55520).

Lediglich die 2008 präsentierte Baureihe 24 mit ihrem Kunststoffgehäuse durchbricht die vorgenannte Produktlinie, da dieses Modell durch die Übernahme des kompletten Sortiments der Firma Hübner in das Märklin-Sortiment gelangte. Dank großer Detailtreue und guter technischer Ausstattung vermochte die 24 jedoch schon bald, eine große Zahl an Modellbahnfreunden für sich zu gewinnen.

Triebzüge für die Königsklasse

Eine Zuggattung war bis 2006 jedoch überhaupt nicht im Sortiment vertreten: die Triebzüge. Mit dem Modell des SVT 137 wurde in 2006 erstmals überhaupt seit 1969 wieder ein Triebwagenverband in der Spur 1 realisiert. Der für 2009 angekündigte Schienenbus der Baureihe 798 soll dieses Segment ergänzen. Als Highlight des Jahres 2008 gilt aber zweifellos das Modell der Baureihe 103. Mit den passenden Wagen gab sie einen der DB-Paradezüge der 1970er Jahre vorbildgetreu wieder: den „Rheingold“. Die fein detaillierten Wagenmodelle repräsentierten die Weiterentwicklung, welche bereits einige Jahre vorher mit den vierachsigen Schnellzugwagen der Bauart Aüm 203 und Büm 234 begonnen wurde und in der Schürzenwagenfamilie ihre Fortführung fand. Auch im Güterwagenbereich haben über die Jahre hinaus weitere interessante Grundtypen wie Kesselwagen, O-Wagen, Niederbordwagen, Klappdeckelwagen etc. das Sortiment erweitert. Alle genannten Lokomotiven aus den letzten 40 Jahren der Spur-1-Geschichte besitzen einen Elektromotor als Antrieb. Doch auch hier gibt es bei vier verschiedenen Modellen eine Ausnahme: bei der Baureihe 89 aus dem Jahre 2000 mit der Artikel-Nummer 55001, der

> Königlicher Zug

Ein Kleinod ist der Hofzug des bayerischen Königs mit der Zuglok „Tristan" (55530), der auch unter der Bezeichnung „König-Ludwig-Zug" bekannt ist. Die exzellente Ausführung des königlichen Salonwagens (58033) und des Terrassenwagens mit dem Begleitwagen (58034) lässt nicht nur die Herzen der Verehrer des bayerischen Märchenkönigs bis heute höher schlagen.

Baureihe 18.4 bzw. S 3/6 (55003 und 55005) und der Baureihe 44 (55004). Diese Fahrzeuge wiesen als Märklin-1-Dampflokmodelle einen Echtdampfantrieb auf, der ihren großen Vorbildern entspricht. Diese traditionelle Antriebstechnik aus den frühen Jahren der Modellbahntechnik kennt auch heute noch viele begeisterte Liebhaber. Gesteuert werden die betreffenden Modelle jedoch nicht mehr über einen manuellen Stellhebel, sondern über eine Funkfernsteuerung. Für das Jahr 2009 hatte Märklin mit dem Modell der 064 305 noch eine besondere Lokomotive angekündigt. Aufbau und Fahrgestell bestehen weitgehend aus Metall. Zu den weiteren Merkmalen zählen: ein mfx-Digital-Decoder sowie ein geregelter Hochleistungsantrieb und ein Geräuschgenerator mit vielen Funktionen.

Diese Aufstellung kann keinen Anspruch auf Vollständigkeit erheben. Sie demonstriert lediglich, wie vielfältig sich das bisherige Sortiment präsentiert. In den letzten Jahrzehnten haben die Produkte ihre Langlebigkeit bewiesen. Viele Fahrzeuge der ersten Stunde versehen bis heute auf Anlagen ihren Dienst. Inzwischen ist die einst „neue Spur 1" auch schon 40 Jahre alt. Bei der aktuellen Vielfalt kann man nur gespannt sein, wie sich dieses Sortiment wohl in den nächsten 40 Jahren weiterentwickeln wird. Die Zukunft der „Königsspur" bleibt auf jeden Fall spannend.

Linke Seite oben: *Noch in 2009 kam der dreiteilige Schienenbus.*

Linke Seite unten: *Das elegante Modell der Baureihe 103.*

Mitte: *Der SVT 137 zählt zu den Spitzenmodellen.*

Unten: *Das Modell der Baureihe 64.*

Von M bis C: die H0-Gleissysteme

Jede Generation hat ihr eigenes Gleissystem. Von Thomas Hornung

Ein Gleis mit Schotterbett aus geprägtem Metall in den Farben Braun und Beige sollte zum Markenzeichen der neuen Märklin-Bahn in der Spur 00/H0 werden. Gleich zu Beginn stand auch ein passendes Gleissystem zur Verfügung, mit Weichen, Kreuzungen, Signalen und einem Bahnübergang. Das gerade Standardgleis maß von Anbeginn 18 cm. Zwei dieser geraden Gleise aneinander gesteckt entsprachen dem Radius des Normalkreises. Zwölf Gleisbögen à 30° bildeten einen Kreis mit 72 cm Durchmesser. Elektrische und handbediente Weichen entstanden aus der Kombination dieser beiden Standardgleise. Der gerade Strang der Weiche war 18 cm lang, der Abzweig unter einem Winkel von 30° entsprach dem Standardbogen. Mit einem Standardgleis als Gegenbogen schloss die Weichenstraße wieder bündig auf der Länge von zwei Geraden ab. Auf diese Weise entstand zwischen den Gleismitten ein Abstand von 96,4 mm. Die Geometrie der ersten Märklin-Kreuzung orientierte sich an den Weichen. Legte man zwei gleichsinnige Weichen um 180° gedreht übereinander, ergab sich in der Diagonalen das Maß des Kreuzungsschenkels von 193 mm. Die Schienenstränge kreuzten sich unter einem Winkel von 30°. Die symmetrische Kreuzung war aber mit den gegenüber den Weichen etwas längeren Geraden nicht mehr ohne weiteres anstelle einer normalen Weiche einzubauen. Hier schlug die Stunde der Ausgleichsstücke. Das waren kurze Gleise in unterschiedlicher Länge, die eine unüberschaubare Vielfalt an Gleisfiguren erst ermöglichten.

Ein kleiner Endbahnhof einer eingleisigen Nebenstrecke. Hier wurde das C-Gleis verwendet. Es wurde farblich behandelt und zusätzlich leicht eingeschottert. Die schlanken Weichen erlauben eine überaus realistische Gleisführung. Auch wer wenig Platz zur Verfügung hat, sollte sich die schlanken Weichen mit ihren zierlichen Weichenlaternen gönnen.

Für seine Modelle der E 18 fertigte Märklin schon 1938 eine funktionsfähige Modelloberleitung mit Metallmasten. Signale mit Zugbeeinflussung steigerten den Spielwert weiter: Das elektrisch betriebene Hauptsignal 442 G unterbrach bei Rot den Fahrstrom. Nachdem die Märklin-Produktion in den Kriegsjahren nahezu zum Erliegen gekommen war, erfuhr das Gleissystem ab 1945, jetzt als 3600 N bezeichnet, Modifikationen im Detail. Auffälligstes Merkmal der Modellpflege war der jetzt vorbildgetreue Abstand der Schwellen. 1948, im Jahr der Währungsreform, ergänzte die lange erwartete Doppelkreuzungsweiche das Gleissystem.

Neuer Parallelkreis – neue Oberleitung

Ab 1949 erlaubte der neue Parallelkreis mit 437,4 mm Radius Doppelspuren mit einem Gleismittenabstand von 77,4 mm. Lange Brückenauffahrten wurden mit dem geraden (468 D) und gebogenen Rampenstück (468 A) möglich. Ebenfalls ein Klassiker im H0-Programm sollte 1952 die neue Drehscheibe werden. Über die Jahre behutsam modernisiert, hielt sie sich bis 1993 im Programm, bis sie

Rechts: *Eine klassische M-Gleisanlage, auf der sich ein reger Zugverkehr abspielt.*
Rechte Seite oben: *Auf dieser Großanlage wurde das K-Gleis verwendet. Gleich vier verschiedene Radien wurden auf engstem Raum verbaut. Dennoch wirkt die Szenerie alles andere als überladen. Nicht alle Modellbahner werden ihr Gleis einschottern wollen. So finden sich auch fertige Böschungselemente im Zubehörfachhandel.*

von einem absolut maßstäblichen Modell, das in Zusammenarbeit mit Fleischmann entstand, abgelöst wurde.

Modellgleis 3900 – mit Punktkontakten

Eine gehörige Portion Innovationsfreude zeigte Märklin 1953 mit seinem neuen Modellgleis-System 3900, dem statt einer durchgehenden Mittelschiene kaum sichtbare Punktkontakte genügten. Die Böschung bestand wie beim Standardgleis aus Blech, die Schwellen waren hingegen aus Kunststoff gefertigt und erlaubten somit, die Fahrschienen gegeneinander zu isolieren. Zwei großzügige Radien (585 mm bzw. 535 mm) ermöglichten vorbildnahe Streckenführungen und einen realistischen Gleismittenabstand von etwa 50 mm. Mit 22,4 cm war das gerade Gleis um rund ein Viertel länger als das Standardgleis im Normalprogramm. Die Weichen glänzten mit einem schlanken Abzweigwinkel von 15°, den auf Wunsch ein mitgelieferter kurzer Gleisbogen auf 22,5° ergänzte. Der Abzweig entsprach einem normalen Bogen mit 585 mm Radius. Die Schienenstränge der Kreuzung schnitten sich ebenfalls unter einem Winkel von 22,5°. Keine vier Jahre nach seinem Auftakt verschwand jedoch das hoch gelobte, aber im Vergleich zum Standardgleis fast dreimal so teure Gleissystem wieder aus den Katalogen.

Neues Standardgleis 3601

Den Abgang des eigentlich zukunftsträchtigen Gleises versüßte Märklin seinen Kunden 1956 mit dem neuen Standardgleis 3601, das in einer Produktionszeit von fast 50 Jahren zum Klassiker avancieren sollte. Es hatte die gleichen Punktkontakte wie das Modellgleis, war aber wieder komplett aus Metall gefertigt und basierte auf der Geometrie des Standardgleises. Die neuen Weichen bekamen die zierlichen Laternen der Modellgleis-Weichen und deren weniger ausladende Antriebe. Statt großer Radien gab es jetzt den Industriekreis mit einem Bogenhalbmesser von nur noch 286 mm. Zwischen den Punktkontakten von Industrie- und Normalkreis entstand ein Abstand von 74 mm. Als Übergang vom Normal- zum Paral-

> Die H0-Gleise von M über K bis C

Das Bild zeigt (v.l.n.r.) die Entwicklung der Märklin-H0-Gleise. Auch wenn der durchgehende Mittelleiter heute als störend empfunden wird, so überzeugte das Metallgleis durch seine fein modellierte Böschung. Gerade für Anlagen, die immer wieder auf- und abgebaut werden, empfehlen sich die Böschungsgleise nach wie vor. Leider konnte sich das feine Modellgleis (Mitte) mit seinen Kunststoffschwellen seinerzeit nicht durchsetzen.

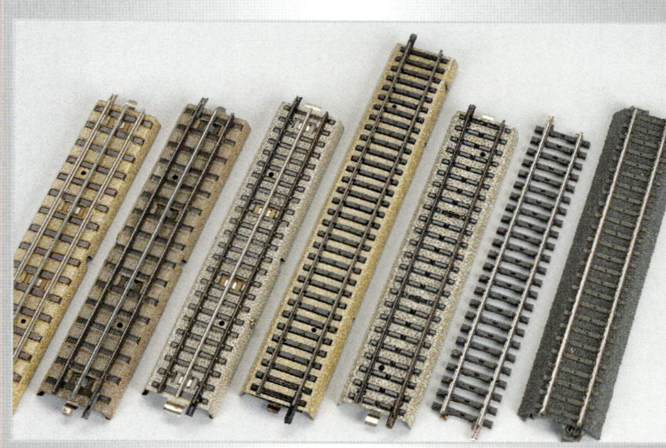

lelkreis dienten die neuen Weichen 5202. Ihr abzweigendes Gleis mit dem Radius des Parallelkreises war im Bogen auf einen schlankeren Weichenwinkel von 24°17' verkürzt. Mit Hilfe zweier abnehmbarer, nur 8 mm langer Minigleise ließ sich die neue Doppelkreuzungsweiche 5207 jederzeit freizügig anstelle einer beliebig positionierten normalen Weiche oder anstatt einer Geraden einbauen.
Nach dem Erfolg des PuKo-Gleises verabschiedete sich Märklin 1958 endgültig vom Gleis mit durchgehender Mittelschiene. Zum Glück der Märklinisten fehlten jetzt nur noch Innenbogenweichen und eine Dreiwegweiche. Der Wunsch nach Bogenweichen wurde bereits 1964 erhört. Märklin ordnete dazu im Prinzip lediglich zwei gleichsinnige 30°-Bögen mit 360-mm-Radius um den Parallelgleisabstand versetzt zueinander an und schuf damit die Verbindung zum Parallelkreis. Die neuen, nochmals zierlicheren und beleuchteten Weichenlaternen markierten den Standard bis heute. Die Dreiwegweiche entstand 1968 aus einer im Prinzip entlang des geraden Strangs gespiegelten Standardweiche 5202.

Mit neuer Geometrie: das K-Gleis

Kunststoffschwellengleise waren seit den fünfziger Jahren bei allen Herstellern auf dem Vormarsch. Märklin startete 1968 mit der Fertigung des neuen K-Gleises (das „K" steht für Kunststoff), das zwar ebenfalls mit Punktkontakten ausgerüstet war, sich jedoch völlig vom Gleis mit der Blechböschung unterschied, welches nun als M-Gleis („M" für Metall) bezeichnet wurde. Statt aus brüniertem Material bestehen die Fahrschienen nun aus verzinntem Weißblech. Der Mittelleiter ist im Gegensatz zu bisherigen Märklin-Gleissystemen als tragendes Element in Form eines leiterartigen Blechstreifens an der Unterseite des 30 mm breiten Schwellenrostes angebracht. Von den Sprossen dieser Leiter sind rechtwinklig etwa 2,5 mm breite Zungen nach oben gebogen, die als Punktkontakte rund 1 mm durch die Kunststoffschwellen ragen. Um die K-Gleise untereinander zu verbinden, dienen neben Schienenverbindungslaschen je zwei Klauenkupplungen am Ende des Schwellenbandes. Insgesamt vier federnde Kontaktzungen aus Bronze unterhalb der stabilen Klauenverbindung verknüpfen den Mittelleiter. Auch die Geometrie des K-Gleises hatte mit dem Vorgänger nicht mehr viel gemein. Der Abstand zwischen Normalkreis I und Normalkreis II schrumpfte von 77,4 mm beim M-Gleis auf nur noch 64,4 mm mit den neuen Schienen. Folglich verringerte sich auch der Radius des Parallelkreises auf nur noch 424,6 mm. Der Radius vom Industriekreis fiel dagegen mit 295,4 mm um rund 1 cm größer aus als beim M-Gleis. Bei einem nur noch gut 3 cm breiten Gleiszwischenraum war auch eine völlig neue Geometrie der Weichen notwendig. Märklin verringerte den Abzweigwinkel bei einem Radius von 424,6 mm auf 22° 30'. Für das Stammgleis der Weichen, die es elektrisch (2161) und handbedient (2164) gab, wählten die Konstrukteure eine Länge von 168,8 mm. Die Schenkel der Kreuzung 2159 und der Doppelkreuzungsweiche (DKW) 2160, die sich ebenfalls unter 22° 30' schnitten, waren genauso lang. Die Geometrie bot somit die Gewähr, Weichen und Kreuzungen ohne Veränderung der übrigen Gleisanlage in beliebiger Lage einzubauen. Das Gleis 2107 verlängerte das Stammgleis soweit, dass es nach rund 32,5 cm auf gleicher Höhe mit einem direkt an den Abzweig gesteckten Gegen-

Für diese zweigleisige Hauptbahn kam das K-Flexgleis zur Verwendung. Es wurde farblich nachbehandelt und eingeschottert.

bogen 2132 abschloss. Gleise in unterschiedlichen Teillängen, mit denen unter anderem die Weichenkombination auf das Standardrastermaß von 36 cm wuchs, fehlten genau so wenig, wie Schaltgleise für Geraden und die beiden größeren Radien sowie das beliebte Entkupplungsgleis. Einen problemlosen Übergang zum klassischen Blechgleis schaffte das Übergangsgleis 2191. Bereits 1970 präsentierte Märklin die symmetrische Dreiwegweiche, die im Prinzip einer entlang der 168,8 mm messenden Geraden gespiegelten Standardweiche entsprach. Und endlich gab es, Jahre nach der Einstellung des Modellgleises 3900, wieder große Radien. Mit 553,9 und 618,5 mm Länge für den Bogenhalbmesser erlaubten die beiden Großkreise (2141, 2151) den gleichen Parallelkreisabstand wie die drei kleineren Radien. Im Jahr 1 nach der K-Gleis-Premiere erschienen auch neue Brücken und Pfeiler aus Kunststoff.

Für beliebige Radien – das Flexgleis

Beliebige Radien des K-Gleises konnte man ab 1979 mit dem 90 cm langen Flexgleis gestalten. Erstmals verwendete Märklin dafür Vollprofile aus Edelstahl. Zwei Jahre nach der Premiere des Edelstahl-Flexgleises rüstete Märklin das komplette K-Gleis-Sortiment mit den rostfreien Vollprofilschienen aus. Gleichzeitig bekamen sämtliche K-Gleise die neue Stamm-Nummer 22xx anstatt der 21xx. Die eigentliche Sensation des Modelljahres 1981 waren aber die neuen schlanken Weichen. Mit einem Abzweigwinkel von nur noch 14° 24' und einem Radius für das Zweiggleis von 902,4 mm trennte nur noch der Maßstab die neuen Weichen vom Original. Märklin lieferte die neuen Weichen von Anbeginn als Handweichen. Ein beidseitig ansteckbarer elektromagnetischer Antrieb war separat erhältlich. Bereits im Jahr darauf präsentierte Märklin die passende DKW 2275 zu den schlanken Weichen, die von den Abmessungen her exakt einer verdoppelten Weiche entsprach und sich deswegen problemlos auch anstelle einer Weiche einbauen ließ. 1983 setzte die schlanke Kreuzung 2257 mit den gleichen Abmessungen wie die DKW den vorläufigen Schlusspunkt unter die Erweiterung des K-Gleis-Programms. Im Detail tat sich aber weiterhin einiges. Fast unbemerkt vollzog sich ab 1992 ein Wandel, der den K-Gleisen nicht nur gut zu Gesicht stand, sondern auch deren Funktionalität und Betriebssicherheit erhöhte. Gegossene Weichenzungen ersetzten nicht nur die bisherige Ausführung aus gestanztem Blech, auch die Herzstücke und der Stellmechanismus wurden überarbeitet.

Perfektes Böschungsgleis: das C-Gleis

Auf der Spielwarenmesse 1996 feierte ein neues Gleissystem für die Baugröße H0 seine Premiere: ein Böschungsgleis, kinderzimmertauglich und mit serienmäßigem Schotterbett. Es sollte einst das in mehr als sechzig Jahren millionenfach produzierte Metallgleis ersetzen – aber auch mit ihm kompatibel sein. Bewährtes wie die platzsparende Geometrie blieben, Neues wurde in der Göppinger Entwicklungsabteilung ausgetüftelt. Die einzigartige Steckverbindung mit dem „Click“ gab dem neuen Schienenstrang dann auch den Namen „C-Gleis“.

Die robusten Formsignale von Märklin lassen sich auch mit dem C-Gleis verbinden. Sie regeln den Betrieb auf dieser Anlage.

Märklin-Freunde, die ihre Anlage mit dem robusten M-Gleis begonnen haben, können deshalb mit dem Übergangsgleis ohne Probleme zum neuen C-Gleis wechseln. Und Modellbahner, die bislang auf das K-Gleis schwörten, entdecken nun zusätzliche Gestaltungsmöglichkeiten.

Die Geschichte des neuen Multitalents ist viel älter, als die Premiere auf der Nürnberger Spielwarenmesse 1996 vermuten ließ. Das C-Gleis hatte einen Vorläufer, dem Fachkreise Beachtung schenkten, dem beim Publikum aber der Durchbruch versagt blieb. Als Märklin 1988 seine futuristische Kinder-Bahn „Alpha" präsentierte, schickten die Schwaben auch gleich ein neues Gleissystem ins Rennen. Ein kindgerechtes Gleis mit Böschung ohne scharfe Kanten. Schienenverbindungslaschen fehlten ebenso wie die ausladenden Kontaktzungen des Mittelleiters, wie sie beim M-Gleis üblich waren. Eine patentierte Steckverbindung verband die Gleise miteinander.

Nach der eher verhaltenen Resonanz auf die phantasievolle Spielbahn, wurde es auch um die neuen Schienen ruhig. Das K-Gleis galt schon seit Jahren als Gleis der Profis. Schlanke Weichen, großzügige Radien und das beliebte Flexgleis ließen kaum Wünsche offen, und für Spielbahner, die ihre Anlage oft umbauten oder Modellbahner, die sich davor scheuten ihre Gleise einzuschottern, gab es als Alternative das robuste M-Gleis. Es war aber in die Jahre gekommen. Märklin-Fans schworen auf den Klassiker, doch der Modellbahner-Nachwuchs war für die scharfkantigen Blechschienen schwer zu begeistern. In Göppingen dachte man daher weiter. Das Alpha-Gleis sollte der Stammvater einer ganz neuen Gleisgeneration werden.

Unter dem Motto „Mit einem Click ins neue Jahrtausend" präsentierte Märklin im Januar 1996 Vertretern der Fachpresse das neue C-Gleis. Das System mit dem pfiffigen Rastmechanismus, der eine zuverlässige elektrische und mechanische Verbindung herstellte, erinnerte an die Alpha-Bahn. Zwei Radien mit 360 und 437,5 mm, zwei Weichen, eine Kreuzung und eine Doppelkreuzungsweiche machten den Auftakt. Der Wunsch nach Weichen mit schlanken Abzweigwinkeln blieb zunächst unerfüllt. Zwei zusätzliche große Radien sowie Funktionsgleise wurden dagegen schon beim Start des Sortiments für die nächsten Jahre angekündigt. Auf Anschlussgleise müssen C-Gleis-Bahner aber auch in Zukunft verzichten. Gleisanschluss statt Anschlussgleis hieß die Devise. Dank kleiner Kontaktfahnen an den Gleisenden ließ sich der Fahrstrom an jeder beliebigen Stelle der Anlage einspeisen. Und dort, wo zeitweise kein Strom fließen sollte, beispielsweise vor Signalen oder bei Kontaktstrecken, sorgten kleine Isolierhülsen auf den Kontaktzungen für eine zuverlässige Unterbrechung. Mit wenigen Handgriffen wurde das C-Gleis sogar zweileitertauglich und mit etwas Geschick ließen sich auch die Weichen umbauen.

Neue Aufteilung des Längenrasters

Um künftig mit möglichst wenig Ausgleichsstücken eine Vielzahl an Gleisbildern zu ermöglichen, modifizierte Märklin beim C-Gleis die Aufteilung des Längenrasters, das bei allen Märklin-Gleissystemen 360 mm beträgt. Statt den beim K- und M-System üblichen, geraden Glei-

sen mit 180 mm Länge gibt es beim C-Gleis zwei unterschiedliche Standardlängen (188,3 mm und 171,7 mm), die sich zum 360-mm-Raster ergänzen. Damit man auch Weichen und Kreuzungen freizügig einsetzen kann, weisen das Stammgleis der C-Gleis-Weiche sowie die Schenkel von Kreuzung und Doppelkreuzungsweiche ebenfalls das Maß des längeren Standardgleises (188,3 mm) auf. Zusammen mit dem kürzeren Standardgleis (171,7 mm) und dem Weichen-Gegenbogen entsteht die märklin-typische Weichenkombination mit 360 mm Länge.
Beim Antrieb ihrer Weichen haben Märklin-Bahner auch künftig die Qual der Wahl. Obwohl es im Handel serienmäßig nur Handweichen gibt, brauchen C-Gleis-Bahner nicht auf elektrische Weichen zu verzichten. Ein separat erhältlicher, elektromagnetischer Antrieb lässt sich problemlos auch nachträglich noch unter die Weiche schrauben. Und wer nicht nur gerne digital fährt, sondern auch digital schalten möchte, versteckt zusätzlich einfach den speziell für das C-Gleis entwickelten Decoder im Untergrund der Weiche. Jede Weiche lässt sich also mit ihrem eigenen Decoder ausstatten.

Vorbildgetreues Schienenprofil

Zwar orientiert sich das C-Gleis in vielen Bereichen an bewährten Märklin-Standards, bei der Höhe der Schienenprofile dagegen beschritten die Göppinger Neuland. Nachdem Märklin die filigranen Profile der K-Gleise schon seit 1981 aus rostfreiem Stahl fertigte, zeigten die Techniker beim C-Gleis, dass es mit dem edlen Material noch eine Spur zierlicher geht: Ganze 2,3 mm statt bisher 2,7 mm messen die Schienen von Kopf bis Fuß; das entspricht fast genau den maßstäblich verkleinerten Profilen des großen Vorbilds mit der Bezeichnung UIC 60, wie sie auf vielen Hauptstrecken liegen. Der vorbildlich schmale, nur etwa 1 mm breite Schienenkopf lässt das C-Gleis auch aus der Vogelschau überaus zierlich wirken. Trotzdem laufen auf den Schienen, die dem amerikanischen Code 90 entsprechen, auch problemlos Märklin-Fahrzeuge aus den fünfziger Jahren. Im Gegensatz zu den handelsüblichen Gleisen mit Kunststoffschwellenband erlaubt das C-Gleis wie beim großen Vorbild (übrigens auch beim M-Gleis) den freien Blick zwischen Schienenfuß und Schotterbett hindurch. Die Kleineisen des so genannten „Einheitsoberbaus K“, wie ihn zahlreiche europäische Länder noch heute verwenden, sind bis in kleinste Details nachgebildet. An den Schwellen fehlen weder die feine Maserung der Buchenholzschwellen noch die stählernen Bandagen an den Schwellenenden, die beim Vorbild verhindern, dass die Schwellen durch die Witterung im Lauf der Zeit von den Enden her aufbrechen. Das basaltgraue Schotterbett verleiht dem C-Gleis das letzte Quäntchen Realismus und erspart das mühsame Einschottern, um das manche Modellbahner Glaubenskriege ausfechten. Die Formenbauer bei Märklin bewiesen auch hier Liebe zum Detail und vergaßen nicht, den Schotter wie beim Vorbild zur Gleismitte hin etwas abzusenken.

R 3 – ein weiterer Parallelkreis

In den folgenden Jahren baute Märklin das neue Gleissystem konsequent aus. Bereits das Modelljahr 1997 bescherte den Märklinisten Schaltgleise, gebogene Ausgleichsstücke sowie Innenbogenweichen mit der gleichen Geometrie wie die der entsprechenden Gegenstücke des M-Gleis-Systems. Für sämtliche C-Gleis-Weichen boten die Göppinger filigrane und beleuchtete Weichenlaternen zum Nachrüsten an. Waren die Oberleitungsmasten für das M- und K-Gleis seit 1975 identisch, präsentierte Märklin bereits im Hauptkatalog 1996/97 einen neuen Mastsockel für das gegenüber dem M-Gleis etwas breitere C-System zu den vorhandenen Masten. Die schon 1996 angekündigten großen Radien ließen noch bis 1998 auf sich warten. Den Anfang machte der neue Radius R 3, ein weiterer Parallelkreis mit einem Bogenhalbmesser von 515 mm, der die Kenner an das Modellgleis aus längst vergangenen Tagen erinnerte. Als Klassiker durfte natürlich die Dreiwegweiche nicht länger in der C-Gleis-Palette fehlen. Passend zum C-Gleis erfuhren die Kunststoffbrücken im gleichen Jahr leichte Modifikationen.

Zu großzügigen Radien gehören entsprechend konzipierte Weichen. 1999 wurde den letzten Zweiflern klar, dass das C-Gleis für jeden etwas ist. Schlanke Weichen mit einer Länge von 236,1 mm und einem Abzweigwinkel im Herzstück von nur noch 10° ließen die Herzen der Märklinisten höher schlagen. 1114,6 mm für den Halbmesser des bislang größten Weichenbogens nötigten auch hartnäckigen Kritikern aus den Lagern der Konkurrenz Bewunderung ab. An den zwei sich trennenden Enden der Weiche sorgte ein spezielles gerades Gleis mit einer Länge von 70,8 mm für den Übergang zu den übrigen Gleisen des Sortiments. Weil sich zwei dieser Gleise in der Nähe des Weichenherzstücks besonders nahe kamen, führte Märklin die Böschung abnehmbar aus. Wahlweise füllte ein kleiner Kunststoffkeil den Zwickel zwischen den zwei scheidenden Schienensträngen. Der Clou des Ganzen: Folgte auf die Weiche ein Gegenbogen, war vorbildgerecht immer eine kurze Gerade dazwischen geschaltet. Ein neues gerades Gleis von 229,3 mm Länge sorgte schließlich dafür, dass auch das Stammgleis einer gewöhnlichen Weichenkombination auf Höhe des Gegenbogens abschloss. Der Abstand der beiden parallelen Gleise ist derselbe wie bei den Standardweichen aus dem K-Gleis-Programm. Wer bislang mitgerechnet hat, wird feststellen, dass diese Weichenkombination exakt 536,2 mm misst. Wenn man das Ganze um das ebenfalls neue Minigleis mit 64,3 mm Länge ergänzte, entstand das Gardemaß von 600,5 mm. Zwei zusätzliche große Radien mit Halbmessern von 579,3 und 643,6 mm rundeten das C-Gleis-Sortiment ab. Letzter Streich im C-Gleis-Sortiment war im Jahr 2000 eine zu den schlanken Weichen passende Kreuzung. Die Doppelkreuzungsweiche hingegen ließ bislang auf sich warten.

Das C-Gleis für Trix

Gleichstrombahner konnten mit kleinen geschickten Eingriffen von Anfang an auch das C-Gleis von Märklin einsetzen. Wer auf die Punktkontakte verzichten wollte, konnte sich ab 2005 sogar der reinen Lehre des Zweileiter-

Linke Seite oben: *Die Schranke ist bereits geschlossen, noch ist aber, ehe der Zug herannaht, ein Blick auf die schlanke C-Gleis-Weiche mit den eingefärbten Schienenprofilen möglich.*

Oben: *Eine ideale Verbindung: schlanke C-Gleise für elegante Weichenstraßen und K-Flexgleise für die Streckengleise.*

Gleichstromsystems mit dem C-Gleis hingeben: Ohne störenden Mittelleiter wurde Trix „neu aufgegleist“. Zur besseren Unterscheidung vom Märklin-Pendant erhielt der Bettungskörper des Trix-C-Gleises eine etwas bräunlichere Tönung. Geometrie und Rastmechanismus entsprechen dem Märklin-C-Gleis. Das Schienenprofil wurde um zwei Zehntel Millimeter niedriger ausgeführt und entspricht damit dem amerikanischen Code 83. Die Weichenzungen und Herzstücke richten sich nach den Normen Europäischer Modellbahnen (NEM) und erlauben auch den Einsatz filigraner RP-25-Radsätze.

DB
32

Faszinierende Märklin-Anlagen

Eine eigene Anlage zu haben, ist der große Traum vieler Modellbahner. Von Klaus Eckert

„Süßer die Glocken nie klingen, als denn zur Weihnachtszeit ...“ – nimmt denn diese fromme Weise gar kein Ende? Ich singe weiter, falsch und unbeholfen, selten den richtigen Ton treffend, dieses tugendhafte Liedgut mit, welches alljährlich am Heiligen Abend neben vielen anderen Weisen angestimmt wird. Endlich Weihnachten! Als fast sechsjähriger Knabe hat man für derlei Sangesfreuden wenig übrig, will man doch lieber gleich zur sehnlichst erwarteten Bescherung in die gute Stube. Doch es wird noch eine Weile dauern, bis das Glöckchen am festlich geschmückten Tannenbaum erklingen und uns Kinder zu den heiß ersehnten Gaben rufen wird. Der Karpfen ist längst verspeist, auch die feinen Lebkuchen aus Nürnberg waren wie immer sehr köstlich. Bitte, warum dauert es denn in diesem Jahr so ewig lang? Jetzt sind die Nüsse an der Reihe, mit Honig. Auf einmal mag ich keinen Honig mehr, werde nie mehr einen zu mir nehmen. Geht nicht, der ist auch in den runden Lebkuchen drin. Jetzt steht der gestrenge Herr Vater auf und er wird in Richtung Wohnzimmer schreiten. Nein, er legt einen Scheit Holz nach, denn die Christnacht verspricht, bitter kalt zu werden. Es sind eben noch richtige Winter gewesen, anno 1966 im Allgäu, mit einer großen Menge an Schnee und kristallklaren Eisnächten. Prasselnd nimmt die Flamme den neuen Holzscheid verschlingend an. Jetzt sitzt er wieder da, isst weiter von den elenden Nüssen, erzählt irgendwas, was mich gar nicht interessiert und scheint es überhaupt nicht eilig zu haben. Dabei bin ich mir sicher, diesmal gibt es ganz sicher eine elektrische Eisenbahn, keine mehr, die ich händisch im Kreis herumschieben muss. Eine von Märklin hoffentlich, denn ansonsten ist mir der Hohn und Spott der Klassenkameraden sicher. Denn nur eine von Märklin zählt, alles andere wird verächtlich kommentiert. Es muss eine von Märklin sein!

Ausschnitt aus einer ab 2004 begonnenen und noch immer nicht ganz fertigen H0-Anlage. Besonderer Wert wird auf einen vorbildgerechten Fahrbetrieb und eine sehr natürliche Landschaftsgestaltung gelegt. Zudem sind alle Fahrzeuge dezent gealtert und die Güterwagen entsprechend beladen worden.

Meine erste Märklin

Nun steht er endlich wieder auf, öffnet die Tür und schreitet hinüber zum Wohnzimmer. Es dauert eine halbe Ewigkeit, bis das Glöckchen hell zur Bescherung ruft. Die kleine Schwester springt in Erwartung einer sprechenden Puppe auf, nicht ganz kolisionsfrei wird die warme Stube erreicht. Und da ist sie nun, meine erste elektrische Eisenbahn! Ein einfaches Oval aus schlichten Metallschienen, auf der eine kleine schwarze Dampflokomotive samt dreier grüner Wagen ihre Runden dreht. Ein blauer Trafo mit rotem Regelknopf liegt ein wenig entfernt auf dem Teppich. Ja, Weihnachten kann so schön sein ...
Meine Welt war geboren und sie sollte es für viele Jahre bleiben. Im Laufe der Zeit erwuchs aus dem kleinen Oval ein größeres, ein Parallelkreis, aufgeschraubt auf einer

Holzplatte, die ersten Häuser kamen hinzu. Natürlich waren die fränkischen Fachwerkhäuser von Faller mit dabei, die Großmutter war der Meinung, dass diese besonders gut zu einer Eisenbahn passen würden. Wie Recht sie doch hatte. Bald schon war die erste Grasmatte verlegt und das glückliche Weidevieh von Preiser fand sich am Bauernhof ein, die ersten Bäume spendeten Schatten. Jahre später ist daraus eine richtige Großanlage geworden, mit Weichen und Häusern und Brücken und Tunnels. Der Onkel und der gütig gewordene Vater haben einen stabilen Rahmen geschaffen und geholfen, die Platten zu verschrauben. Und dann war der Raum ausgefüllt mit Bergen aus Gips, einer selbst gepinselten Kulisse, eine Alpenlandschaft zeigend. Dennoch wurden die Momente des sorglosen Spielens immer weniger, lockten doch zunehmend andere Reize draußen in der realen Welt der Menschen.

Doch wer schon einmal eine Modellbahnanlage planen, gestalten und dann mit ihr spielen durfte, wird irgendwann wieder auf dieses Hobby zurückkommen und auch dabei bleiben, meist für ein Leben lang.

> Bernd Schmid

Wie kein Zweiter hat Bernd Schmid unzählige Modellbahn-Freunde beeinflusst. Und das im positiven Sinn. Um seine Einstellung zu zeigen, erlauben wir uns, aus dem vergriffenen Buch „Märklinbahn mit Pfiff" zu zitieren:

„Es gibt da eine kleine Anekdote, die besagt, daß nur der ein echter Modellbahner sei, der täglich um 4 Uhr früh aufsteht, um seinen Arbeiterzug abfahren zu lassen. Genau so soll es nicht sein. Schließlich soll unser gemeinsames Hobby entspannen, soll Spaß machen und niemals Last sein. Darin liegt der Sinn. (...) Plötzlich, aus irgendeinem Grund, kommt eine neue Anregung und schon ist man wieder mitten drin im Planen, Bauen oder Spielen. Ganz bewußt sagen wir Spielen. (...) Zuviel Ernst, belastende Akribie, ja Fanatismus haben nichts mit Hobby zu tun. Es gibt solche Leute, aber uns scheint, sie haben den Sinn eines Hobbys nicht erfaßt."

Die große Welt der Modellbahn

Schöne Anlagen gibt es viele in privaten und öffentlichen Räumen. Geschaffen von Menschen, die ihre Freude damit haben wollen, dem Spielen auf der Spur sind, nichts anderem. Anlagen von verschiedener Größe und Machart. Sie alle haben eines gemein: Sie erfüllen den Besitzer mit Stolz und verdienen unseren Respekt. Ganz gleich, ob sie einfach oder perfekt gemacht sind.

Professionelle Schauanlagen finden sich an vielen Orten. Ob in Hamburg, Merklingen, Schlüchtern oder Faak am See, sie alle können den Menschen, die vor ihnen stehen, ein Lächeln auf die Gesichter zaubern und sie für einen Moment aus der Realität in die wunderbare Welt der Fantasie eintauchen lassen.

Schon bald wurde sein Name und sein Werk wegweisend: Bernd Schmid. Er, der gelernte Kameramann, hatte einen Blick für die Landschaftsgestaltung wie kaum ein anderer. Seine vielen, vielen kleinen Szenen auf den Anlagen erzählten Geschichten und zogen den Betrachter in ihren Bann. Was wäre das „Märklin Magazin" in den 1970er

Rechts: *Bernd Schmid schuf in den 1970er Jahren Anlagen wie kein anderer. Als einer der ersten erkannte er den Nutzen der flexiblen K-Gleise, die erstmals 1979 angeboten wurden, und baute überaus elegante Paradestrecken auf seinen Anlagen. In der Hauszeitschrift „Märklin Magazin" fesselte er die Leser in jeder Ausgabe aufs Neue.*

Rechte Seite oben: *Von Bernhard Stein stammt diese H0-Anlage. Auch er hat sehr gern mit K-Gleisen gearbeitet.*

Rechte Seite unten: *Der hauseigene Anlagenbau schuf viele Exponate für Messen und Ausstellungen.*

Bayer
Railion

Nach wie vor ist die Anlage „Wachau" mit dem Ort Dürnstein eine der schönsten Anlagen, die Josef Brandl geschaffen hat. Vor allem die einzigartige Landschaft mit dem Dorf und den markanten Bauten sind bestens gelungen. Aber auch der Fahrbetrieb auf der mit dem Märklin-K-Gleis gebauten Großanlage kann sich sehen lassen.

Ausschnitt aus dem Teilstück Deutschland der einmaligen Anlage in der Hamburger Speicherstadt. Zahlreiche Details laden den interessierten Betrachter ein, genau hinzuschauen. Man sollte sich Zeit lassen und einen ganzen Tag im Miniatur-Wunderland verbringen.

Jahren ohne ihn gewesen? Anfang der 1990er Jahre hatte ich das große Glück, diesen sanftmütigen und verständigen Menschen persönlich kennen zu lernen. Und natürlich auch seine legendäre Märklin-Anlage. Im Keller seines Hauses fand sich ein Raum, der wie bei vielen Modellbahnern bis in den letzten Winkel verbaut war. So blieb nur wenig Raum für die anstehenden Fotoarbeiten. Sein Stil, Bahn und Landschaft zu einer perfekten Harmonie werden zu lassen, prägte eine ganze Generation von Modellbauern. Ja, bis heute sind seine Ideen lebendig, nur die „Zutaten", sprich das Material, ist um ein vielfaches besser und schöner geworden. Er zählte auch in Deutschland zu den Ersten, die ihr Werk einer breiten Öffentlichkeit auf sehr professionellem Niveau kundtaten. Dabei baute, fotografierte und textete er stets selbst.

Ein anderer, der gerade im Vermarkten seiner Philosophie als unschlagbar galt, war Bernhard Stein. Es gab Jahre, da fanden sich auf der Nürnberger Spielwarenmesse mehrere seiner Anlagen und Schaustücke. Märklin, Faller, Heki und andere waren seine zufriedenen Kunden. Auch wohlhabende Privatleute, die es sich leisten konnten, ihn zu engagieren, zählten zu seinem Kundenstamm. Er war Gast im legendären Beruferaten des Bayerischen Fernsehens, dort dauerte es immerhin eine ganze Weile, bis das Team um Robert Lembke seinen Beruf erfragt hatte. Im Vergleich zu Bernd Schmid waren seine Arbeiten etwas nüchterner, es fehlten die vielen charmanten Dinge am Rande. Unerreicht war seine Kunst jedoch, wenn es darum ging, Gewässer zu modellieren, da zeigte sich seine Meisterschaft. Ebenso verstand er es, ein schlüssiges Konzept für den Bau einer Anlage, gleich welcher Größe, zu entwickeln, nachzulesen in vielen seiner Publikationen. Er prägte auch das Erscheinungsbild der Märklin-Anlagen, denn er schulte das Göppinger Team im dortigen Anlagenbau.

Vom Schüler zum Meister: Josef Brandl

Zunächst waren es die Einflüsse von Bernhard Stein, die Josef Brandl prägten, der sein Geld mit einer Gärtnerei verdiente. Seine solide handwerkliche Ausbildung verband er mit einer ganz anderen Art von Landschaftsgestaltung. Während sich Stein oft mit schlichten Szenen begnügte, widmete Brandl sich einem überaus genauen Studium der Natur. Seine Anlagen bestechen durch die Verwendung hochwertigster Materialien und einen hohen handwerklichen Standard. Vornehmlich nicht ganz unvermögende Privatleute lassen sich heute „ihren Brandl" fertigen. In Zusammenarbeit mit seiner Tochter Gabriele, die das Fotografieren übernommen hat, publiziert er sein Werk in zahlreichen Zeitschriften und Büchern. Nach wie

vor herausragend ist seine Anlage „Wachau", die er für einen wohlhabenden Wiener Geschäftsmann schuf.

Das Wunderland in der Speicherstadt

Vielen Menschen unbekannt, aber ein Genie in Sachen Konzeption, das ist Gerhard Dauscher. Er begann seine berufliche Laufbahn bei der Firma Arnold und erlernte den Beruf eines Werkzeugmachers. Mehr aus Zufall landete er aber dann kurzfristig auch in der hauseigenen Anlagenwerkstätte. Dort gefiel es ihm und er entdeckte sein eigentliches Talent. Bald schon waren seine Anlagen gefragt und bereicherten die Spielwarenmesse in Nürnberg. In einem Jahr standen sogar mehrere seiner Werke auf den Ständen der Hersteller und lockten die Fachbesucher und Medienleute an. So kam es dann, wie es kommen musste: Freddy Braun, ein Hamburger Unternehmer, wurde auf Dauscher aufmerksam, als er einen Macher für seine Ideen suchte. Braun hatte beschlossen, die Welt der kleinen Eisenbahn auf eine neue, faszinierende Art und Weise den Menschen zu zeigen. Ganz nebenbei wollte er einen Jugendtraum verwirklichen. Gerhard Dauscher war damals allerdings zu beschäftigt, sodass eine Zusammenarbeit zunächst in weiter Ferne schien. Dass es anders kam, haben inzwischen über sechs Millionen Besucher im Hamburger

> Gerhard Dauscher

Nicht vielen ist es vergönnt, in derart verschwenderischer Art und Weise einen zur Verfügung stehenden Raum mit Modellbahn zu füllen, wie dem 1966 geborenen Gerhard Dauscher (rechts im Bild: Hagen v. Ortloff). Mittlerweile lebt der gebürtige Oberpfälzer in Hamburg und wünscht sich, dass das, was er nachbaut, die Natur, noch lange erhalten bleibt. Sein Lieblingsabschnitt ist der Amerika-Teil.

Links: *Ein kleiner Ausschnitt aus dem gigantischen Abschnitt „Schweiz" im Hamburger Miniatur-Wunderland. Es macht Spaß, die langen Güterzüge bei der Fahrt durch die Alpen zu beobachten. Eben rollt der „Hangartner" über eine gewaltige Brücke.*
Unten: *Auch der Landschaftsbau im Bereich „Amerika" ist beeindruckend. Eine PA schleppt einen gemischten Güterzug durch die zerklüftete Bergwelt Nordamerikas.*

Miniatur-Wunderland erleben dürfen. Es ist einzigartig, was dort im Laufe der Jahre geschaffen wurde. Am Anfang der Idee hatte folgende Begebenheit gestanden: Die beiden Brüder Freddy und Gerit Braun weilten einst für einige Tage in der Schweizer Metropole Zürich. Sie schlenderten durch die Innenstadt – und wurden eines Modellbahnladens angesichtig. Dessen schön gestaltete Auslage war einige Blicke wert. Erinnerungen wurden wach an den Traum aus Kindheitstagen – und nun ließ die Idee nicht mehr lange auf sich warten. Eine H0-Schauanlage sollte entstehen, mitten in der Hamburger Speicherstadt. Und wenn schon, dann sollte es auch keine „normale“, sondern eine riesige Modellbahn-Wunderwelt werden, mit möglichst allen landschaftlichen Höhepunkten aus deutschen Landen. Von der Küste bis zu den Alpen. Das war im Juli 2000. Heute ist dieser Traum längst Realität geworden. Neben Deutschland geht es in den hohen Norden nach Skandinavien und über den großen Teich nach Amerika. Atemberaubend die Schweiz mit ihren gigantischen Bergen. Und man ist noch lange nicht fertig: Am Flughafen wird gebaut und der Blick geht auch schon in den Süden, nach Italien und Frankreich …

Da wir immer wieder zu Dreh- und Fotoarbeiten in der Hansestadt weilen durften, entstanden viele Einstellungen der Märklin-Neuheitenfilme mit der einzigartigen Anlage als Kulisse. Oftmals hatten wir das Miniatur-Wunderland für uns allein. Es war ein unglaublicher Genuss, aus dem winterlichen Skandinavien langsam über Norddeutschland und Österreich in die monumentalen Schweizer Alpen zu „reisen“. Vor allem der Blick von der Aussichtsgalerie auf die zerklüftete Bergwelt ist einzigartig.

Doch nicht nur in Hamburg war Dauscher tätig. Die erst im Jahr 2009 erweiterte Anlage in Bad Driburg mit dem Bw Ottbergen als Mittelpunkt ist auch sein Werk, wenngleich er nicht jeden Baum oder jedes Gleis verlegt hat. Er zeichnet für die Ausführung und das Gesamtwerk verantwortlich. Auch diese Anlage sollte jeder Modellbahner einmal Detail für Detail genüsslich betrachtet haben.

Eine Modellbahn im Museum

Kennen Sie Schlüchtern? Da fährt man auf dem Weg nach Frankfurt rasch mit dem ICE hindurch. Wer aber etwas Zeit hat, der sollte sich ins dortige „Bergwinkelmuseum“ begeben. Hier wird nicht nur die Heimatkunde im klassischen Stil gepflegt. Eine große Modellbahn zeigt die Bedeutung der Linien rund um Schlüchtern auf. Annähernd maßstäblich gebaut beeindruckt die Schauanlage durch ihre feinfühlig inszenierte Naturdarstellung. Tausende Bäume geben das Landschaftsbild rund um den Distelrasen-Tunnel wieder. Der Zugbetrieb auf dem vorbildgetreu eingeschotterten Märklin-K-Gleis ist realistisch und unterhaltsam zugleich. Ein PC überwacht den Lauf der langen Züge. Das Szenario spielt zwischen 1985 und 1990. Heute sind mehr denn je Modell- und Anlagenbauer tätig.

Oben: *Nach Motiven der Rhein-Strecken ist diese H0-Anlage gestaltet. Felsen und Weinberge prägen das Landschaftsbild. Eine 151 zieht einen Güterzug. Lok und Wagen wurden betriebsgerecht dezent gealtert.*

Linke Seite unten: *Eine 194 schleppt einen langen Güterzug durch den Bahnhof Schlüchtern. Die große Anlage kann im Heimatmuseum Schlüchtern besichtigt werden.*

Links: *Reichlich Betrieb herrscht auf der Schlüchterner Schauanlage, die in der Epoche IV angesiedelt ist.*

Oben: *Wer den notwendigen Raum zur Verfügung hat, kann auch städtische Siedlungen errichten. Ein sakrales Bauwerk macht sich dabei immer gut. Und: Den Abschluss bildet eine stimmige Hintergrundkulisse.*

Unten: *Ein weiterer Ausschnitt aus der Rhein-Anlage. Der kleine Badesee am Anlagenrand lockert die Szenerie auf.*

Seite 220/221: *Ein ICE 3, unterwegs auf der Rhein-Anlage.*

Manche auf einem sehr hohen Niveau, welches sie bedingt durch ihre Berufsausbildung erreichen können. Es ist freilich nicht jedermanns Sache, mit dem Stichel in der Hand die einzelnen Steine einer gemauerten Brücke zu gravieren. Das muss ja auch nicht sein. Folgende Eigenschaften sollte aber jeder Modellbahner stets mitbringen: ein reichlich Maß an Geduld und die Freude am Kompromiss. Denn oftmals drohen die räumlichen Gegebenheiten, den Drang nach dem perfekten Abbild von Bahn und Landschaft im Keim zu ersticken. Doch der Fahrbetrieb sollte nie ganz entfallen. Und ohne den zahlreichen Sammlern kostbarer Modelle nahe zu treten, mit Verlaub, die schönen Stücke sollten regelmäßig Auslauf erhalten. Schon eine einfache Gleisanlage macht den Sammler eigentlich schon zum Modellbahner.

Fahren wie beim Vorbild

Wir haben uns einen möglichst realistischen Fahrbetrieb auf die Fahnen geschrieben. Die Zugbildung sollte dem Vorbild möglichst nahe kommen. Wagen und Lokomotiven werden dezent gealtert und mit wenigen Teilen noch authentischer gemacht. Eine zugerüstete Pufferbohle bringt hier schon viel. Auch darf ein Lokführer im meist eingerichteten Führerstand Platz nehmen. Im Laufe der Jahre sind viele Schaustücke und auch ganze Anlagen entstanden. Eine davon, etwa die große Rhein-Anlage, wird im fertigen Zustand rund 12 m lang sein, über eine Mittel-

> Großes Dampflok-Bw

Zu den beliebtesten Anlagenmotiven zählt nach wie vor ein Dampflok-Bahnbetriebswerk. Hier kann der stolze Besitzer seine kostbaren Modelle präsentieren. Auch wer keine Anlage hat, kann dann immerhin ein wenig mit seinen feinen Sammlerstücken spielen.

DB Cargo

FERCAM
FERCAM
SIEMENS
dispolok
1116 902-6

Rechts: *Im Saarländischen Merchweiler betreibt Bernhard Birringer ein Modellbahn-Center. Im selben Gebäude präsentiert er den Kunden gern seine große H0-Anlage, die er mit dem klassischen Märklin-Digitalsystem steuert.*

Unten: *Beschauliche Nebenbahnidylle anno 1970. Eine V 100 hat einige mit Rüben beladene Wagen am Haken und rollt eben über einen Bahnübergang.*

Rechte Seite oben: *Kleiner Endbahnhof einer C-Gleisanlage. Hier findet auch noch Güterverkehr statt. Eine in ÖBB-Diensten stehende V 100 rangiert ihre Wagen zum örtlichen Landhandel. Wie sähe die Anlage ohne Kulisse aus?*

kulisse verfügen und mit zahlreichen Motiven der beiden herrlichen Rhein-Strecken garniert sein. Beim Streckenbau kommt ausschließlich das K-Flexgleis zum Einsatz, während alle Weichen, es sind durchweg die schlanken, dem C-Gleis-Sortiment entstammen. Selbst im Schattenbahnhof findet sich ausschließlich neues Gleismaterial. An dieser Stelle sei ausdrücklich der in manchen Publikationen gegebene Hinweis, man könne altes Material noch gut im verdeckten Anlagenbereich verwenden, in Abrede gestellt. Allzu oft gibt es Ärger im Betriebsablauf. Und wir werden ja nicht jünger: Wenn Störungen auftreten, muss man mühsam in den Untergrund krabbeln. Also: gutes Material in den Schattenbahnhof!

Aber nicht nur die großen Anlagen haben ihren Reiz. Auch auf wenigen Quadratmetern kann man sich so richtig ins Zeug legen. Eine kleine Nebenbahn-Station oder ein Endbahnhof bringt ebenfalls viel Fahrspaß. Und das Spielen beginnt ja schon mit der Planung. Die oft jahrelange Bauzeit ist abwechslungsreich. Wir werden vom Schreiner zum Gärtner und Maler, dann zum Elektriker und schließlich zum Fahrdienstleiter. Welches Hobby bietet eine solche Abwechslung? Hinzu kommen die Vorzüge der digitalen Steuerung. Kaum einer will mehr auf sie verzichten. Mit der Central Station 2 ist Märklin zuletzt ein großer Wurf gelungen. Gerade kleine und mittlere Anlagen lassen sich mit diesem Gerät hervorragend steuern. Und wenn alles in gelassener Harmonie funktioniert, dann ruht unser Auge mit Wohlgefallen auf der kleinen perfekten Modellbahnwelt.

ICE
1
DB

Rund um Märklin: Events und Clubs

Aktionen rund um die Marke Märklin. Von Dietmar Kötzle

Mitte: *Als das Zeitalter der DB-Werbeloks begann, war die Erste dieser Art eine von Märklin gesponserte und als „Weihnachtslok" gestaltete Maschine der Baureihe 120.*

Unten: *Die Märklin-Insider konnten sich mehrmals an der Bayerischen S 3/6 des Nördlinger Eisenbahnmuseums erfreuen, so auch bei der Sonderfahrt nach Füssen zum Besuch des Musicals „Ludwig II. – Sehnsucht nach dem Paradies."*

Gleich ein Superlativ zu Beginn: Die kleinste Serienmodelleisenbahn der Welt, die Märklin-Mini-Club, konnte 1972 an einem strahlenden Wintertag auf der Spielwarenmesse in Nürnberg der Öffentlichkeit präsentiert werden. In der Spurweite Z ist sie bis heute erfolgreich im Märklin-Portfolio enthalten. Allein diese Kleinste von Märklin hat viele Rekorde und Höchstleistungen vollbracht. Das Serienmodell der Baureihe 89 war beispielsweise die allererste Modelleisenbahn-Lok im Weltall. Der amerikanische Astronaut Donald A. Thomas, nahm das Mini-Club-Modell (Artikel-Nummer 8805) mit in die Raumfähre Columbia und umkreiste mit ihm 236-mal die Erde.

Etwas Besonderes in Z geschah auch 1993 anlässlich der vierten Leichtathletik-Weltmeisterschaft. In Stuttgart verewigten sich fast alle Weltmeister jeweils mit einem goldfarbenen Lackstift auf dem Dach eines Z-Sonderwagens mit der Aufschrift „Leichtathletik-WM". Dieser Wagen wurde, in eine Vitrine integriert, zur Versteigerung angeboten. Anlässlich der ARD-Sportgala im Dezember 1993 zugunsten der Deutschen Sporthilfe konnte aus dem Versteigerungserlös der Vitrine und dem Verkauf von Sonderwagen ein Spendenscheck in Höhe von 50.000 DM (rund 25.000 Euro) übergeben werden.

Große und kleine Loks in Märklin-Diensten

Die 1996 durchgeführte Märklin-Insider-Tour „Mit Volldampf durch Deutschland" dürfte allen Teilnehmern als außergewöhnliche und spektakuläre Veranstaltung auf immer in Erinnerung sein. In zwölf erlebnisreichen Tagen und Etappen ging es quer durch Deutschland mit einem kurzen Abstecher nach Luxemburg. Gezogen von der S 3/6, teilweise in Doppeltraktion mit der Baureihe 01 des Bayerischen Eisenbahn-Museums Nördlingen, boten die historischen Wagen Eisenbahnatmosphäre pur.

Mit der von Märklin gesponserten Baureihe 101 „Starlight-Express" als Zuglok ging eine Fahrt auch nach Bochum, um das gleichnamige Musical zu besuchen. Die Nördlinger S 3/6 war für Märklin immer wieder im Einsatz. So zog sie in den königsblauen Farben des bayerischen Märchenkönigs einen Sonderzug nach Füssen zum Besuch des Musicals „Ludwig II. –Sehnsucht nach dem Paradies". Geradezu ein Quantensprung in der Disziplin „Ziehen von rollendem Material aus dem Vorbildbetrieb" gelang dem Team des belgischen Insider-Clubs. Die Modellbahner ließen 40 Spur-1-Serienloks aus Maxi-Startpackungen eine 108 t schwere Diesellokomotive der SNCB-Serie 1602 sagenhafte 12,5 m weit ziehen.

Zum Titel „schnellste Modell-Lokomotive der Welt" brachte es ein Prototyp aus der Lehrwerkstatt der Firma Allgaier. Anlässlich eines High-Speed-Wettbewerbes während der Göppinger Märklin-Tage erreichte ihre „ASP 3" die fabelhafte Geschwindigkeit von 156,4 km/h. So schnell war noch kein Spur-1-Modell zuvor.

Dass auch Märklin-H0-Loks unbändige Kräfte entwickeln können, bewiesen 200 Modelle der Baureihe 143. Sie schafften es, einen 47 t schweren IC-Wagen der DB 10 m weit zu schleppen. Diese Glanzleistung, die vom 1. Märklin Modellbahnteam e. V. organisiert und gemanagt worden war, wurde auch in der Fernsehsendung „Kopfball" des WDR dokumentiert.

Märklin sponsert erste DB-Werbelok

Auch die teuerste Serienlokomotive der Welt entsprang dem Hause Märklin. Das so genannte „Platin-Krokodil" mit der Artikel-Nummer 32000 wurde zum „Millennium" angeboten und in kleinen Stückzahlen realisiert. An ihm erprobten die Märklin-Ingenieure neue Werkstoffe und Verfahren beim Bau von Modellbahnlokomotiven. Aufbau, Vorbauten und Pufferbohle der Lok wurden aus reinem Platin gegossen. Als weitere Werkstoffe kamen Titan, Ruthenium und Keramik zum Einsatz. Als Rangierlichter erstrahlten zwei Rubine. Und der Preis? Ja, der lag tagesabhängig von der Platinnotierung bei etwa 60.000 DM.

Als das Zeitalter der DB-Werbeloks begann, war die Erste dieser Art eine von Märklin gesponserte und als „Weihnachtslokomotive" gestaltete Maschine der Baureihe 120. Das Original auf dem Streckennetz der DB und die Modelle auf den Modellbahngleisen ließen mit ihrem barocken Motiv an jedem Tag Weihnachtsstimmung aufkommen. Alle Märklin-Highlights aus den vergangenen Jahrzehnten aufzulisten, würde den Rahmen dieses Buches sprengen. Doch allein die Tatsache, dass ein Unternehmen sein 150-jähriges Jubiläum feiern konnte, ist schon so außergewöhnlich, dass man es als wichtigstes Ereignis in die Rubrik „Höchstleistungen" einreihen sollte. Viele tausend Märklin-Beschäftigte und Millionen von Märklin-Fans in aller Welt haben dazu im Lauf von über 150 Jahren gemeinsam ihren Beitrag geleistet.

Oben: *Die 101 001 warb mit einem spektakulär anzusehenden Werbemotiv für das in Bochum aufgeführte Musical „Starlight-Express". Sie stand auch als Zuglok für eine Insider-Reise zu dem Musical im Dienst. Dabei konnte sie vor Abfahrt des Zuges im Stuttgarter Hauptbahnhof abgelichtet werden.*

Die Märklin-Kundenclubs

Im November 1992 stellte Märklin auf der 10. Internationalen Modellbahn-Ausstellung in Köln der Modellbahnwelt erstmals seinen Insider-Club vor. Schon erste Reaktionen auf dem Messestand zeigten damals, dass man mit dem Angebot richtig lag. Der überwiegende Teil der Besucher begrüßte diese längst überfällige Schaffung eines Clubs, der den „Märklinisten" bei ihrem Hobby mit Rat und Tat hilfreich zur Seite stehen sollte.

Seinen Ursprung hatte der Gedanke eines Kundenclubs in den USA genommen. Märklin initiierte im Land der unbegrenzten Möglichkeiten 1991 erstmals einen Kundenclub unter dem Namen „TELEX". Dieser versorgte zunächst nur die Fangemeinde in den USA und in Kanada mit Informationen. Weitere Mitglieder für den TELEX-Club konnten dann im Jahre 1992 in den Benelux-Ländern hinzugewonnen werden. Im Kernland Deutschland und im übrigen Europa verlief die Entwicklung über einen Zwischenschritt: 1992 ging zunächst der Kinder- und Jugendclub „1. FC Märklin" an den Start und wurde damit zum ersten Gesamt-Märklin-Club weltweit. Zug um Zug, um in der „Fachsprache" zu bleiben, verbreitete sich dann ab der offiziellen Premiere 1993 der Insider-Club sehr schnell in Deutschland, in der Schweiz, in Österreich und weiter in alle Welt. Nach der Übernahme von Trix im Jahr 1996 durch

Märklin, übertrug man das Erfolgsrezept des Insiders im Jahr 2000 auf den Trix Profi-Club. Im Jubiläumsjahr 2009 kam auch der LGB-Club, der gleichnamige Spur-1-Hersteller war ebenfalls von Märklin übernommen worden, zu den Märklin-Clubs hinzu und bildet heute den vierten Eckpfeiler der direkten Kundenansprache für alle Märklin-Marken und -Spurweiten.

Der Märklin-Insider-Club

Der „Märklin-Insider“ ist nach wie vor der bedeutendste und größte Kundenclub bei Märklin. Während seines fast 17-jährigen Bestehens hat er sich ständig gewandelt und weiter entwickelt.

Für einen Jahresbeitrag von aktuell 75,90 € erhalten die Mitglieder derzeit ein umfangreiches Leistungspaket:

- 6 x pro Jahr eine Clubzeitschrift
- 6 x pro Jahr das Märklin Magazin
- Einen Jahreswagen wahlweise in H0 oder Z
- Eine DVD mit einem Rückblick auf das vergangene Märklin-Jahr
- Das Anrecht auf den Erwerb von mindestens einem exklusiven Clubmodell pro Jahr
- Ein kostenloses Jahrbuch (Katalog)
- Einen Clubausweis
- Ermäßigungen bei Märklin-Reisen

und noch einiges mehr.

Von Beginn an bestand eine enge Verbindung der Clubs zur Märklin-Händler-Initiative (MHI). Alle Produkte, die als exklusive Club-Produkte bisher angeboten wurden, entstanden in Zusammenarbeit mit der MHI und wurden über die Fachgeschäfte dieser Händlergemeinschaft auch abgewickelt. Einer der ersten Beiträge in den Insider-Club-News befasste sich deshalb folgerichtig mit dieser 1990 entstandenen Mittelstandsinitiative leistungsstarker Märklin-Fachhändler. Die erste Ausgabe der Club-News war übrigens nur zweifarbig gedruckt und bestand aus acht ungehefteten Seiten. Ab der Ausgabe 4/1993 druckte man dann bereits vierfarbig. Seit der letzten Ausgabe des Jahres 1993 sind die Informationen für die Clubmitglieder geheftet, der Umfang beträgt heute rund 24 bis 32 Seiten.

Die ersten Insider-Produkte

Eine der wichtigsten Clubleistungen besteht für viele Mitglieder im Kaufrecht für exklusive Clubmodelle. Schon in einer der ersten Ausgaben der Club-News konnte das erste Insider-Produkt angekündigt und mit der Ausgabe 3/1993 dann auch angeboten werden. Interessanterweise war es kein H0-Produkt, wie rückblickend oft vermutet wird. Es waren vielmehr die Spur-1-Freunde, die als Erste die Gelegenheit erhielten, ein exklusives Produkt nur für Mitglieder zu bestellen: das Modell eines gedeckten Güterwagens mit Bremserhaus und der Aufschrift „4711 Echt Kölnisch Wasser“.

Die Reihe der Insider-Jahreswagen begann 1993 mit dem Modell eines Fasswagens mit der Aufschrift „Einbeker Urbock“ in H0 und dem eines „Säuglings-Fürsorgewagens der Stadt Berlin“ in der Spur Z. Das Vorbild des Letzteren diente 1909 der „Säuglings-Fürsorge Berlin“ zum Transport von frischer Milch. Diese wurde auf dem städtischen Gut Albertshof unter für damalige Zeiten besonders hygienischen Gesichtspunkten erzeugt und in der Großstadt an bedürftige Mütter verteilt. Die beiden Jahreswagen von 1993 gehören zu den meist gesuchten, bislang erschienenen Insider-Modellen.

In der ersten Club-News-Ausgabe des Jahres 1994 wurden dann endlich die H0-Freunde angesprochen. Nun konnten sie sich auf ihr Exklusiv-Modell freuen: eine Amtrak-Elektrolok mit der Bezeichnung X995. Dieses erste H0-Insider-Modell war als kleines Äquivalent für diejenigen Amtrak-Fans gedacht, die beim Erwerb des Amtrak-ICE-Modells leer ausgegangen waren. Das erste „besondere Insider-Produkt“ für den Mini-Club-Freund erschien kurz danach in Form eines Mo-

Unten links: *Isabele Hecker (Moderatorin der Sendung „Kopfball“) und Ulrich Grünewald (Redakteur der Sendung „w.wie wissen“) mit Modellen der 143.*

Unten Mitte: *Filmteams hielten das Experiment mit den H0-143ern fest.*

Unten rechts: *Eine der schönsten Insider-Reisen führte im Mittsommer 2007 nach Schweden und Norwegen.*

dells der 110 155. Das Vorbild dieser Schnellzug-E-Lok entstand bei Krauss-Maffei. Es war komplett in Blau gehalten und besaß als zusätzliche Besonderheit ein rot hinterlegtes, weißes DB-Zeichen.

Die Highlights unter den Insider-Modellen

Im Laufe der vergangenen Jahre wurden in Zusammenarbeit mit der MHI jeweils besondere Loks als Vorbilder für die exklusiven Insider-Modelle ausgewählt. Letztere fanden immer eine besondere Beachtung. Einige Modell-Highlights wollen wir an dieser Stelle kurz erwähnen.

Als H0-Replik gab es für Club-Mitglieder exklusiv die Traditionsversion der Lokomotive 3015 „Krokodil" in einer einmaligen braunen Serie mit der Artikel-Nummer 30159. Die Teile für das oftmals scherzhaft als „Märklin-Wappentier" bezeichnete Fahrzeug entstanden in optimierter Zinkdruckguss-Technologie aus den alten Formen. Alle relevanten Gussteile sind so gekennzeichnet, dass Fälschungsversuche in Richtung des alten Krokodils CCS800/3015 ausgeschlossen sind.

Eines der bei Mitgliedern beliebtesten Modelle war das der Baureihe 10 (Artikel-Nummer 34080/37080). Für viele Kenner galt die Baureihe 10 als Vollendung der Dampflokomotive schlechthin. Diese Faszination spiegelte sich auch im Modell wieder. In der Digitalausführung gab sie erstmalig, dank einem Kontaktgeber an den Treibrädern, das Dampflokfahrgeräusch sogar umdrehungssynchron wieder. Mit dieser Funktion wurde das H0-Modell – wie schon sein großes Vorbild – zum optischen und akustischen Genuss.

Im Jahre 1999 erfolgte bei Märklin die Einführung des C-Sinus-Motors. Mit dem Insider-Modell des Sinus-ICE (39710) erhielten Mitglieder die Möglichkeit, diese Technik zum ersten Mal in einem Feldversuch zu bewerten. Die über einen Fragebogen an Märklin zurückgemeldeten Testergebnisse flossen in die Entwicklung dieser neuen Antriebstechnologie für Modelleisenbahnen ein. Ein gutes Beispiel für den gegenseitigen Austausch zwischen engagierten Modellbahnern und Märklin. Dann kam der Big Boy, ein H0-Riese mit 1,4 kg Gewicht und einer Länge von 46,5 cm Länge. Der Name war Programm. Das Modell der gleichnamigen US-Dampflok war die größte jemals von Märklin in H0 gebaute Lokomotive. Mit zwei Decodern und vielen digitalen Funktionen setzte der Schienengigant auch einen technischen Meilenstein. Allein die Werkzeugkosten dieses Modells beliefen sich seinerzeit auf über vier Millionen DM (rund zwei Millionen Euro).

Auch im Insider-H0-Modell der Baureihe 103 (Artikel-Nummer 39579) kam eine Weltneuheit von Märklin zum Ersteinsatz: der Piezo-Antrieb. Mit ihm ließen sich die Stromabnehmer eines Modells erstmals vorbildgetreu heben oder senken.

Im Jahr 2006, als in Deutschland die Fußballweltmeisterschaft ausgetragen wurde, erschien das Insider-Modell des VT 08, des „Weltmeisterzuges". Sein Vorbild hatte 1954 die „Helden von Bern" im – oder man kann auch sagen – als Triumpfzug nach Hause gebracht. Mit demselben Triebzug – er war von Märklin dafür gechartert worden – begaben sich 2006 auch Insider-Mitglieder auf Tournee.

Und mit der Baureihe 39 erschien im Jubiläumsjahr 2009 noch eine weitere Loklegende als Insider-Modell. Die vierfach gekuppelte Maschine galt als die stärkste Personenzuglok der Länderbahnen. Die Produktion in Göppingen wurde auf Hochtouren gefahren, um allen Interessenten im Jubiläumsjahr ihr Modell bieten zu können.

Herausragende Z-Modelle

Natürlich gab es auch für die Freunde der Spur Z viele interessante Produkte. 1999 konnten die Mitglieder das Modell einer Dampflok der Baureihe 52 (Artikel-Nummer 88835) bestellen, deren Kondenstender mit maßstäblichen, vorbildgerechten Lüfter-Rotoren ausgerüstet war.

Unten links: *Auch die malerische Hafenstadt Dubrovnik wurde 2008 im Rahmen einer Insider-Reise besucht.*

Unten rechts: *Replik des legendären Krokodils in H0 als Wiederauflage des Modells mit der Nummer CCS 800, das von 1947 bis 1975/76 zum Märklin-Sortiment gehörte. Im Gegensatz zum grünen Original erhielt die 1996 nur für Insider in einmaliger Serie angebotene Replik eine braune Farbgebung.*

Als komplette Neukonstruktion erschien das Modell der dieselpneumatischen Druckluftlok V 3201. Die recht eigentümliche Konstruktion des Vorbilds wurde durch das Epoche-II-Modell exakt wiedergegeben. Ein weiteres Highlight war die Zugpackung „Dampfschneeschleuder". Das Modell besaß eine detaillierte Nachbildung des Schleudervorbaus, bewegliche Seitenflügel und ein von einem separaten Motor angetriebenes Schleuderrad. Als eines der beliebtesten Insider-Modelle in Z erwies sich der SVT 04. Das Vorbild dieses legendären Triebzugs wurde den Clubmitgliedern als komplette Neuentwicklung mit LED-Beleuchtung und erstmals mit Jakobs-Drehgestellen angeboten. Ebenfalls für Insider neu entwickelt wurde das Modell einer Franco-Crosti-Lok. Viele Z-Freunde hatten diese eigenwillige, innovative Dampflok der Epoche III zu ihrem Wunschmodell erklärt, nachdem ein entsprechendes Fahrzeug bereits für H0 und N erschienen war. Sogar eine Lok, die nie auf einer Regelspur gefahren ist, wurde für die Spur-Z-Enthusiasten verwirklicht: die Baureihe 53. Sie existierte lediglich in Plänen und Skizzen der Firma Borsig und wurde nun durch Märklin zum Leben erweckt.

Service-Themen

Hilfreich für das Modelleisenbahn-Hobby sind Informationen über Seminare, Digital-Infotage oder über die Insider-Stammtische. In den Club-News sorgen regelmäßige Rubriken dafür, dass solche Termine rechtzeitig nachzulesen sind. Von je her finden die Mitglieder stets auch Servicethemen in den Club-News. Überhaupt werden die Clubmitglieder in Sachen Märklin und Märklin-Modelle immer auf dem Laufenden gehalten: mit aktuellen Produktinfos, Berichten zu historischen Märklin-Produkten, Tipps zum Digital-System, Porträts der von Märklin gesponserten Werbeloks, Infos zu Eisenbahn-Museen und speziell zur Märklin-Erlebniswelt in Göppingen, zur Präsentation aktueller Werbemodelle oder Berichten über Messen und Ausstellungen. Bei den großen Modellbahn-Verbrauchermessen sind die persönlichen Gespräche mit den Mitgliedern ebenso willkommen wie beim alle zwei Jahre stattfindenden Modellbahntreff in Göppingen, der zur größten Veranstaltung dieser Art in Europa avanciert ist.

Die Höhepunkte eines Märklin-Modellbahnjahres werden zudem alljährlich von einem Filmteam festgehalten, um auf einer DVD zu erscheinen. Diese stets kurzweilig aufbereitete Filmchronik „Ein Jahr mit Märklin" erhalten Insider-Mitglieder nun schon seit mehr als einem Jahrzehnt. Als tragende Säule im Rahmen der Insider-Mitgliedschaft fungiert insbesondere das Märklin Magazin. Die dort veröffentlichten Beiträge zu Modellbahn- und Vorbildthemen orientieren sich an den praktischen Bedürfnissen der Modellbahnfreunde.

Märklin im Internet

Pünktlich zur 48. Spielwarenmesse in Nürnberg begann bei Märklin am 30. Januar 1997 das Internetzeitalter. Als erster Modelleisenbahnhersteller präsentierte sich das Göppinger Unternehmen nun mit einem deutschsprachigen Angebot im Internet. Dieses Medium ist für Märklin ein wichtiges Kommunikationsinstrument. Von Anfang an gehörte auch ein exklusiver Bereich für die Kundenclubs dazu. Hier können sich nur Mitglieder mit ihren Kennwörtern einloggen.

Der Trix Profi-Club

Seit 2000 gibt es den Trix Profi-Club. Struktur und Inhalte dieses Clubs entsprechen weitgehend dem Märklin-Insider. Inhalte und Leistungen sind allerdings auf die Zielgruppe der Gleichstrombahner fokussiert und an die Marke Trix angepasst. Als Exklusivleistung erhalten Trix-Profi-Clubmitglieder das Trix Magazin. Die Publikationen für den Trix Profi-Club erscheinen nur 4 x jährlich. Zum

Seite 228/229: *Im Jahr 2006, als in Deutschland die Fußballweltmeisterschaft ausgetragen wurde, erschien das Insider-Modell des VT 08, des „Weltmeisterzuges". Sein Vorbild hatte 1954 die „Helden von Bern" nach Hause gebracht. Mit demselben Triebzug – er war von Märklin dafür gechartert worden – begaben sich 2006 auch Insider auf Tournee. Insider konnten zusätzlich auch den Wagen mit der Aufschrift „Fußball-Weltmeister 1954" erwerben. Das hier zu sehende Modell wurde nachträglich gealtert.*

Unten: *Dieses vorzügliche Modell der Baureihe 39 erschien als Insider-Modell des Jahres 2009.*

Leistungsumfang gehört auch der Jahresfilm „Ein Jahr mit Trix", der analog zur Märklin-Jahreschronik auf DVD erscheint.

1. FC Märklin

Seit Ende der 1980er Jahre beschäftigten sich die Verantwortlichen bei Märklin mit der Idee eines Kinderclubs. Ins Leben gerufen wurde er 1992 als Erster der von Göppingen aus geführten Kundenclubs. Er vermittelt die Faszination der Modelleisenbahn bereits im Kindesalter. Zu Beginn war der Kinderclub kostenfrei für alle 4- bis 16-jährigen. Diese erhielten 4 x jährlich ein Kindermagazin. Im Jahre 2004 erkannte man, dass sich die jugendlichen Märklin-Fans wesentlich tiefer mit der Materie Eisenbahn, vorwiegend natürlich Märklin-Modellbahnen, beschäftigen wollten. So wurden die Clubleistungen ausgebaut, ein taschengeldverträglicher Beitrag von 10 Euro eingeführt und die Mitgliedschaft altersunabhängig gemacht.
Die Leistungen umfassen derzeit:

- 6 x jährlich ein Clubmagazin mit Bastelbogen
- Website mit geschütztem Mitgliederbereich
- Kostenloses Jahrbuch in Spurweite H0
- Anrecht auf den Kauf des exklusiven Clubwagens
- Clubkarte mit Ermäßigungen bei verschiedenen Kooperationspartnern.

LGB-Club

Jüngstes Kind der Kundenclub-Familie ist der LGB-Club. Gegründet 2006 wird er seit 2009 direkt von Göppingen aus betreut. Hier werden alle Gartenbahner und Freunde der Marke LGB mit vielerlei Informationen zum Hobby versorgt. Kernstück des LGB-Clubs ist die LGB-Depesche. Sie erscheint seit Anfang 2005. Ein internationales Team mit Redakteuren aus Deutschland, Österreich, der Schweiz und Nordamerika sorgt dafür, dass die LGB-Freunde eine informative und zugleich unterhaltsame Zeitschrift erhalten – mit

Links: *Titelbild der Ausgabe 3/2009 des Trix Magazins.*

brandaktuellen Informationen rund um die LGB. Aber natürlich kommen auch Tipps und Tricks, LGB-Anlagenvorstellungen und Berichte von den Vorbildern der Modelle nicht zu kurz. Abgerundet wird das viermal jährlich erscheinende Magazin durch die Vorstellung aktueller Neuheiten und durch Beiträge von und über LGB-Freunde.
Die Leistungen des LGB-Clubs umfassen derzeit:

- 4 x pro Jahr eine Clubzeitschrift
- 4 x pro Jahr die LGB-Depesche
- Das Anrecht auf den Erwerb von mindestens einem exklusiven Clubmodell pro Jahr
- Ein kostenloses Jahrbuch (Katalog)
- Einen Clubausweis und noch einiges mehr.

Märklin-Kundenclubs gibt es mittlerweile in vier, bzw. den LGB-Club in zwei Sprachen. Die Betreuung und Steuerung aller Clubs erfolgt seit 2005 zentral von Göppingen aus. Weltweit werden einheitliche Leistungen geboten und das in rund 70 Ländern und über alle Kontinente. Dabei beinhalten die Clubs weit mehr als nur Informationen oder das Angebot von Exklusivmodellen in limitierten Stückzahlen. Die Clubidee reicht tiefer. Es geht um den Austausch von Meinungen und um gegenseitige Anregungen. Die Urteile und Erfahrungen der Mitglieder sind Märklin wichtig.

Unten rechts: *Insider-Modelle des Jahres 2007. In der Spur 1 erschien die DRG-Baureihe 96, in der Baugröße H0 die 05 003; für die N-Bahner wurde eine S 3/6 im blauen Farbkleid offeriert, und die Spur-Z-Freunde konnten sich über die Baureihe 53 freuen.*

Unten links: *DVD-Cover der Jahreschronik „Ein Jahr mit Märklin 2008".*

04
Aug./Sept. 2009
Tipp: Jubiläumsanlage mit vielen Extras
€ 5,00
Österreich € 5,30 Schweiz CHF 10.00 Frankreich € 6,70 BeNeLux € 5,40 Italien € 5,90 Spanien € 5,90
NUR 5,- EURO
150 JAHRE MÄR
Faszination Modellbahn
Mythos Märkli
Überblick: Mod
Promis: Was ur
Die Top-Anlagen der Welt · Was Sie s
MÄRKLI
1 1965
FÜR GROSSE UND KLEINE MODELL-
E10 238
314
DM 1,20
Einzelheft DM 1,30

Märklin Magazin: für den Modellbahner

Ein europäisches Modellbahn- und Technik-Magazin. Von Dietmar Kötzle

Seit 44 Jahren ist das Märklin Magazin eine Institution, wenn es um Modellbahn geht. Modern und lesefreundlich in Layout und Typografie, gehört es heute zu den meistgelesenen Magazinen im Bereich Technik. Es verbindet Märklin-Freunde in aller Welt:
„Das Märklin Magazin, das wir unseren Lesern heute erstmalig vorstellen, soll die bestehenden Bindungen zu zahlreichen Märklin-Freunden in aller Welt vertiefen und uns neue Freunde gewinnen". Mit diesen einleitenden Worten von Chefredakteur Robert Edlinger erschien im Februar 1965 die erste Ausgabe des „Märklin Magazins" – Untertitel: „Für große und kleine Modelleisenbahner". Bis auf den Titel und den Rücktitel waren die 28 Seiten noch komplett in Schwarz-Weiß gehalten.
Im Gründungsjahr sah man drei Ausgaben vor, ab 1966 erschienen dann regelmäßig schon vier Hefte pro Jahr. Bereits in Heft 3/1965 durften die damaligen Macher erkennen, dass sie mit ihrem Märklin Magazin auf dem richtigen Weg waren: „Die Nachfrage nach der ersten Nummer unseres Magazins ist so groß, dass wir uns entschließen mussten, eine unveränderte Nachauflage herstellen zu lassen. Dieses Heft ist wieder erhältlich", ließ man die am Anfang zu kurz gekommenen Leser wissen. Die 36.000 verkauften Exemplare pro Ausgabe im Jahre 1966 waren für die damaligen Verhältnisse ein sensationeller Erfolg.

Es gibt wohl kaum einen Märklin-Freund, der nicht irgendwann Leser des Märklin Magazins war. Vor allem in den Jahren, als der „Blätterwald" noch dünner war, hatte das Heft einen breit gefächerten Informationsgehalt. Heute ist es ein modern und zeitgemäß aufgemachtes Magazin, das sich vor allem an den großen Kreis der Märklinisten richtet. In der Titelgestaltung unterscheidet sich das erste Heft deutlich von einer der aktuellen Nummern.

Den Leserwünschen angepasst

Zu keiner Zeit wollte das Märklin Magazin (kurz „MM") nur eine Hauszeitschrift sein. Der Themenmix aus, vereinfacht gesagt, Vorbild, Märklin-Technik und Anlagenbau, traf den Nerv der Leser und war Garant für hohe Auflagenzahlen. Ein erweiterter Seitenumfang und mehr Farbe im Heft trugen ebenfalls dazu bei.
Hierzu noch etwas am Rande: Preiserhöhungen waren natürlich auch damals unumgänglich. So stand beispielsweise im Heft 4/1974 folgender salopp formulierter Text: „... das Liedchen von den ständig steigenden Kosten in allen Lebensbereichen ist Ihnen sattsam bekannt. Wir können aber nicht umhin, auch einige Zeilen zu diesem leidigen Thema beizutragen. Die Papierpreise sind um zum Teil mehr als 60 % gestiegen (...). Unserem Kalkulator stehen da die Haare zu Berge." Ja, das kommt auch dem heutigen Leser irgendwie bekannt vor ...
Das Märklin Magazin begann bereits 1978 damit, seine Leser in regelmäßigen Abständen nach ihrer Meinung zum Heft zu befragen. Seither führen diese Umfragen zusammen mit den vielen Zuschriften an die Redaktion dazu, dass das Magazin fortlaufend den Leserwünschen angepasst wird. Denn damals wie heute kann eine Zeitschrift

Rechts: *Das Märklin Magazin hat sich in den letzten Jahren zu einer Zeitschrift mit modernem Gesicht entwickelt. Stellvertretend für das MM-Team sind hier Chefredakteur Peter Waldleitner (links) und Redakteur Lars Harnisch (rechts) zu sehen.*

Rechte Seite oben: *Blick auf die Inhaltsseiten einer älteren Ausgabe des Märklin Magazins (3/1997).*

wie das Märklin Magazin nicht im luftleeren Raum operieren. Leserzufriedenheit ist der entscheidende Faktor für hohe Akzeptanz und Verbreitung.

Seit 1985 gibt es für die Märklin-Freunde sogar sechs Hefte pro Jahr zum Lesen. Bereits ab der Ausgabe 1/1981 prägte ein dunkelblauer Balken die Titelseite – jahrelang das Markenzeichen des Märklin Magazins. Ende 1984 ging Robert Edlinger in den wohlverdienten Ruhestand und der seit 1983 in der MM-Redaktion tätige Michael Echterbecker wurde neuer verantwortlicher Redakteur. In jenen Jahren betrug der Heftumfang jeweils 60 Seiten, die randvoll mit Infos aller Art zum Modellbahn-Hobby gefüllt waren. Ab dem 25-jährigen Jubiläum des Magazins (1990) stieg der Umfang dann auf 72 Seiten.

Wenn wir gerade bei den Machern der Hefte sind, dürfen natürlich auch die Autoren der einzelnen Beiträge nicht fehlen. Viele davon sind auch heute noch für das Märklin Magazin im Einsatz und sorgen für Kontinuität und Qualität der Hefte. Andere sind leider nicht mehr unter uns – bleiben aber unvergessen. Ohne Anspruch auf Vollständigkeit hier einige der bekanntesten Namen: Wolfgang Messerschmitt, Dr. Helmut Petrovitsch, Harald Luther, Gerhard Gutbrod , Michael Haschek, Karl Abrecht, Markus T. Nickl und Ralf Roman Rosberg. Und last but not least: Bernd Schmid. Als Pionier des modernen Anlagenbaus prägte er viele Jahre lang die Anlagenbau-Themen des Märklin Magazins. Mit seinen kreativen Ideen, gepaart mit handwerklichem und didaktischem Geschick, setzte er Maßstäbe für eine ganze Generation von Anlagenbauern (siehe dazu auch Seite 208).

Aus Anlass des 25-jährigen MM-Jubiläums im Jahre 1990 überraschte das Magazin seine Leser erstmals mit einem Märklin-Magazin-Jahreswagen. Seit 1990 in H0 und seit 2001 in Z sind diese Wagen ein fester Bestandteil des Märklin-Wagen-Sortiments. Die originellen Motive haben jeweils einen Bezug zum Magazin und seiner Herstellung. Sie gehören mit zu den Märklin-Produkten, die als Einmalserien immer am schnellsten vergriffen sind.

Märklin-Jahrgangs-Trucks können seit Ende 1999 direkt beim Magazin bzw. beim Verlag bestellt werden. Im Maßstab 1 : 87/H0 und 1 : 220/Z werden sie aufwändig be-

> Die MM-Jahreswagen

Seit 1990 in H0 und seit 2001 in Z sind diese Wagen ein fester Bestandteil des Märklin-Wagen-Sortiments. Die originellen Motive haben jeweils einen Bezug zum Magazin und seiner Herstellung. Sie gehören mit zu den Märklin-Produkten, die immer schnell vergriffen sind.

Ein kleines, aber phantasievolles Arrangement

Der Aufwand beim Zusammenbau der Gebäudeelemente hält sich zwar in engen Grenzen, doch erfordert dagegen die Gesamtgestaltung des Umschlagplatzes ein umso höheres Maß an Beobachtungsgabe und Phantasie, um aus den beiden Bausätzen eine „wüstromantische" Szene zu arrangieren. Ferner kann der Ideenfundus kaum groß genug sein, wenn es sich um modellgerechtes Material zur Füllung von Bansen und Waggons handelt.
Als Aufbaubasis arrangierte ich zunächst beide Grundplatten nebeneinander, um ein längliches Terrain zu erhalten. Die Bastelarbeit erfolgte am Werktisch; in die Anlage eingefügt wird das kleine Szenenmodul erst nach seiner kompletten Vollendung. Die Polystyrol-Grundplatten sind am besten konturgenau auf eine Graupappe-Unterlage zu kleben. Als Klebstoff kam lösungsmittelhaltiger Kontaktkleber zur Anwendung, der nach beidseitigem Auftrag mit einem Papprest glattgestrichen wurde. Das fugenlose Zusammenfügen der Teile erfolgte nach der Ablüftzeit der beiden Kleberschichten. Diese Arbeit erfordert eine exakte Positionierung, da Kontaktklebeverbindungen keine Korrekturen zulassen, dafür aber sofort weitergearbeitet werden kann. Eventuelle Kleberflecken auf den Deckplatten lassen sich mit der Fingerkuppe verreiben. Zur Tarnung der vier Grundplatten-Übergänge ritzte ich mit einer spitzen Reißnadel weitere Fugen in die betonartigen Basisplatten. Beim Graviervorgang verwendete ich zur Führung der Reißnadel ein Stahllineal, an dem ich erst leicht und dann mehrfach fester entlangritzte. Die aufgeworfenen Plastikwülste lassen sich anschließend mit einer flach gehaltenen Messerklinge (Klinge dabei in sehr spitzem Winkel führen) abschaben. Zum Schluß entstand aus den vier aneinandergefügten Modellbauplatten ein Betriebshofboden aus fertigen Betonplatten-Elementen. Für viele Lösungen findet sich problemlos ein passendes Alibi. Eine erste Anpassung an den üblicherweise recht schmutzigen Vorbildbetrieb auf einem derartigen Gelände erfolgte mit grau-grüner Abtönfarbe, mit der die Grundfläche kreisend angestrichen und nach einigen Sekunden Einwirkzeit wieder abgewischt wurde. Hierdurch bleibt ein Teil der Farbe in den Vertiefungen der Kunststoffplatte zurück, wodurch ein gealterter Eindruck entsteht. Je nach Stärke des Wischvorganges und dem Drehen des Lappens läßt sich die Farbintensität variieren. Der Alterungsvorgang sollte sinnvollerweise die komplette Grundfläche einschließen, um keine harten Übergangskanten (wie demonstrationshalber auf der Abbildung) zu erhalten. Die Mauerteile, Zaunteile und die Bansenwände lassen sich in gleicher Weise noch am Spritzling altern. Nach dem Trocknen werden sie abgezwickt, und man nimmt eine erste Legeprobe vor, um die beste Bansenanordnung zu ermitteln. Dabei sollte man ruhig ein bißchen herumprobieren, ob sich die gefundene Positionierung ggf. noch optimieren läßt. Auch das oder die Gebäude kann man dabei ggf. in der Größe individuell anpassen oder die Bansen in unterschiedlichen Dimensionen gestalten. Hat man sich für den Grundaufbau seines Schrottgeländes entschieden, so sind die Umrandungsteile, wie Zaun, Wände etc. aufzukleben. Für die Zaunmontage kann es vorteilhaft sein, zusätzliche Löcher zur Aufnahme der Stützpfosten zu bohren.

Vielfältiger Modellschrott

Nun geht es an das Befüllen der Buchten. In der Regel wird dabei das verwendete Material viel zu neu aussehen, um als Schrott glaubhaft zu wirken. Abhilfe schafft ein ebenso schneller wie unkonventioneller Alterungsgang: Alle Teile kommen in einen größeren Karton mit hohen Seitenwänden. Dann sprüht man mit einer Spraydose oder dem Airbrush (am besten im Freien) den Inhalt leicht ein. Als Grundfarbe kann ein metallähnlicher Ton zur Verwendung kommen, denkbar ist auch Schwarz und/oder als Abschluß ein feiner Rosthauch. Zu große Plastikteile zwickt man zuvor mit dem Seitenschneider auseinander. Für die Befüllung der Fächer kommt es darauf an, ob man eine durchgehende Gestaltung aus reinen Schrott-Elementen wünscht, oder ob man als Unterlage ein materialsparendes Einsatzstück verwenden will. Der durchgehend aufeinandergetürmte Polystyrolabfall (oben sollten möglichst die zierlicheren Teile liegen) läßt mehr Tiefe erkennen, ist aber

Aus zwei Kibri-Bausätzen B-9400 entsteht mit Hilfe einfacher Bastelwerkzeuge der abgewandelte Schrottplatz

Mit lösungsmittelhaltigem Kontaktkleber verkleben wir die Grundplatten. Sie werden nahtlos aneinandergelegt

Mit der Reißnadel graviert man entlang eines gut fixierten Stahllineals weitere Betonplatten-Fugen in den Plastikuntergrund und kaschiert so die Kanten der einzelnen Basisplatten

Diese Basistönung verreiben wir so mit kreisenden Wischbewegungen, daß die meiste Farbe im Lappen bleibt. Dadurch verbleibt Farbe in den Vertiefungen der Platte, und deren Oberfläche wirkt vorbildgetreu verschmutzt

In gleicher Weise erhalten Holzzaun und Mauerwerk ihre Alterspatina

Bei einer ersten Probeaufstellung läßt sich schon weitgehend die optische Wirkung am Aufstellort ermitteln und ggf. noch korrigieren

Steht die Positionierung fest, so bohrt man für den Zaun die Aufnahmelöcher in die Grundplatte. Sie dürfen aber nicht zu tief angebracht werden

druckt und in begrenzten Stückzahlen angeboten. Mit ihrem hervorragenden Preis/Leistungsverhältnis und ihren nicht alltäglichen Motiven findet man sie in vielen Sammlervitrinen und auf Modellbahnanlagen.
Stets begleitete das Märklin Magazin alle wichtigen Neuerungen und Verbesserungen aus den Entwicklungsabteilungen des Hauses Märklin und war Vorreiter, wenn es um neue Wege im Modell- und Anlagenbau ging. So z. B. 1972 bei der Einführung der „mini-club" (Z) als kleinste Serieneisenbahn der Welt, 1984 bei der Vorstellung der elektronischen Mehrzugsteuerung Märklin Digital, 1992 bei der Einführung des Märklin-Delta-Systems oder 1996 bei der Einführung des C-Gleises. In den letzten zwei Jahren begleitete das Märklin Magazin, in Fortführung dieser Tradition, die Einführung der Central Station mit wertvollen Insider-Tipps. Mehrere Sonderhefte, so eines zum 125-jährigen Märklin-Jubiläum, über das Digital-System oder eine Spezial-Ausgabe zum C-Gleis, erschienen im Lauf der Jahre zusätzlich zu den regulären Ausgaben.

Neue Leser und Märklin-Fans gewinnen

Ab Mitte der 1990er Jahre stieg der Umfang auf 100 Seiten pro Ausgabe, inklusive Anzeigen. Apropos Anzeigen/Werbung: Ohne Werbepartner, die Anzeigen schalten oder mit Beilagen im Heft auf sich aufmerksam machen, könnte das Märklin Magazin, wie alle anderen Magazine auch, nur zu wesentlich höheren Preisen verkauft werden. Dabei ist die Werbung im Heft natürlich mehr als nur ein notwendiges Übel, sie ist immer auch ein Stück Information für den Leser. Der Heftpreis lag damals bei DM 8,50 pro Stück.

Mit seiner hohen Auflage und seinem überdurchschnittlich hohen Anteil an Abonnenten ist das Märklin Magazin heute Marktführer und Leitmedium für die gesamte Branche. Mit einem erfolgreichen Relaunch im Jahre 2005 wurde die Leserschaft nochmals deutlich ausgeweitet. Durch das moderne Layout konnten insbesondere über den Kioskverkauf und den Bahnhofsbuchhandel viele neue Leser und Märklin-Fans gewonnen werden. Das heutige Redaktionsteam um Chefredakteur Peter Waldleitner vermittelt die Faszination, die von der Welt der Eisenbahn/Modelleisenbahn und technischen Themen generell ausgeht.
Mit zahlreichen Praxis-Tipps für den Kauf, das Sammeln, den Aufbau und Umgang mit Modellbahnen bietet das Magazin einen hohen Nutzwert für kleine und große Modellbahner. Das „große Vorbild", also die reale Bahn samt ihrer Technik, sowie Veranstaltungen oder Reisen haben ebenfalls ihren festen Platz im Heft. Die nationale Ausgabe umfasst regelmäßig 124 Seiten, davon mindestens 100 redaktionell erstellte.
Das Märklin Magazin erscheint seit 2003 außer auf Deutsch auch in den Sprachen Englisch, Französisch und Niederländisch – und das jeweils sechsmal im Jahr. Der Preis von derzeit 5,00 Euro pro Ausgabe gilt als bestes Preisleistungsverhältnis aller Modellbahnzeitschriften. Derzeit werden international über 100.000 Exemplare pro Ausgabe verkauft. Damit nimmt das Märklin Magazin weltweit eine Spitzenposition ein. Der extrem hohe Anteil an Abonnenten und Insider-Club-Mitgliedern, die das Heft ebenfalls beziehen, wird von keiner anderen Modellbahnzeitschrift erreicht. Dies ist ein Ansporn, auch in den nächsten Jahren eine gute Zeitschrift zu machen.

MHI: Erfolg durch Kooperation

Die Märklin-Händler-Initiative bringt nicht nur Modell-Klassiker hervor. Von Martin Dangelmaier

Unten (v.l.n.r.): *Mitglieder des MHI-Vorstandes 2008 mit Märklin-Mitarbeitern: (v.l.n.r.) Roland Keck, Martin Dangelmaier, Christian Jabs, Joachim Gutjahr, Uwe Müller, Jochen Bürckel, Georg Klein, Winfried Lucht, Horst König, Carsten Laag, Stefan Kober, Horst Poltermann, Axel Dietz, Wolfgang Lonthoff, Klaus Kramm, Thomas Staudenmaier, Lars Schilling.*

Die „Märklin-Tour" bot kindgerechte Attraktionen: einen 50 m langen, mit Luft gefüllten Zug und Spielstationen.

Eine Replik des Schraubendampfers „Jolanda" von 1910 erschien 2009 in einmaliger MHI-Serie.

Die Ursprünge der Märklin-Händler-Initiative (MHI) gehen auf das Jahr 1990 zurück. Damals waren es gerade einmal 49 Spielwaren- und Modellbahnfachhändler, die sich zu einer Mittelstandsvereinigung zusammenschlossen. Mit Unterstützung des Modellbahnherstellers Gebr. Märklin & Cie. GmbH konnte sich die MHI rasch zu einer der größten Vereinigungen mittelständischer Fachhändler in der Spielwarenbranche entwickeln, die heute über 700 Mitgliedsfirmen zählt.

Der Spielwarenhändler Horst Neumaier aus Lingen leitete die MHI als Gründungsmitglied und erster Vorsitzender bis zum Jahr 2004. Danach übernahm der Bremer Spielwaren-Spezialist Jochen Bürckel den Vorsitz. Zusammen mit seinem Stellvertreter Roland Keck aus Herrenberg vertritt er die Interessen der Mitglieder innerhalb der Vereinigung und gegenüber Märklin. Die Vorsitzenden der MHI werden durch mehrere Vorstandsmitglieder in ihrer ehrenamtlichen Tätigkeit unterstützt. In den Fachausschüssen „Produkte", „Marketing" und „Finanzen" werden jeweils beschlussfähige Vorlagen erarbeitet, welche vom Vorstand genehmigt werden und zu entsprechenden Verträgen mit der Gebr. Märklin & Cie. GmbH führen.

Klassiker beherrschen das MHI-Programm

Auf diese Weise entstehen jedes Jahr zahlreiche Sonderproduktionen von Artikeln der Marken Märklin und Trix in allen Spurweiten, welche in einmaligen Serien für die Mitglieder der MHI in Auftrag gegeben werden. Einen geradezu legendären Ruf besitzt auch heute noch das erste Produkt der MHI aus dem Jahr 1990: der „Shell-Messezug".

Weitere „Klassiker" beherrschten in den Folgejahren das MHI-Programm wie z. B. der „Lufthansa Airport-Express", die H0-Elektrolokomotive E 19, die bayerische Länderbahn-Dampflokomotive der Gattung S 3/6, die Baureihe 78 in Sterling-Silber, die anlässlich des Jubiläums „20 Jahre mini-club" herauskam, oder die Blech-Repliken der „Märklin-Werksfeuerwehr", des Propellerflugzeugs „JU 52" oder einer Märklin-Puppenküche. Ob „mini-club" oder Spur 1 – in

allen Baugrößen findet sich immer wieder ein exklusives Produkt für jeden Geldbeutel im Programm. Insgesamt entstanden zwischen 1990 bis 2009 über 700 Märklin- und Trix-Sonderprodukte für die MHI in einmaliger Serie, teils in streng limitierten Auflagen. Auch anlässlich des 150-jährigen Märklin-Jubiläums gab die MHI beim Göppinger Traditionsunternehmen ein besonderes Produkt in Auftrag: den Schraubendampfer „Jolanda" als Wiederauflage des gleichnamigen Modellschiffes aus dem Jahr 1910.

Produkt-Werbung und Nachwuchsförderung

Natürlich werden seitens der MHI auch Werbemaßnahmen zugunsten dieser Einmalserien unterstützt. Zu diesem Zweck erarbeiten die Mitglieder aus dem Händlerkreis in einem Marketingausschuss zusammen mit den Marketing-Experten des Hauses Märklin Strategien für die Vermarktung der einzelnen Produkte. Prospekte, Poster und Schaufenster-Dekorationen werden den MHI-Mitgliedern meist gratis zur Verfügung gestellt. Anzeigen in Fach- und Publikumszeitschriften runden diese Maßnahmen ab.
Im Internet-Portal www.maerklin-partner.de präsentiert sich jedes Mitglied der Gemeinschaft mit einer eigenen Homepage. Dank eines integrierten Routenplaners lässt sich der Standort eines jeden MHI-Händlers präzise bestimmen. So findet der Kunde leicht den Weg zum nächstgelegenen MHI-Fachgeschäft.

Spiel und Spaß mit Märklin

Die Nachwuchsförderung liegt der MHI sehr am Herzen. So startete sie in den Jahren 2007 und 2008 eine „Märklin-Tour", die insgesamt an über 40 Standorten innerhalb Deutschlands mit einem fast 50 m langen, mit Luft gefüllten Zug eine kindgerechte Attraktion bot. Bei diesen Veranstaltungen stand immer das Spiel mit der Modelleisenbahn im Vordergrund. Eine Gelegenheit dazu fanden Kinder, Eltern und Großeltern auf der „Märklin-Showbühne". Dort lautete das Motto: „Spiel und Spaß mit Märklin".
Natürlich stellt sich angesichts solcher Aktionen auch die Frage nach der Finanzierung, ca. 80 % der Ausgaben fallen schon allein für Marketing- und Infomaßnahmen an. Die MHI wird seit 1990 von Märklin mit Zuschüssen gefördert. Mitgliedsbeiträge und Werbekostenzuschüsse aus dem Verkauf der MHI-Sonderproduktionen stellen die weitere Finanzierung sicher. Wichtige Partner der MHI sind der „Märklin Insider-Club" und „Trix Profi-Club". Die jeweiligen Mitglieder werden ausschließlich von den Fachhändlern der MHI betreut.
Im Jahr 2010 feierte die Märklin-Händler-Initiative ihr 20-jähriges Bestehen! Unter dem Motto „Gemeinsam sind wir stark!" werden Handel und Hersteller weiterhin eng miteinander kooperieren und die MHI-Erfolgsgeschichte fortsetzen. Vielleicht entwickelt sich aus dem deutschen Erfolgsmodell ja eines Tages eine internationale Vereinigung zur Stärkung des lokalen Spielwaren- und Modellbahn-Fachhandels.

Oben: *Unscheinbaren „Arbeitstieren" setzte die MHI mit Sondermodellen ebenfalls ein Denkmal. So erschien 2007 das „Doppelte Lottchen", zwei fest aneinander gekuppelte Dieselloks der Baureihe V 36, in einmaliger Auflage. Die eine Lok besaß einen mfx-Decoder und geregelten Hochleistungsantrieb, die andere war als Dummy ausgeführt und mit einem Geräuschgenerator bestückt. Das Spitzensignal an den äußeren Enden, Diesellok-Fahrgeräusch und Signalhorn ließen sich digital schalten. Das Vorbild der Doppellok eignete sich für den schweren Rangierbetrieb, zog aber auch Güterzüge auf der Strecke.*

Die Nacht, in der die Räuber kamen

Der Museumsraub in der Nacht vom 17. auf den 18. Januar 2005. Von Josef Roland

Der Museumsleiter hatte eben am Frühstückstisch Platz genommen, die Zeitung aufgeschlagen, da läutete das Telefon. Der Anruf kam vom Vorsitzenden der Märklin-Geschäftsleitung. Das verhieß nichts Gutes. Sehr selten rief er privat an und schon gar nicht am frühen Morgen. Die Nachricht war niederschmetternd, an Frühstück und Zeitunglesen war nicht mehr zu denken. Trotz Alarmanlage und belebter Straße war in der Nacht ins Märklin-Museum in der Göppinger Holzheimer Straße eingebrochen worden. Viele Fragen und Befürchtungen türmten sich auf: Was fehlt? Sind die wertvollen Leihgaben der Sammler noch da? Wie viel wurde überhaupt gestohlen? Was wurde beschädigt? Gibt es Hinweise oder Spuren?

Es könnte sich so abgespielt haben (nachgestellte Szene): Zuerst wurde die Vitrine brutal aufgebrochen, anschließend griffen die behandschuhten Langfinger nach dem „Storchenbein", einem der symbolträchtigsten Exponate des Märklin-Museums …

Vitrinen brutal aufgebrochen

Kurze Zeit später nahm der Museumsleiter den „Tatort" in Augenschein. Die Kriminalpolizei war schon mit der Spurensicherung beschäftigt und ihm bot sich ein schlimmes Bild, viel schlimmer als er befürchtet hatte. Die Notausgangstür war beschädigt, Vitrinen brutal aufgebrochen und das massive, über einen Zentimeter starke Glas aufgehebelt und zerbrochen. Auch an der eingebauten und eigentlich diebstahlsicheren Vitrinenwand gab es Einbruchspuren. Die komplette historische Spur I, die Spur 0, die Spur 00 vor 1945, Dampfmaschinen, Antriebsmodelle und, was besonders tragisch war, die wertvollen Schiffe „Auguste Victoria" und „Mecklenburg" sowie der höchst seltene Leuchtturm fehlten. Die Spuren ließen Böses ahnen. Einige der wertvollen, zu den Schiffen gehörenden Figuren – der Kapitän der „Auguste Victoria" hatte in gutem Zustand auf Auktionen auch schon eine vierstellige Eurosumme erreicht – wiesen den Weg zur Nebenpforte. Sie lagen teilweise zerbrochen, eine Matrosen-Figur sogar komplett, auf dem Boden und gaben Zeugnis darüber, über welchen Weg die Exponate das Firmengelände verlassen hatten.

Unsachgemäße Behandlung der Beute

Die Einbrecher konnten demnach keine Sammler oder Kenner der wertvollen Stücke gewesen sein. So kam rasch der Verdacht auf, dass die Beute unsachgemäß grob behandelt und transportiert worden war. Der komplette, die Firma umgebende Zaun wurde daraufhin sorgfältigst abgesucht, es tauchten aber keine weiteren Spuren auf. Wegen der Menge der Beute, es fehlten 184 Stücke, nahm man an, dass ein LKW das Fluchtfahrzeug gewesen sein müsste.

Die große und sehr wertvolle Dampfmaschine und die Spur-V-Wagen waren wohl zu groß und sperrig, daher hatten die Räuber sie zurückge-

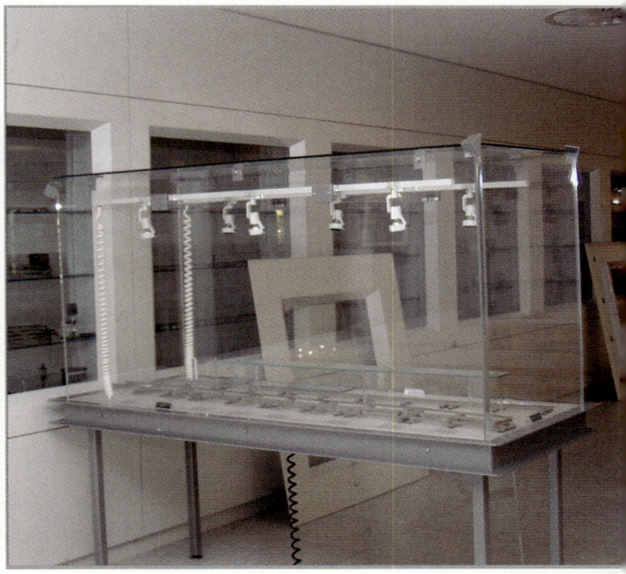

lassen. Die große Standuhr mit Zifferblättern nach vier Seiten und das Platin-Krokodil waren auch noch da. Den Wert dieser Stücke hatten die Verbrecher wohl nicht erkannt. Standuhren gleicher Bauart haben auf Auktionen schon Werte über 15.000 Euro erreicht.

Die Kriminalpolizei sicherte Spuren am und um den Tatort. Als erschwerend für die Präparierung und Sicherung von Fingerabdrücken und DNA-Spuren erwies sich der Publikumsverkehr im Museum tags zuvor. Die Täterspuren und die Spuren der Vortagsbesucher waren vermischt und nicht eindeutig bestimmbar.

Den Bewegungsmelder an der Notausgangstür hatten die Einbrecher durch Manipulation beschädigt und unbrauchbar gemacht. Dadurch konnten sie mit einem schmalen, langen Werkzeug den Türfalz durchdringen und die Türklinke nach unten drücken. Geräuschlos ging die Tür dann auf. Die vorschriftsgemäß permanent eingeschaltete Notbeleuchtung spendete genügend Licht für das böse Werk. Wie sich später herausstellte, hatte das Einbrechertrio vom Flachdach des Gebäudes aus sicherheitshalber auch noch die außen liegende Alarmanlage mit Sirene und Blinklicht durch Ausschäumen mit Bauschaum wirkungslos gemacht.

Die schwere metallene Notausgangstür gehörte der vorgeschriebenen Sicherheitsklasse an, besaß außen keine Klinke und wirkte innerhalb der Gebäudefassade gar nicht wie eine Tür. Trotzdem wussten die Diebe genau, wo sie ansetzen mussten. Die Rekonstruktion des Vorgangs ergab, dass sie bereits Tage zuvor recherchiert und manipuliert hatten. Die Alarmanlage ging am Wochenende zuvor mehrmals los. Gründe dafür wurden nicht gefunden, weshalb am Montag, dem 17. Januar 2009 schließlich der Service für die Alarmanlage gerufen wurde. Laut Vertrag musste dieser nach eingegangener Bestellung innerhalb von 24 Stunden den Fehler beheben. In diesem Fall waren die 24 Stunden eine zu lange Frist, denn der Servicetrupp traf fast zeitgleich mit der Kriminalpolizei ein und statt einer Inbetriebnahme der Alarmanlage war nun Spurensicherung angesagt.

Auf Geheiß der Kriminalpolizei durfte der Einbruch nicht sofort kommuniziert werden. Erst am Nachmittag ab 15.00 Uhr wurde die Öffentlichkeit darüber in Kenntnis gesetzt. Sowohl die Kriminalpolizei als auch die Märklin-Presseabteilung gaben jeweils eine Mitteilung heraus.

Märklin wurde die Geschichte gestohlen

Der Museumsleiter war damals gleichzeitig auch Pressesprecher. Er gab den Schadenswert sowie die Anzahl der gestohlenen Museumsstücke an und brachte mit der Formulierung „... Märklin wurde die Geschichte gestohlen..." den Sachverhalt aus Sicht des Unternehmens auf den Punkt. Dieser Satz, der alles sagte, wurde danach von fast allen Medien aufgegriffen.

Besonders tragisch und schmerzlich war der Verlust des „Storchenbeins", der ersten Lokomotive der Modellbahngeschichte. Die in Crampton-Bauart gefertigte Lok war zwar nicht das wertvollste Stück, dafür aber für die Darstellung der Firmengeschichte ein unverzichtbares Exponat.

Sofort wurde die Inventurliste mit den noch verbliebenen Ausstellungsstücken abgeglichen. Die Zahl der entwendeten Exponate war mit 184 Stücken erschreckend hoch, doch noch schockierender war der Verlust in Anbetracht des abhanden gekommenen Wertes. Gestohlen

Oben links: *Vor dem Einbruch hatten die Diebe mit Bauschaum die Alarmanlage des Museums lahm gelegt.*

Mitte: *Mit roher Gewalt war die schwere, metallene Notausgangstür aufgehebelt worden.*

Rechts: *So präsentierte sich der Museumsraum am Morgen nach dem Einbruch: leere Vitrinen, viele der kostbarsten Stücke verschwunden ...*

wurden unbenützte, annähernd fabrikneue Produkte der fast 150-jährigen Firmengeschichte. Nicht wieder zu beschaffende Zeugnisse der Firmengeschichte waren einfach fort. Die Hochrechnung des Versicherungswertes ergab eine Summe von rund 1,7 Millionen Euro.
Alle namhaften Medien fanden sich am Ort des bösen Geschehens ein. Interviews wurden gegeben, Bilder der gestohlenen Stücke weitergegeben. Es gab auch schon erste Vermutungen und Verdächtigungen. Ein mysteriöser, unbekannter Auftraggeber für die Tat war der Dreh- und Angelpunkt aller Spekulationen.

Große Anteilnahme der Märklin-Freunde

Auf der firmeneigenen Hompage wurde eine Liste der gestohlenen Exponate veröffentlicht. Die große Resonanz und Anteilnahme vonseiten der Märklin-Freunde und Sammler hat die Firma daraufhin nahezu überrannt. Täglich kamen Hinweise in Form von Anrufen, Briefen und Mails an. Jeder Nachricht musste nachgegangen werden. Der Museumsleiter als Kenner der Stücke hatte Tag für Tag einen guten Teil seiner Arbeitszeit zu tun, die Hinweise zu bewerten und an die Kriminalpolizei weiterzuleiten. Nicht nur aus Deutschland und Europa kamen Hinweise, auch aus den USA und von Australien wurde angerufen. Aus Amerika, nahe der kanadischen Grenze, kam die Meldung von einem Leuchtturm, der in der mündlichen Beschreibung dem gestohlenen Blechteil so gut wie entsprach. Das war eine auf den ersten Blick heiße Spur, der man nachgehen musste, obwohl die Mutmaßungen aus Fach- und Kennerkreisen in andere Weltgegenden zeigten.
Hoch gehandelt wurden Osteuropa, Spanien, Italien und ein Auftraggeber in Deutschland. Sehr beunruhigend war die Vermutung, dass die Ware bereits im Ausland sein könnte. Trotzdem wurde ein Bild des Blechturms angefordert. Das vorliegende Bild brachte Entwarnung. Nicht nur Details auch die ganze Bauart des Leuchtturms schloss ihn als Bestandteil der Beute aus. Es langten aber nicht nur mündliche oder schriftliche Hinweise ein. Märklin-Freunde schickten auch Bilder, Dias und Bild-CDs von früheren Museumsbesuchen, sodass eine vielfältige Darstellung der gesuchten Artikel möglich war. Ein besonderer Motivationsschub ergab sich natürlich auch durch die stattliche Belohnung, die man sofort für Hinweise, die zur Aufklärung des Verbrechens führten, ausgeschrieben hatte. Der Einbruch wurde in allen wichtigen Radiosendern, im Öffentlich Rechtlichen Fernsehen, bei privaten Fernsehsendern und in allen wichtigen Zeitungen thematisiert. Sogar von Programmunterbrechungen nach Bekanntgabe des Einbruchs wurde berichtet.
Die veröffentlichte Liste der gestohlenen Stücke, die im Lauf der Zeit immer weiter mit Bildern der Exponate ergänzt wurde, beeinflusste auch das Geschehen auf den Blechspielzeugbörsen und Auktionen. Von einem Börsenhändler wird berichtet, dass er einen Budweiser Spur-I-Wagen, den er im Angebot hatte, wenige Tage nach dem Einbruch gar nicht erst anbot, sondern in der Kiste unter dem Tisch beließ. Es langte auch der Hinweis auf eine interessante Auktion ein: Die französische Dampflokomotive „Coup Vent" mit Windschneideführerhaus in relativ seltener Uhrwerksausführung in der Spur I stand zum Verkauf. Doch ein genauer Vergleich mit Bildern der gestohlenen „Coup Vent" schloss gänzlich aus, dass es sich um die gesuchte handelte. Details und Gebrauchsspuren wiesen das angebotene Stück als völlig andere Lokomotive aus.
Spannung kam auf, als plötzlich ein Anruf bei der Geschäftsleitung der Firma einging. Der Anrufer bot die Rückgabe der Exponate bei Zahlung einer bestimmten Summe an, die Polizei müsste dabei jedoch ausgeschlossen und der

Unten (v.l.n.r.): *Die Einbrecher waren – wohl aus Unkenntnis – mit ihrem empfindlichen alten Diebesgut nicht zimperlich umgegangen: Schlimme Lackschäden am Führerhaus und Tender wies eine der spiritusbeheizten Dampfloks mit frühem Märklin-Firmenlogo auf.*
Auch das Handmuster der legendären Krokodil-Lokomotive wurde ramponiert.
Arg zerkratzt waren nach der Rückgabe auch die Dampflok „Coup Vent" und der „Henschel-Wegmann-Zug".

Vorgang absolut geheim gehalten werden. Mehrere Telefonate folgten und schließlich der Zugriff der Kriminalpolizei. Ein enttäuschtes Mitglied einer Einbrecherbande, die im Vorfeld schon über einen möglichen Museumseinbruch gesprochen hatte, verdächtigte seine Kumpane, die Tat ohne ihn ausgeführt zu haben. Er wollte sich rächen und den Coup auffliegen lassen. Doch der Verdacht war falsch, die Bande hatte mit dem Einbruch nichts zu tun. Bei den Ermittlungen kam die Kriminalpolizei zufällig auf die Spur der lang gesuchten „Harley-Bande", die für den Diebstahl vieler Harley-Davidson-Motorräder verantwortlich war. So konnten zumindest diese Verbrechen aufgeklärt werden.

Ein Anruf aus Wien – von Interpol

Nach sechs Wochen dann wieder ein viel versprechender Anruf: diesmal aus Wien, von Interpol. Hoffnung kam auf, denn am Vorabend des Einbruchs war einem Kriminalbeamten der Kripo Göppingen bei einem Besuch des Märklin-Museums ein Auto mit Wiener Autokennzeichen aufgefallen. Er erinnerte sich am anderen Tag nach Bekanntgabe des Einbruchs an das Kennzeichen und so ging ein Fahndungsersuchen nach Wien. Interpol Wien war nun einbezogen und konnte künftige Spuren und Hinweise, die sonst keine Einordnung erfahren hätten, richtig bewerten. Das fragliche Auto war allerdings nur zufällig in Göppingen gewesen und hatte, das ergaben die Ermittlungen in Wien, absolut nichts mit dem Museumsraub zu tun.
Doch dann wurde in Wien eine größere Blechspielzeugsammlung zum Verkauf angeboten, angeblich Märklin-Stücke. Ein Spezialist war nun gesucht, der die historischen Stücke würde einordnen können. Der Leiter des Märklin-Museums und Pressesprecher der Firma war ein solcher Spezialist, der alle Ausstellungsstücke kannte. Er musste sich bereithalten, um jederzeit nach Wien fliegen zu können. Wenige Tage nach dem ersten Anruf war es soweit. Der erste Termin stand fest. Der Spezialist begab sich nach Wien, und tatsächlich: Die ersten übergebenen Stücke konnten von ihm zweifelsfrei als Märklin-Museums-Stücke identifiziert werden. Eine Fahndung in großem Stil begann. Allein in Österreich waren rund 100 Kriminalpolizeibeamte fortan im Einsatz. Es wurde observiert und verfolgt. Übergabetermine und Übergabeorte wurden ermittelt. Bei der dritten Übergabe griff Interpol zu. In Österreich und in Deutschland. Einer der Einbrecher und vier Hehler, darunter eine Frau, wurden festgenommen. Leider fehlten rund 20 % vom Diebesgut, darunter die Schiffe, ein Teil des Spur-I-Storchenbeins und weitere wertvolle Stücke. Diese blieben verschwunden, bis zwei Tage später die italienische Polizei zwei des Menschenschmuggels verdächtigte Personen kurz vor der slowenischen Grenze festgenommen hatte. Im Fluchtfahrzeug, einem Ford Fiesta, fanden sich die restlichen wertvollen Teile aus dem Museumsraub. Damit war fast die komplette gestohlene Sammlung wieder da. Ihr Zustand war allerdings traurig: teilweise zerkratzt, die Blechteile verformt, Details abgebrochen. Ein Schaden von rund 350.000 Euro war zu beklagen. Aber Märklin hatte „seine Geschichte wieder". Das Ende der Zeit leerer Vitrinen im Museum war abzusehen. Schon wenige Wochen nach Aufklärung des Falls und der Spurensicherung wurden die in Wien beschlagnahmten Teile per Polizeischutz ins Märklin-Museum überführt. Die in Italien beschlagnahmten Stücke benötigten fast ein ganzes Jahr bis zur Rückkehr. Auch die beiden festgenommenen Einbrecher wurden erst nach einem Jahr ausgeliefert. Der Prozess vor dem Landgericht Ulm fand daher in zwei Verhandlungen statt. Haupttäter und Mitläufer erhielten mehrjährige Haftstrafen, der Dritte wurde mangels Beweisen zu einer Bewährungsstrafe wegen Hehlerei verurteilt.

Zeittafel

1859
Theodor Friedrich Wilhelm Märklin gründet eine Werkstatt in Göppingen. Produktion von Gegenständen für den Haushalt und Puppenküchen

1866
Der Unternehmensgründer stirbt. Seine Frau Caroline führt den Betrieb weiter

1888
Eugen und Karl Märklin übernehmen die Geschäftsleitung

1891
Übernahme der Ellwanger Spielzeugfirma Lutz und Vorstellung der ersten Systemeisenbahn

1895
Erster nachweislicher Verkaufskatalog erscheint mit handkolorierten Zeichnungen;
Standardisierung der Spurweiten 0, I, II und III;
Beginn der Dampfmaschinen-Fertigung

1897
Märklin präsentiert die erste elektrische Eisenbahn

1900
Umzug in die Stuttgarter Straße in Göppingen, Einrichtung eines Musterzimmers

1904
Katalogisierung nach Buchstabengruppen

1910
Grand Prix auf der Weltausstellung in Brüssel;
Ende der Blechspielzeug-Manufaktur bei Märklin

1911
Ein neues Firmengebäude in der Stuttgarter Straße entsteht

1914
Erste Vorstellung des Metallbaukastens

1924
Erster gedruckter Kundenkatalog in s/w, ab 1929 mit Farbseiten

1927
Umstellung der elektrischen Eisenbahnen von Stark- auf Schwachstrom (20-V-Betrieb)

1928
Beginn der eigentlichen Modelleisenbahn: Fertigung von Modellen nach Vorbildern der Reichsbahn

1933
Präsentation des ersten Krokodils in den Baugrößen 0 und I

1935
Einführung der Tischbahn in der Baugröße 00/H0

1936
Märklin verwendet neue Technologien in der Fertigungs- und Antriebstechnik: Zinkdruckguss, Perfektschaltung und Bügelkupplung

1947
Märklin fertigt erstmals ein Krokodil in der Baugröße H0

1950
Erste Spielwarenmesse in Nürnberg;
Märklin präsentiert dort die G 800 und die RE 800

1953
Vorstellung des Punktkontaktgleises

1958
Einführung der Telex-Kupplung

1969
Das Kunststoff-Gleis (K-Gleis) feiert seine Premiere;
die neue Spur 1 kommt ins Sortiment

1972
Die Baugröße Z, kleinste elektrische Serieneisenbahn der Welt, sorgt für Schlagzeilen

1973
Einführung des Trommelkollektor-Motors

1981
Das gab es noch nie: eine fast maßstäbliche Nachbildung der Geislinger Steige und weiterer Vorbildlandschaften in der Baugröße Z (Nord-Süd-Strecke etc.)

1984
Einstieg in die digitale Mehrzugsteuerung: Märklin präsentiert sein Digitalsystem

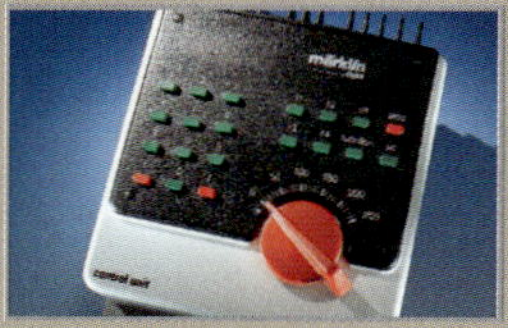

1990
Die Märklin-Händler-Initiative (MHI) wird ins Leben gerufen

1993
Gründung des Märklin-Insider-Clubs

1996
Einführung des C-Gleises

2000
Ein Krokodil aus Platin wird in limitierter Sonderauflage als Millenniums-Modell gefertigt. Es soll weltweit nur 34 Exemplare geben;
erste Echtdampflok seit 1938 wird produziert (Baugröße 1);
der C-Sinus-Motor wird vorgestellt

2004
Start von Märklin Systems mit neuen digitalen Geräten (Mobile Station, Central Station 1)

2006
Als längstes je gebautes Spur-1-Modell erscheint der SVT 137. Seine Länge beträgt 1,4 m

2007
Vorstellung des Softdrive-Sinus-Motors

2008
Die neue Central Station CS 2 wird als innovatives Steuergerät für Märklin Digital präsentiert

2009
Märklin feiert das 150-jährige Jubiläum des Firmenbestehens. Modelle wie die neu konstruierten Baureihen 23 und 39 werden präsentiert